海上风电：
成功安装海上风电场的综合指南
（第二版）

［丹］库尔特·E. 汤姆森 著
杜 宇 王 琮 译

内容提要

本书详细介绍了海上风电场安装的路线图，涉及海上风电项目开发商关心的与投资相关的关键问题，本书也介绍了海上风力发电机的安装和运输，以及相关技术难题的解决方案，为海上风电项目管理者提供了参考。同时，对海上风电项目的财务人员，将本书作为指南，可改善开发计划、降低成本。

本书适合从事海上风电场开发、安装施工的工程技术人员阅读，也可作为海上风电装备研发设计人员的技术参考书。

Offshore Wind: A Comprehensive Guide to Successful Offshore Wind Farm Installation (Second Edition)
Kurt Thomsen
ISBN: 978-0-12-410422-8
This edition of Offshore Wind by Kurt Thomsen is published by arrangement with ELSEVIER INC. of Suite 800, 230 Park Avenue, NEW YORK, NY 10169, USA.

上海市版权局著作权合同登记号：图字：09-2022-977

图书在版编目(CIP)数据

海上风电：成功安装海上风电场的综合指南/(丹)库尔特·E. 汤姆森(Kurt E. Thomsen) 著；杜宇，王琮译. --2 版. --上海：上海交通大学出版社，2024.11
ISBN 978-7-313-31223-5

Ⅰ. TM614

中国国家版本馆 CIP 数据核字第 20240NM143 号

海上风电：成功安装海上风电场的综合指南(第二版)
HAISHANG FENGDIAN: CHENGGONG ANZHUANG HAISHANG FENGDIANCHANG DE ZONGHE ZHINAN (DI-ER BAN)

著　　者：[丹]库尔特·E. 汤姆森　　译　　者：杜　宇　王　琮
出版发行：上海交通大学出版社　　地　　址：上海市番禺路 951 号
邮政编码：200030　　电　　话：021-64071208
印　　刷：上海新艺印刷有限公司　　经　　销：全国新华书店
开　　本：710mm×1000mm　1/16　　印　　张：22.75
字　　数：367 千字
版　　次：2016 年 4 月第 1 版　2024 年 11 月第 2 版　　印　　次：2024 年 11 月第 2 次印刷
书　　号：ISBN 978-7-313-31223-5
定　　价：220 元

出　　品：船海书局
网　　址：www.ship-press.com
告 读 者：如发现本书有印装质量问题请与船海书局发行部联系。
服务热线：021-33854186

《海上风电：成功安装海上风电场的综合指南（第二版）》

编　委　会

前　　言

你为什么需要本书?

这本书是作者 14 年边做边学的结果。十几年前,世界上还没有建成过任何商业化的海上风电场。当时已经建成或正在建设的实验性海上风电场主要集中在丹麦,其风力涡轮机最高功率只有 600 千瓦,且数量有限。2001 年,世界上首个半商业化的海上风电场在哥本哈根港入口处的米德尔格伦登(Middelgrunden)竣工,该海上风电场共有 20 台 Bonus(现 Siemens)2.0 兆瓦风力涡轮机。这些风力涡轮机归哥本哈根当地居民私人所有,他们还组成了米德尔格伦登风力涡轮机合作社。该合作社获得了当地市政机构哥本哈根能源公司的支持,并与其签署了购电协议,向其销售 20 台风力涡轮机产出的电能。这促成了该海上风电场的建设,于 2000 年正式开始施工。

在整个项目设计和实施的过程中,没有固定的海上作业标准,没有施工方案,没有法律条款。可能危害健康、安全和环境(HSE)的行为不受法律约束,项目能否获批也没有法律依据。所有解决这些问题的方法都是在项目进行的过程中不断摸索出来的。本书正是为了记录这些发现、经历和方法。过去十几年的海上作业已经验证了它们的可靠性,因而成为海上风电行业制定法律法规、最佳实践标准和 HSE 法规的依据。

海上风电行业是一项发展中的事业。也就是说,书中呈现给读者的数据、陈述和发现都只是此时我能提供的最实用的信息。因此,数年后本书将重新修订,会有更多作者提供最新的信息和数据,供海上风电场的建设者参考。

本书旨在使读者了解海上风电行业的基础知识。当然,书中也记录了多年来行业中发生的一些轶事,希望能够引发读者的思考。我相信,这是一种更有趣的学习和记忆数据(有时会很无聊)的方式,通过赋予它们生命,它们将更长久地留在人们的记忆中。

谁应该阅读本书？

本书适合从事海上风电行业的所有人阅读，无论是已经或即将进入本行业的咨询师、投资者，或是工程师、技术人员。从海上风电场项目的安装开始，到中期直至项目完成，这一过程中可能出现的常见问题本书都能一一解答。

书中记录的过去十多年的项目经历对专业人士有指导作用。对金融业者来说，要判断项目设计、实施是否合理，是否经过深思熟虑，本书将教你提出关键的技术性问题。工程师则可以根据本书制订风力涡轮机安装计划，避免走进死胡同。

HSE方面的专家能够从书中找到确保安全的方法，建立并执行设计、监管流程。投资者则可以更深入咨询，从而更加了解项目的流程、潜在风险及其对世界的意义。

本书的写作目的并不是展示所有的资料，而是向读者介绍一些海上风电行业的知识，作为他们事业起步的基础。为了能够运用大量数据、提示和建议，读者急需掌握更多深层次的专业知识和信息。这就是为什么应该阅读本书、学习书中的知识。尽管这些知识包含在每一个项目中，但却分布在世界各地。读者需要寻找这些信息并将其归类，才能够开展专业工作。读完本书，你对海上风电场的了解将会令你充满信心。

作者对风力发电场有什么看法？

对读者来说，理解作者的语境是很重要的。诚然，作者倾向于采用某些方式来执行海上风力涡轮机的基础和风力涡轮机的安装。因此，本书中的建议和保留意见反映了作者本人的观点。当然，这些建议和意见都是基于作者多年的行业经验。

然而，如果说这里描述的方法和过程是安装海上风电场的唯一有效方法，那就错了。因此，每当描述一种方法或过程时，作者都会努力记录所有替代方案的优点和缺点，并列出执行该工作的其他可能方式，然后根据本书中的文档和陈述，由读者决定采取哪种方式。

不过，强调一下，所描述的方法和过程确实有效。而其他解决方案也可能起作用，作者真诚努力以不带偏见的方式陈述提议的替代方案的优点和缺点。我总是会用试金石检验方法来确定替代方案的可行性，即它是否具有成本效益。作者相信我们几乎可以设计建造任何东西，海上风电行业提出的许多替代方法在技术上是可行的，并且在其他行业（主要是海上石油和天然气）中也存在，但这些技术和方法的成本可能会阻碍它们用于海上风电行业。每当我列出替代方案时，我都要说明这一点。

读者对本书所述内容应始终保持开放的心态。有必要理解的是，重点在目标上——安装海上风电场，但在现实生活中与谁交流，观点可能会有所不同。因此，这些声明和建议只能作为指导方针——以前已经做过的事情，可能会改变的方法，所有这些都是为了让读者开展进一步的研究，落实实际工作并对这个行业的基于事实的观点做好思想准备。

你能从本书中获得什么？

希望读者能够在读完本书之后，对海上风电行业有一个深入的了解。对于正参与海上风电场项目的读者来说，应该能够在主要设计和施工方案上做出抉择。读者应该知道什么是最好的选择，以及这些选择会带来什么结果。这一点尤其重要，因为每当海上环境出现任何变化时，其带来的影响可能远超过被改变的那部分。

就其本身而言，海上环境带来的挑战与陆地环境的完全不同。为什么？举一个简单的例子，如果由于土壤条件较差，你要更改风力涡轮机基础的尺寸，在陆地上，你可以问地质工程师需要增加多少材料才能确保地基坚固、稳定。一旦确定了这个，你就可以估计需要多少额外的混凝土才能建造一个适当的风力涡轮机基础。这是非常直接的工程学，并不复杂，无非就是一些数字计算，一台挖掘机和一些额外的工作时间。

但对海上风电场来说，这是完全不同的一道难题。第一件事情就是找一套新的岩心钻机以确定海床结构随深度的变化情况，结果可能直接影响整个基础系统的选择。例如，波罗的海 2 号（Baltic 2）风电场项目就遭遇了这种土壤条件的问题，最终不得不安装了两种完全不同的基础形式：单桩式和导管架式。这是该区域海床条件造成的问题。但问题还不止这些。

如果风力涡轮机基础或土壤结构与基准值不同，则计算风力涡轮机与基础相互作用的迭代计算方式也完全不同，所以每个基础形式都不相同 。此外，如果同一个海上风电场选用不同的基础形式,比如一个是导管架式,另一个是单桩式,那么在安装船上就需要有两套紧固装置、两种打桩锤等。与陆地相比,如果海床结构差别巨大,将会对项目造成非常大的影响。

这就是阅读并理解海上风电场所涉及的各种要素和学科的重要之处。如果足够重要的话,即使最小的要素也会影响更大的系统。读完本书,读者应该能够做出详细的项目设计,还应该能够理解并解释项目从开始到结束过程中可能影响项目的众多变量。

同时,本书也给了读者提问的空间。书读得越多,对这个行业的理解就越透彻,不断吸收的知识将帮助你形成自己的观点。这就是本书的目标:传授知识、促进讨论。

本书不是一本秘籍,读者无法简单地从书中找到所有问题的答案。本书为读者提供了一把钥匙,开启自我思考的大门,自己探索方法和答案。在书中,你可以找到各种提示、建议、故事,甚至是一张通往捷径的地图,帮助你成功建成一座海上风电场。因此,我建议你继续读下去并采用自学方法。你可以嘲笑一下我们之前做的傻事,抑或思考一些行业中流传的理念。书中的内容将会给你们打下最扎实的基础,并帮助你们自学成为该行业的专家。

最后是一些建议:当海上风电场创始人库尔特·E. 汤姆森开始从事海上风电行业的时候,没有人知道他在做什么。很幸运,在做重大决定时,他都做出了正确的选择。他的一位好友兼同事曾说:"完善的计划加上最好的运气 ,我们不该对此不屑一顾。"

读到这里,你应该明白了本书的意义所在。只要我们报以开放的思想,乐于接受新知识,愿意听取建议,我们就能做好所有想做的事。不必害怕成为这个行业的新人,你可以学习——从这本书中学习。泰坦尼克号是由最有经验的工程师团队建造的,而挪亚方舟则是由一个门外汉建成的。所以,好消息是我们每个人都有机会。我们只需要解放思想,并且接受机会,正像库尔特·E. 汤姆森所做的那样。

作者介绍

库尔特·E.汤姆森是位策划者，他的创新思想有效地发明了功能强大的海上风电场。作为一名建筑师和起重机操作员，他开发了世界上第一艘“起重机船”并申请了专利，在此之前，人们没有办法成功地在海上运输和安装风力涡轮机。他创办了四家公司，其中一家名为A2SEA的公司已经在丹麦、瑞典、荷兰和英国周围的水域安装了800多台风力涡轮机。

世界上最大的风力涡轮机制造商，包括Vestas、Gamesa、GE、Siemens、Areva和Nordex，一直在与汤姆森先生合作开发新的风力涡轮机，以促进在海洋条件下的海上风电生产力提升。目前他的公司Advanced Offshore Solutions已经开发出能够同时运输18台风力涡轮机的技术，并且可以在24小时内完成其安装。

汤姆森先生是一位备受欢迎的演讲者和与出版有关的顾问，曾编辑和翻译过英语、德语、挪威语和丹麦语等语种的技术书籍。他也是*Crane Today*杂志的特约专栏作家。

雷切尔·帕赫特(Rachel Pachter)是能源管理公司具有许可证的环境经理。该公司是Cape Wind项目的开发商，这是美国第一个被提议和批准的海上风力项目。雷切尔·帕赫特自2002年以来一直在美国从事海上风能开发工作。

保罗·昆兰(Paul Quinlan)是北卡罗来纳州可持续能源协会的常务董事。他在制定和推广陆上和海上风能政策方面拥有丰富的经验。此外，他还定期教授可再生能源主题课程，并发表了相关报告。

拉斯·弗罗内(Lars Frohne)，法学硕士，汉堡陆德律师事务所(Luther Rechtsanwaltsgesellschaft mbH)律师。拉斯·弗罗内在汉堡和斯泰伦博斯(Stellenbosch)学习并获得律师资格，自2012年以来一直是一名律师，加入陆德之前在伦敦工作，于2013年11月加入陆德。他为客户提供与商业和航运法律有关的所有事务的咨询，特别是关于商船的建造、改建、购买和销售，相关融资合同的起草，以及海上风电场安装合同的起草。陆德是德国领先的商业律师事务所，提供全面的法律和税务服务。这家提供全方位服务的律师事务所拥有 350 多名律师和税务顾问,在德国 11 个经济中心以及欧洲和亚洲的重要投资地点和金融中心设有办事处,包括布鲁塞尔、布达佩斯、伦敦、卢森堡、上海和新加坡。其客户是中型企业和大型公司,以及公共部门。

斯蒂芬·博尔顿(Stephen Bolton)在电力行业有超过 18 年的经验,其中后 14 年是在可再生能源市场的前沿领域,即陆上和海上风能领域工作。他的专长是离岸运营和维护,以及资产管理策略。他曾在几家领先的欧洲公用事业公司担任服务/承包部门的高级管理职务。斯蒂芬对提供主动整体风电场资产管理的技术和工具开发特别感兴趣,他在此方面的能力与船舶方面的技术一样出色。斯蒂芬参与的项目如下(但不限于):英国首个海上风电场 North Hoyle、巴罗海上风电场、Lynn 和 Inner Dowsing 海上风电场,以及 Gywnt Y Môr 和 Nordsee Ost 海上风电场,在那里他设计了运营策略并达成了风力涡轮机的运维协议。这使他成为可再生能源行业各种会议和各种出版物的定期撰稿人,包括《可再生能源世界》和《海上风能工程》等。斯蒂芬建立了一个新的风电场业主运营实施部门,负责应对运营战略考虑、设计和实施方面的步骤变化,这些变化始于建设阶段,并通过替代战略和合同交付,这在某种程度上已经被大多数大型公用事业公司效仿。

目　　录

1 什么是海上风电场?

在我们进一步阅读本书前,最好先说明一下一个海上风电场的组成部分,这将有助于对书中使用的许多(即使不是全部)技术术语有一个快速了解,便于较容易地明白书中的内容。

一些人可能认为此举是多余的。然而,Kentish Flats 安装后一年,时代杂志收到一对老夫妇给编辑的信,十分清楚地表明不是人人都懂得海上风电场的相关概念的。这对夫妇也许有点极端,他们抱怨无法继续在海滩散步,因为风力涡轮机产生的风使他们无法保持平衡,所以,这就要搞清楚,风力涡轮机不是通过使用电力产生风,相反,它是通过使用风作为能源转动转子而发电的。这就是编辑尽可能亲切地对这对夫妇做的回复。

不管怎样,现在言归正传,来认真地说明风能的主要特点。在本书中,我们着眼于海上风电场安装和海上风电场——或通常的风电场,可用下列方式描述。

一个风电场由若干个风力涡轮机组成。任何风电场看上去或多或少与另一个风电场相似;风电场位于一个相对较浅的水域,离海岸线不远,自然,在一个平均风速有利的地区。图 1.1 显示的是一个典型的海上风电场。

从外部就能看见由三大主要部件组成的一台风力涡轮机。

(1) 塔架,是用螺栓将两根或更多的钢管连接在一起;

(2) 机舱,或发电机室,安装在塔架顶部;

(3) 转子,由三片连接到机舱上轮毂的叶片组成。

当然,风力涡轮机无法站在水上(或地面上)。它们需要有一个基础,如图 1.2 所示。基础往往只有一小部分露出水面。

当风力涡轮机安装在陆上时,这是很容易的,因为基础是由很重的混凝土板做成的,所以足以产生足够的力矩和夹持力,以抵抗作用于风力涡轮机上的风载荷和弯矩。

当风力涡轮机安装在海上时,结果是相同的,但是在基础设计时应考虑如下四

图 1.1 海上风电场鸟瞰图

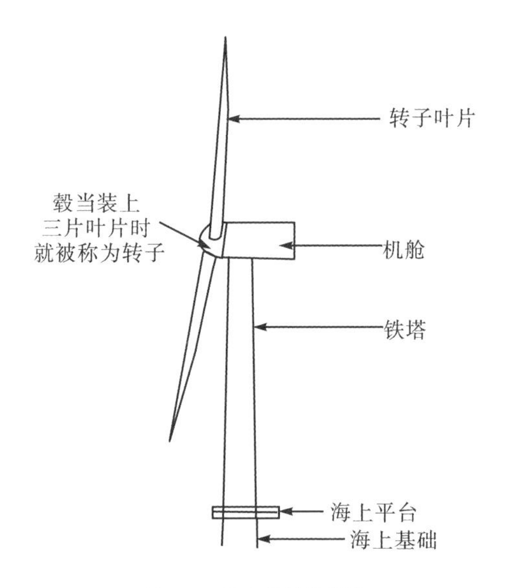

图 1.2 风力涡轮机部件

个附加因素。

（1）水的深度：基础必须要与附加的独立桩体连接。

（2）波浪载荷：波浪对基础施加的负载和力矩比风力涡轮机本身的更大。

(3) 地面条件：基础不必直接固定在海底，但是由于海底的构成在地面有支承力之前，很可能需要增加基础的深度。

(4) 风力涡轮机感应频率：风力涡轮机引起的载荷可能与波浪载荷叠加或抵消，当波浪加强时，基础可能会承受更大的负载，这一点必须考虑。

风力涡轮机海上基础的设计其本身是门完整的学科，本书并未包含该部分内容。下文仅描述了最常用的海上风力涡轮机基础的四种类型，并列举了每种类型的利弊。

1.1 单桩基础

用大型液压锤打入海底的大直径的钢管(4～8 米)被称为单桩(见图 1.3)。单桩能直立，是因为海底对钢管壁两侧有摩擦力，以及在其上面没有任何垂直的地面压力。单桩通常被用在半坚硬到坚硬的海底条件下，可用于 25 米左右的水深处。

图 1.3 单桩正在从运输船上吊起(A2SEA 提供)

1.2 重力式基础

重力式基础是非常重的位移结构，通常由混凝土制成(见图 1.4)。重力式基础利用作用于地面的垂直压力，矗立在海底。基础的直径通常为 15～25 米，所有的力和弯矩通过基础底座传递。通常情况下,重力式基础用于半坚硬的平整海底和水深较浅处,不过有几个项目(例如 Thornton Bank)已经在较深的海水中采用重力式基础。

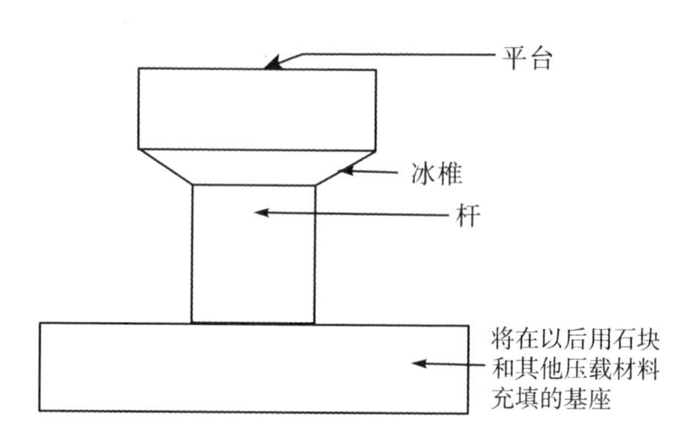

图 1.4 重力式基础原理

基础的大小和重量(1 500～4 500 吨)使运输和安装变得很麻烦,而且值得注意是,海底必须准备疏浚和回填材料以便于安装基础。所以,虽然混凝土材料较便宜,但安装却非常昂贵和耗时。因此,不是最好的解决方案。

1.3 三脚桩基础

三脚桩基础是突出在海面上的钢管结构(见图 1.5)。基础有三条支腿,每一条腿与桩套管连接,再与打入海底的锚桩灌浆固定。

三脚桩基础的优点是穿过波浪区的面积与单桩一样小,因为是一根单独的钢管,如同一架相机三脚架在海底展开,可提供巨大的抗倾弯矩。

此外,锚桩到基础中心距离很长,有能力抵抗由风力涡轮机和海浪引起的十分强烈的垂向振动力和弯矩,特别是因为只有单独的钢管,有可能如计算单桩基础一样计算因海浪引起的负载。三脚桩基础通常用于水深 25～50 米的海上油气行业,并经证明十分可靠。

三脚桩基础的缺点是对于一座合理尺寸的海上风力涡轮机而言,生产成本十分昂贵,一次很难大量加工,而且安装所花的时间比标准的单桩基础更长。

图 1.5　在不来梅港岸上的试验三脚桩基础

（资料来源：BIS）

1.4　导管架基础

导管架基础是网格型钢结构，通常底部是方的，由细钢管建造（见图 1.6）。导管架基础的优点是可调整尺寸和适用于深水，且它的重量较轻，可以通过增大基础的底面积而不用显著增大钢管尺寸对力和弯矩产生巨大的阻力，对于深水处是首

图 1.6　导管架基础在比阿特丽斯试验风电场安装的场景

选方案。与三脚桩基础一样,它通过桩套筒与锚桩相连从而固定于海床上。

通常,导管架基础的缺点是制造成本昂贵,结构中的许多连接点都必须人工处理。

此外,由于该基础底面积大,即使在水面附近使用较小的构件,也难以抵御冰载荷的冲击。这使流冰保护变得很复杂,因此也就很昂贵。此外,导管架基础与三脚桩基础同样昂贵,目前风力涡轮机的尺寸尚不足以证明在深水区使用导管架基础的合理性。

相关图片

从安装船上吊起一个完整的转子是十分精细和专业的工作。在港口,这很容易,但是在海上,这就变得十分困难,因为不可能让人到船外面去稳稳地抓住转子。如图1.7所示,Lillgrund风力发电厂于2007年8月1日在丹麦尼堡的M/S Sea Power上进行叶片安装试验。

图1.7　在M/S Sea Power上进行叶片安装试验

船员登船出海、在风力涡轮机之间运送和上岸的运输是海上风电场施工和运行的很重要的组成部分（见图 1.8）。

图 1.8 船员运送相关组件

2 获得建造海上风电场的许可证

在世界各地,任何海上风电场的建造都需要许可证。每一个国家在处理从事此行业的许可程序时差异较大。一些国家的许可程序是十分细致、严格、具有法律效力的,并且附有交付物件的详细说明;而另一些国家根本没有或者很少有适用性的具有法律效力的许可程序。这当然会影响海上风电场业主的规划范围和监管程序的连续性。

本章概述美国、英国和德国三国不同的监管程序的主要构成。之所以选择这些国家,是因为认为它们未来会成为海上风电场的主要市场,而且它们分别代表了新兴的、年轻的和成熟的市场。

2.1 美国

在美国,许可证是海上风电技术开发中的头等障碍,获得批准的监管程序仍在逐步发展中。个别的州、镇、电力区和联邦政府均拥有对海上风电项目管理的权力。在美国,海上风电项目正在如下三个不同的近海区域展开:

(1)外大陆架(OCS);

(2)各州的近海水域;

(3)五大湖区。

外大陆架大致是从一个州的海岸线3海里向外到200海里的区域范围。州的管辖权是在海岸线3海里内的近海水域。然而,得克萨斯州和佛罗里达州的墨西哥湾岸区的管辖权包括离岸大约10英里[①]的近海水域。

五大湖区位于加拿大与美国之间的交界处。两国正考虑在五大湖区开启海上风电项目。在美国,相邻州管辖的范围一直延伸到加拿大的边界,同时适用某些联邦监管法规,也适用于州属水域中的近海风电项目的开发。

---

① 译者注:1英里=1 609米。

2.1.1　海上风能潜力

美国能源部估计在美国有超过 4 000 吉瓦的海上风能潜力[①]。大部分海上风电项目开发活动是在北大西洋沿岸、中大西洋沿岸和五大湖区展开的，超过50%的美国人口居住于此[②]，而且沿岸的电力需求最高。

在北美洲，陆上风能资源一般都集中在该国的中央部分。外大陆架开发项目减少了长距离输电线路的架设和电损耗，以便对最大的电负载中心提供清洁和可再生的能源。

2.1.2　外大陆架许可证

当前获得许可证的路径始于 2005 年的联邦《能源政策法》(*EPAct* 2005)，此法赋予美国内政部(DOI)对外大陆架海上可再生能源项目的监管权。矿产管理局(MMS)被指定为美国内政部内制定条例和许可证流程的机构，包括提供海上可再生能源项目的租赁协议。

矿产管理局后经改组更名为海洋能源管理、监督和执行局(BOEMRE)[③]。《能源政策法》在 2009 年 6 月最后定稿。现行条例允许对 BOEMRE 开放出租的外大陆架地区实行争优。

除从 BOEMRE 获得海域使用权外，项目也需要获得如美国海岸警卫队(USCG)、联邦航空管理局(FAA)、环境保护局(EPA)等联邦机构的许可。

此外，如果项目建造在联邦水域中，只要是在州边界区域内，使用州及地方的法规所辖的适用于将能源带到岸上所需的电缆，也要从该地区的电力传输部门获得许可。

当前，获得许可证估计要花 5 年以上的时间。然而，最高层的政治家强烈支持海上风电的快速开发。在美国，可再生能源和创造绿色就业机会有很高的优先权，而且有许多利益相关者紧密合作来简化审批程序和鼓励在美国水域开发该类项目。2010 年 11 月 23 日，内政部长肯·萨拉查(Ken Salazar)宣布一项新的计划，

① www.nrel.gov/wind/pdfs/40745.pdf.

② http://oceanservice.noaa.gov/facts/population.html.

③ 2010 年 4 月英国石油泄漏事件发生后，内政部重新命名并重组了 MMS。

旨在缩短许可流程的时间和确定海上风电开发的优先领域。

2.1.3 获得对州水域的许可

州属水域的开发项目不受 BOEMRE 对外大陆架项目颁布的大量条例的影响,大大简化了许可流程。然而,各州有其自己的条例,而且每个州的审核过程是不同的。此外,数个联邦机构甚至在州属水域具有监管权力。在一个项目建设前,项目提议者必须与陆军工程兵团(ACOE)、联邦航空管理局、美国海岸警卫队以及其他联邦机构协作。

2.1.4 获得对五大湖区建设项目的许可

五大湖区规划项目仍然需要获得许可,因为对该地区的管辖权为州和联邦两者。为此,需要多个委员会和团体,包括风电场业主、非政府环境组织(NGO)、监管机构、潜在电力买主和编制流程的其他机构协作,以通过许可证的审批。

2.1.5 海上规划

州政府和联邦政府已经共同采取措施,综合考察海上风电开发的海上环境。在某些情况下,目标是为风电场业主提供信息与机会,以便选择在环境和社会方面冲突最小的地区。另外,应尽快启动考察,加快建议方案的环境评估流程。

2.1.6 联邦规划

美国总统府在 2009 年 6 月发布了总统行政命令,建立了一个跨部门的海洋政策特别工作组。该工作组对美国近海水域提供海洋空间规划(MSP)建议。海洋空间规划流程如下:

> 特别工作组明确说明沿海和海上空间规划是一个综合、适用、完整、基于生态系统和易于理解的空间规划流程,它基于科学,分析研究海洋、沿海和五大湖区域当前和预期的使用。沿海与海洋空间规划确定最适合各种类型或等级活动的区域,便于协调使用,以便减少各种活动之间的冲突,降低对环境的影响,并且保护重要的生态系统,满足经济、环境、安全

和社会目标[①]。

上述这一流程与海上项目的开发在同时进行。海上风电场主关心的是海洋空间规划流程是否会妨碍和延误海上风电项目在美国的开发。由于特别工作组的协同工作在有条不紊地进行中,因此海上风电开发不会延误。

2.1.7 州规划

各州在海上风电项目开发中发挥着一些作用。他们参与提供财务奖励,可以是商品销售的潜在消费者,或给项目的销售提供便利(在以后讨论),并且具有对项目和使用传输电缆的许可权。在州属和附近的联邦水域有项目潜力的几个州已经采取行动,开始全面考察在近海地区潜在的环境、社会、经济、文化和与导航有关的冲突,并寻找有利于海上风电开发的区域。

例如,马萨诸塞州开发了针对在英联邦水域内海上风电开发潜力的马萨诸塞州海洋管理计划。在 2009 年 12 月发布的最终方案指出:

> 响应计划草案,经征求公众意见,以及在公众评估期间所收受的附加信息,最终方案新增了强硬性的法规,用以保护重要的海洋生物和栖息地,确定了适合于可再生能源的开发区域,并启动一个具有高优先级的五年研究计划。最终方案包括与重要环境资源有关的更强大和更详细的定位与技术性能标准,以及为区域规划当局关心的风能开发的修订管理规定[②]。

最终方案明确了在开发海上风电项目的过程中存在有限冲突的区域,以及确定在州属水域中开发海上潜力项目的计划。

另一个例子是罗得岛特殊海域管理规划(SAMP)。该规划致力于指定近海海域为开展特定目的工作的地区。其相关规定如下:

---

① www.msp.noaa.gov/.

② www.env.state.ma.us/eea/mop/final-v1/v1-text.pdf.

> 提出SAMP的主要动因是2007年美国罗得岛能源办公室海上风电场投资的决定,即截至2020年,按照州长唐纳德·卡锡瑞(Donald Carcieri)的命令,海上风电资源应该能够提供该州15%的电力消耗。作为响应,罗得岛能源办公室建议制订SAMP。此规划的宗旨是开发一套全面综合的管理工具,以便让公众积极参与相关工作,为海上可再生能源的恰当选址提供策略和建议①。

新泽西州开展了一项称为生态基线研究的广泛的环境审查流程。最后的研究指出:

> 本研究的目标是在新泽西州的沿海水域开展生态基线研究,以确定当前本地区生态资源的分配和使用。目标是提供地理信息系统和有关在该水域中生活的不同物种的数量、空间和时间数据,以协助确定海上风电产业开发的潜在区域②。

这些数据将用于海上风电场业主和监管者协助建立现场项目,以及评估项目潜在的影响。

2.1.8 提案企划书

各州批准海上风电项目的一种途径是通过提案企划书(RFP)流程。各州可以发布针对海上风电项目、可再生能源项目以及能源发电项目的提案企划书。几个州已经启动提案企划书流程,并引入海上风电项目,这些州包括马萨诸塞州、纽约州(大西洋和五大湖区)、罗得岛、特拉华和新泽西州。

如果一个项目通过了征询方案,就可能被授予许可优先权(如果项目位于外大陆架,仍须经历BOEMRE流程,以确保租赁开发区);如果是在州水域,就有可能获取开发权,或最重要的长期电力购买协议(PPA)。

---

① http://seagrant.gso.uri.edu/oceansamp/documents.html.

② www.state.nj.us/dep/dsr/ocean-wind/vol1-cover-intro.pdf.

2.1.9 联邦许可

许可流程可能是很漫长的。正如前文所述，目前，外大陆架项目的流程可能需要5年以上。州属水域项目需时可能少一点，五大湖区项目可能有所不同。就许可流程本身而言，它涉及不同的行动，必须遵循某些流程，而且必须获得许可。例如，可能会进行一个全面的环境评估流程，而且该流程应在机构颁发许可证或授权之前完成。

必须要完成的最详细的流程是《国家环境政策法》(NEPA)中规定的一项流程。《国家环境政策法》流程规定对所有潜在的环境、社会和经济影响进行全面审查。EPA网站所述如下：

> 《国家环境政策法》要求联邦机构通过考虑它们提议的行动以及备选行动是否会对环境造成影响，从而将环境价值整合到决策程序中[①]。

任何做决策的联邦机构都可以引导完成《国家环境政策法》流程，多个机构可以通过利用为单个项目制定的《国家环境政策法》流程，通告若干项许可决定。

所有需要联邦许可证的项目(州属水域和五大湖区项目仍需要联邦许可证)均服从《国家环境政策法》。《国家环境政策法》流程的审查广泛地告知公众、区域利益相关者、其他机构(即联邦、州和本地)，并收集其意见。

此审查的结果是主管机构出示的一份环境影响报告书(EIS)。环境影响报告书首先以草稿形式发布，然后在收到和回应公众等的意见之后，以终版形式发布。

即使《国家环境政策法》流程是与公众利益最为相关、最为重要的审查，但在审批许可证的过程中，其他相关法规也必须考虑在内。须满足的其他监管流程包括如下几方面：

(1)《濒危物种法》；

(2)《河流和港口法》；

(3)《清洁水法》；

---

① www.epa.gov/compliance/nepa/.

(4)《清洁空气法》；

(5)《海洋哺乳动物保护法》；

(6)《国家历史保护法》；

(7)《沿海地区管理法》。

《濒危物种法》(ESA)要求，如果一濒危物种寄居在项目所在地的附近，那么应由物种专家对其进行审查。就海上风电项目而言，海洋哺乳动物和鸟类可能是此附加审查的候选者。《濒危物种法》审查是由负责物种的机构实施的[例如濒临灭绝的鲸由国家海洋渔业局(NMFS)负责审查]。

《河流和港口法》由 ACOE 管理。ACOE 为可航行水域范围内的项目发布第10款许可证。ACOE 根据《清洁水法》对任何海上疏浚工作发布第404款许可证。根据项目的安装方法，这一点可能是必要的。环境保护局必须根据《清洁空气法》对施工船舶的操作提供空气许可证，这适用于位于外大陆架的项目。如果项目有可能以任何方式危及海洋哺乳动物，可能需要《海洋哺乳动物保护法》的授权。

《国家历史保护法》(NHPA)要求开展对陆上的历史场所和海上潜在历史场所(如海难)等有直接影响和对美洲土著问题有潜在影响的审查。NHPA 第106款要求利益相关者、机构和项目提议者在合作解决问题的过程中，对历史保护保持关注。

《沿海地区管理法》(CZMA)要求位于外大陆架各州的海上风电项目与批准的州海洋管理计划保持一致性。

2.1.10 许可流程

想获得外大陆架项目许可证的申请人要从 BOEMRE 开始。BOEMRE 设计了一套允许利益相关者和邻近各州参与的许可流程。流程旨在决定谁可以对海上指定区域进行海上风电场的开发建设。一旦许可流程启动，BOEMRE 会发布一份海上指定开发区域的项目意向书。

随后，海上风电场开发商对此项目意向书做出回复。而机构会根据提交的资料决定其是否继续进行竞争的或非竞争的租赁流程。如果是非竞争性流程，海上风电场开发商可按许可流程进入下一流程。如果是竞争流程，将根据招标流程选择风电场开发商。

BOEMRE将根据《国家环境政策法》进行各种审批工作，包括批准工程选址评估计划和建设与运营规划，最终提供给申请人允许租赁的专属权利拟建项目区域。

当租赁合同颁布时，承租人就应开始准备支付租赁费；一旦项目启动并运行，承租人应向联邦政府支付租赁费（使用费）。相邻的州可以分享一部分租赁费。

除了联邦政府先前的批准之外，项目还必须获得联邦航空管理局的允许。联邦航空管理局将调查项目对空中航行路径的影响，并提供"无危险"结论依据，并批准或变更任何现有的照明规划。美国海岸警卫队必须批准项目使用的海洋航行安全设备和标志。美国海岸警卫队在审查过程中，如果发现有选址和导航问题，可能会参与更多的审查。

为海上项目发放许可证的机构会规定缓解对鸟类物种、海洋哺乳动物、渔业和其他土地资源区域影响的办法，将其纳入最终许可决定的部分考量范围。

2.1.11 州、地区和本地许可

每个尝试最终把海上电力并入内陆电网的项目须满足各种各样的条例。对外大陆架项目，一旦铺设的电缆进入州属水域，以下是应满足的条例要求：按《清洁水法》，取得在海底进行安装工作以及不可避免地搅动海底沉积物的许可；能够解决对商业或休闲式的贝类经营、道路使用、高地和海上湿地的潜在影响；能够解决有关海上风电传输线路方面的问题。

这些问题的解决将有赖于州许可当局和本地机构。这个过程各州不尽相同。项目提议者可能在州及地方许可委员会审查之前去争取获得项目审批许可。

此外，需要区域输电管理机构允许电网相互连接，此审查确保电力能被电网接受。经此过程产生一个电网相互连接协议。

2.1.12 利益相关者的宣传

项目提议者和支持海上风电的各州正着力向从事社区管理部门和利益相关者做宣传。因为海上风电行业对美国沿海社区来说是相对较新的行业，教育是开发过程的关键。几乎每一步审批过程都允许公众的参与，利益相关者扩大了《国家环境政策法》涉及的内容和范围。重要的是公众应明白所提议项目的大体特点，并具有了解和提出问题的机会。

2.2 英国

英国具有世界上最大的海上风电能源市场。2011 年 7 月，15 家运营的海上风电场装机容量为 1.3 吉瓦以上，尚有 6 吉瓦在施工、等待施工或在规划中①。现有的海上风电场位于北海、爱尔兰海和苏格兰领海。

2.2.1 海上风能的潜力

英国已经指出，开发的海上风电将是一个重要资源，2020 年达到国家需要的 15%可再生能源的目标。目标源于 2009 年欧盟可再生能源指令②。该指令根据许多因素制定了对各成员国可再生能源的要求，包括现有可再生能源发电和国内生产总值(GDP)。总的目标是确保欧盟同盟国到 2020 年至少 20%的总能源来自可再生能源。

英国在 2020 年新增 10～26 吉瓦海上风电装机容量③的基础上，至 2030 年，英国可部署 40 吉瓦以上的海上风电装机容量，这样就可以提供足够国内所有家庭的用电需要④。

2.2.2 海上规划

2001 年，欧盟成员国被要求制定法律、条例和行政规定，以确保进行战略环境评价(SEA)，从而保证环境保护被列为政府规划或计划的一部分，如海上风电能源的开发⑤。战略环境评价需要政府实施下列事项。

(1) 概述计划和程序内容的主要目标以及与其他相关计划和程序的关系。

(2) 调查目前的环境状况以及在未执行计划或程序前环境的变化情况。

(3) 分析可能显著影响区域的环境特性。

(4) 梳理任何与计划或程序有关的现有环境问题，特别包括那些对环境具有特殊重要性的地区，如依照指令 79/409/EEC 和 92/43/EEC(鸟类与栖息地指令)

① 2011 年 7 月英国能源和气候变化部发布了"英国可再生能源路线图"。

② 2009 年 4 月 23 日欧洲议会和理事会第 2009/28/EC 号指令。

③ 英国可再生能源路线图。

④ 同上。

⑤ Directive 2001/42/EC of the European Parliament and of the Council of 27 June 2001.

指定的区域。

(5) 制定与计划或程序有关的在国际、会员国或社区层面的环境保护目标,以及在准备期间已经考虑的那些目标和环境保护的方法。

(6) 考量对环境可能造成的重大影响,包括诸如生物多样化、人口、人类健康、动物群、植物群、土壤、水、空气、气候因素、物资、文化遗产,包括建筑、考古遗产和地貌,以及上述因素之间的相互影响。

(7) 制定可行的措施,以防止、降低和尽可能地充分抵消在执行计划或程序时对环境产生的任何重大不利影响。

(8) 概述选择处理的备选方案,并说明如何进行评估,包括在编辑必要信息时遇到的各种困难(如技术缺陷或缺乏专有技术)。

(9) 说明与监控有关的预期方法。

(10) 编写根据其他各项提供的情况的非技术性小结①。

对早期英国限于 Greater Wash 湾、泰晤士河口和利物浦湾三个战略地区的海上风电项目,包括一系列示范工程 Round 1、有限的开发 Round 2,做出战略环境评价。2007 年,当时的商业、企业和制度改革部发起的英国水域战略环境评价,以开放高达 33 吉瓦的海上风电装机容量的海域。此战略环境评价最终授权皇冠地产公司(The Crown Estate)启动 Round 3 海上风电租赁项目。

2.2.3 近海租赁

皇冠地产公司是管理和向议院报告官方拥有的部分世袭财产的法人团体。皇冠地产公司是英国最大的地产业主之一。海洋部分的投资组合几乎包括了整个英国海底 12 海里的领土和权利,形成从海岸扩展到 200 英里的英国大陆架的可再生能源区域。

据此,皇冠地产公司请求管理英国的海上风电租赁业务。它确定了第三轮的九个海上风电租赁开发区,每个开发区由单个开发合伙人管理一个公司,或者一个财团监督开发区的开发。2010 年 1 月宣布了 9 个开发合伙人。

---

① www.offshore-sea.org.uk/site/scripts/documents_info.php? documentID 1/4 5&pageNumber 1/4 2.

2.2.4 许可与同意

一旦与皇冠地产公司建立了租赁关系,海上风电项目管理组织必须通过许可和同意流程。主要的负责机构是海洋管理组织(MMO)或基础设施规划委员会(IPC),根据海上风电场的总容量确定选择合适的管理机构。

海洋管理组织于2011年4月开始,根据2009年《海洋沿岸法》中的新海洋许可证制度负责1～100兆瓦容量的海上风电设备安装和其他海洋沿岸工程活动的审批。根据栖息地条例①和水框架条例②,海洋许可证申请人应接受审查,并可能被要求开展环境影响评估③。海洋管理组织鼓励申请人在预申请过程期间,咨询该机构是否需要进行额外的评估。

基础设施规划委员会是独立机构,为全国性重要基础设施项目提供适用的合理化审查,包括100兆瓦以上容量的海上风电项目。申请过程首先从预申请开始,包括开发者向基础设施规划委员会提出申请。在预申请阶段,海上风电项目被列入项目程序,开发者应咨询本地的监管机构。此外,开发者可要求获得审查意见,用于确定环境影响报告书中要求的资料。

一份完整申请提交后,基础设施规划委员从收到申请的当天开始,有28天的时间决定是否接受申请并做审查。如果接受申请,即进入为期3个月的预审阶段。在此期间,必须公开宣布受理申请,并公开审查。然后,基础设施规划委员进行为期6个月的审查。这个阶段应让在预审查阶段要求登记他们看法的利益相关者参与。由基础设施规划委员会或有关的国务大臣决定项目最后是否获批,无须国家政策声明。

基础设施规划委员会最初是根据2008年的《英国规划法》于2009年10月成立的。2010年5月大选后,联合政府打算通过权力下放和地方性法规改变基础设施同意程序,预期变化将保留合理化程序的主要内容,同时改进民主问责制。

① 1992年5月21日理事会关于保护自然栖息地和野生动植物的第92/43/EEC号指令。

② 2000年10月23日欧洲议会和理事会第2000/60/EC号指令建立了共同体在水政策领域行动的框架。

③ 1985年6月27日理事会指令85/337/EEC,关于评估某些公共和私人项目对环境的影响。

2.2.5 其他行业支持

英国政府准备提供额外的资金支持海上风电行业项目的开发。在英国，能源与气候变化部于2011年7月出版可再生能源路线图。政府在路线图中指出：

> 优先成立一个行业工作组，开始路径行动计划，降低海上风电成本，从开发、建设和运营，至2020年达到每兆瓦时100英镑。
>
> 在今后的4年里，这将得到高达300万英镑的支持，根据物有所值评估，促进技术开发者之间的合作，并支持在部件生产中的革新。这建立在现有支持上，以提高革新的速度和发展供应链[①]。

2.3 德国

从历史上看，德国为陆上风能资源提供了一个巨大的市场。该国还是风力涡轮机和风力涡轮机部件以及安装设备的主要制造国。

2.3.1 风能对德国电力生产的重要性

德国很早就宣布了其对海上风电产业的巨大雄心。在第二个千年之初，德国当局宣布了大量的、没有最大设施数量限制的、计划中的海上风电场项目，他们开始为这些海上项目制定指导方针和绘制地图。然而，由于监管框架、定价的不确定性以及离岸造成的困难，这些海上风电场的扩建并没有真正启动，为它们提供融资是一个挑战。

2009年，德国政府将这些电网接入社会电网，将项目开发商约30%的投资成本分配给电网所有者，电网所有者可以从客户那里收回成本。尽管这种成本的转变推动了该行业的发展，但推动德国海上风电行业腾飞的主要起因是日本2011年3月福岛第一核电站发生灾难性的三重熔毁事故。

灾难发生一个月后，德国政府在总理默克尔的领导下，宣布在2022年之前关

① 英国可再生能源路线图。

闭所有核电站。这一决定的结果是促使德国可再生能源产业繁荣起来。德国政府为实施能源转型计划,即从化石能源向可再生能源转型,提供了由高额关税支撑的拨款。Energiewende 的目标是到 2022 年,将可再生能源生产的能源占能源消费总量的比例提高到 35%。

2.3.2 环境友好电力

德国第一个重要的风电场建于 20 世纪 90 年代,规模为 164 千瓦。截至 2012 年,全国新增风电场装机容量为 31.3 吉瓦[①],主要是陆上风电场。

然而,陆上设施有几个缺点:一方面,它们的视觉冲击力不受欢迎;另一方面,陆上风电场比离岸风电场更依赖天气条件,这是由于地形起伏,以及风吹过陆地和风力涡轮机时产生的阴影和尾流效应。离岸风电场建在离海岸几公里的地方。由于德国沿北海和波罗的海拥有广阔的海岸线,加之近海风力潜力较大,海上风电场在过去十年中越来越受欢迎。

2.3.3 德国已安装的海上风电项目概述

为了创建一个长期运行的核能替代品,德国政府计划风电总装机容量至 2030 年达到 25 吉瓦。截至 2013 年 9 月,德国海上风电场与电网相连的总容量约为 520 兆瓦[②]。截至 2013 年 9 月,北海和波罗的海批准的项目的总容量约为 8 000 兆瓦[③]。数据显示,尽管海上风电产业仍处于发展的早期,但已经做出一些努力来实施能源转型。

2.3.4 许可类型

在德国以及整个欧洲,海上风电技术发展面临的最大挑战之一仍然是许可问题。几项欧洲法规旨在建立实施海上风电场的欧盟标准。然而目前,欧洲范围内还没有法律来规范许可过程。在德国,海上风电场的审批程序和规划许可受德国

① Erneuerbare Energien in Zahlen. Nationale und Internationale Entwicklung. Internetseite des Bundesumweltministeriums. Abgerufen am 18. December 2013.

② 信息主页由德国联邦电业部运营,www.offshore-windenergi.e.net。

③ 同上。

法律的约束，包括但不限于众多有关海洋生态、航运、自然保护、环境和技术的法律法规。

政府部门区分了两种不同类型的许可，这取决于为项目选择的特定海上区域。一般来说，申请人要区分12海里区域内规划的项目和该区域外的项目，即专属经济区内的许可。

2.3.5 12海里区域内的海上风电项目

德国下萨克森州、石勒苏益格－荷尔斯泰因州和梅克伦堡－前波美拉尼亚州将从海岸延伸至12海里的海域内安装和运营海上风电场的许可证申请提交给德国沿海州。其安装和运营许可受联邦[如《联邦建筑法规》(*Baugesetzbuch*)和《联邦污染控制法》(*Bundesimmissionsschutzgesetz*)]和地方或州要求的约束(如:《下萨克森州自然保护法》)。

除了地下电缆许可外，在12海里区域内授予风电场建设许可，对德国海上工业没有重要影响。例如，石勒苏益格－荷尔斯泰因州和下萨克森州的大部分海岸线都属于瓦登海保护区。在这里或任何其他保护区都不会授予许可。此外，德国大部分沿海地区都是旅游胜地，海上风电场的建设与旅游业不协调。

这些州负责批准地下电缆从专属经济区的海上风电场到陆上电网接入点，因此发挥着重要作用。此外，这些州对海上能源的输送有直接影响，因为其中一些州，包括石勒苏益格－荷尔斯泰因州和梅克伦堡－前波美拉尼亚州，是德国电力消耗最少的州，但未来将是生产最多绿色能源的州。

2.3.6 专属经济区内海上风电项目

在实践中，专属经济区内的海上风电场许可发挥着更为重要的作用。专属经济区的定义是距离海岸12～200海里的区域。

2.3.7 海上空间电网规划

作为实施能源转型建立法律基础的努力的一部分，德国政府强化了联邦导航机构和水文测量局(Bundesamt für Seeschifffahrt und Hydrographieor, BSH)的权力。BSH的任务是确定专属经济区内适合建设和运营风电场的海区。根据《联邦能源法》（*Energiewirtschaftsgesetz*）第 17A 节第 1 小节，BSH 被授权发布并每年更新德国专属经济区的海上空间电网计划。该计划的目的有两个：①确保电网基础设施和电网拓扑协调一致的空间规划，特别是与德国专属经济区的海上风电场的电网连接；②加速海上风电场的许可程序[①]。根据《海洋设施条例》的规定，本规划须按批准程序办理。

2.3.8 审批程序概述

申请人在规划申请时一并提交所需的文件和证据。除了进行环境影响评估所需的文件外，申请人还必须提交一份时间表和一份行动计划，列出精确的规划。如果 BSH 有要求，申请人还有义务提交关于计划设施安全要求的调查报告[②]。

在 BSH 收到申请人提交的所有所需文件后，公众利益方（包括但不限于水务和航运管理局、联邦自然保护署、联邦环境局）和任何其他相关协会都有机会表达任何意见，如航行安全或环境问题，并向申请人提出任何其他问题。然后，BSH 就项目的任何潜在问题确定调查范围，如对海洋环境和航运的影响，并可要求申请人提交进一步的文件（如调查结果、报告等）。在取得令 BSH 满意的所有文件后，BSH 再次将信息转发给相关的公众利益方，他们可以在 BSH 规定的时间内表达他们的意见[③]。

BSH 进行审查并给出审查结论之前，会充分听取各有关方面的意见。

2.3.9 在专属经济区内的许可

BSH 是唯一可授权在德国专属经济区设计和建造海上风电场的机构。然而，在专属经济区建立海上风电场的法律依据是 1982 年 12 月 10 日的《联合国海洋法公约》和由《海洋设施条例》（*Seeanlagenverordnung*）实施的《德国联邦海事责任法》（*Seeaufgabengesetz*）。

《海洋设施条例》于 2012 年修订，以简化批准程序，并强化了 BSH 的权力。该修订是福岛核灾难和德国政府实施能源转型计划的结果。

---

① http://www.bsh.de/en/Marine_uses/BFO/index.jsp.

② http://www.offshore-windenergie.net/en/politics/authorization.

③ 同上。

2.3.10 适用范围

设施的分类在进一步的规划程序中有重要作用。根据2012年修订的《海洋设施条例》,BSH有权授予具有集中效应的许可,这意味着不需要其他当局做出进一步的决定。该许可只限于《海洋设施条例》第1条第2款所界定的若干设施。这指定为依靠水(波浪和或电流涡轮机)和风能生产能源而建造的设施,并包括相关设施,如变电站。根据第2节第1小节,此类设施享有特权,并需要BSH独家授予的规划批准。所有其他设施和设备都需要根据第6条获得常用许可,然而这些许可并没有起到集中作用。因为第1节和第2节特别列出了有关海上风电场条目,根据德国法律,海上风电场的规划是享有特权的。

2.3.11 最大设施数量

《海洋设施条例》或任何其他相关法规都没有限制海上风电场设施的最大数量。然而,实际经验表明,BSH不会批准一个超过80台风力涡轮机的海上风电场的计划①。在批准一个大型项目之前,BSH确实需要对海上风电场对海洋环境的影响进行详细的调查②。不过,BSH尚未指定完成此类调查的时间表。

2.3.12 批准机构集中在BSH

上述批准的集中对许可程序的用时有积极的影响③。BSH的权限包括其他公共机构的所有其他权限。正如《行政程序法》第75节所述:"规划批准的效力是在考虑到所有受其影响的公共利益的情况下,确定该项目与其他装置和设施的兼容性。不需要其他行政决定,特别是根据公法发出的同意、授予、许可、授权、协议或规划核准。"自2012年《海洋设施条例》修正案实施以来,海上风电场的潜在运营商不需要联邦自然保护署的单独批准。但是,BSH自身将获得其他相关机构监督的任何要求的同意。例如,根据《海洋设施条例》第6条,海事处会与区域水道及航运

① http://www.erneuerbare-energien-niedersachsen.de/rechtsrahmen/windfarm-genehmigungen-in- der-awz/.

② www.bsh.de/en/Marine_uses/Industry/Wind_Farms.

③ Spieth/Uibeleisen in NVwZ 2013, 321.

管理局协商,以确保任何拟议的工程项目不会损害航行的安全和效率[①]。

2.3.13 规划批准书的材料要求

一旦满足了所有法律要求,BSH 可以授予海上风力项目的规划许可。《联邦能源法》第 5 节第 6 小节包含了规划获得批准的若干强制性要求。海上风电场不得对航行安全和效率以及国防或任何防务联盟产生负面影响。海上风电场不会损害海洋环境,也不会对鸟类迁徙产生负面影响。此外,必须遵守公法规定的其他要求,特别是根据《环境影响评估法》进行环境影响评价。

然而,在根据《联邦能源法》第 17A 节第 1 小节建立空间海上电网计划的过程中,BSH 已经审查《海洋设施条例》和其他法案中规定的若干要求,因此,BSH 可能不会再次详细审查。

2.3.14 环境影响评估

在审批过程中,BSH 会审查该项目是否会危及拟受保护的海洋环境特征(例如鸟类、鱼类、海洋哺乳动物、底栖动物、海底和水)。《海洋设施条例》[②]第 4 条第 1 款及第 9 条规定,应根据《环境影响评估法》进行环境影响评估,以使 BSH 满意。在任何情况下,BSH 全权负责确保《环境影响评估法》规定的要求得到满足。

《环境影响评估法》的一项规定是,确保在某些项目中,在当局决定批准项目的任何情况下,都要尽早考虑环境影响评价的结果。评估的范围取决于项目的类型。超过 20 个机组的海上风电场需要全面评估,而少于 20 个机组的海上风电场只需要"基于位置"的评估。少于 6 台机组的海上风电场,只有在当局认为有必要时才需要进行个案评估。

2.3.15 正式要求

除《海洋设施条例》规定的要求外,还必须满足《行政程序法》第 72 至 78 条的正式要求。在收到申请人的规划请求后的一个月内,BSH 开始在相关当局(例如

① v. Daniels/Uibeleisen, ZNER 2011, 602.

② http://www.bsh.de/de/Meeresnutzung/Wirtschaft/Windfarms/index.jsp.

水务和航运管理局、联邦自然保护署以及联邦国防部)之间举行正式听证会。这确保了所有受海上风电场规划影响的当局都参与到规划过程中。这些当局提出的异议,特别是对任何实质性要求提出的异议,必须与BSH进行讨论和协商。

2.3.16　规划审批/规划同意书的决定

根据《行政程序法》第74条,BSH的规划批准决定将包含其他相关当局在正式听证会期间未能达成协议的任何反对意见。规划批准决定将发送给申请人以及所有其他有关当局。当然,法律程序的启动对未达成可接受协议的各方开放。法律程序可能会暂停任何进一步的规划和影响工期。

2.3.17　BSH的自由裁量权

BSH可行使自由裁量权,并对计划中的海上风电场提出某些修订或替代建议,特别是关于潜在施工面积[①]。如果申请人不得不调整他们的规划结构,这可能会对他们产生实际影响。因此,申请人应准确描述选择某一建设区域的原因,并证明任何与他们最初向BSH提交的申请有任何差异都将导致相当不利的后果[②]。

2.3.18　开工许可证

规划批准可根据具体情况并由BSH酌情决定,包含要求申请人在规定的适当期限内开始建设或运营已批准的海上风电场的条款,逾期未开工建设或海上风电场未投产的,或海上风电场超过3年没有运行的,BSH有权撤销规划许可。

2.3.19　许可期限

实际上,海上风电场的许可期限最长为25年。但在规划许可到期前,可以申请延期。

2.3.20　关闭海上风电场

规划许可期满后,如果海上风电场对航行或捕鱼的安全和效率构成障碍,或者

① NVwZ 1995, 598, Spieth/Uibeleisen in NVwZ 2013, 321.
② Spieth/Uibeleisen in NVwZ 2013, 321.

为保护海洋环境而有必要拆除,海上风电场将被拆除。规划批准通常包含对设施的拆除和拆除的确切方法的要求。此外,根据《海洋设施条例》第13条第3款,海上风电场管理局可酌情责成海上风电场申请人就拆除设施提供担保。这种担保通常由为海上风电场项目提供资金的银行或多家银行出具担保。

2.3.21 其他重要的海上风电市场

丹麦、荷兰和瑞典也在当地有相当多的海上风电装置,在未来几年有进一步扩大规模的打算。这些努力意图是为了达到欧盟规定的2020年能源效率和碳减排目标,特别是在丹麦,通过最大限度地简化许可证审批过程,海上风电项目的开发大大受益,许可证注册和申请所需的平均时间显著低于欧盟其他成员国的,其他成员国往往要经历长达5年或7年的时间才能通过审批。

另外,法国、西班牙、挪威和比利时都有在未来的十年以积极的方式进入全球海上风电市场的计划。目前正在努力制定一项全面的欧盟海上风电政策,可以预料,这可能需要数年才能实现。因此,各国的许可和管理指南在不久的将来仍然存在着很大差异。

虽然海上风电是正在探索的新兴市场,如在中国和日本,但是在那里,许多问题并未像在欧美国家那样已被证明是一个棘手的问题。

应该指出的是,整本书本应围绕全球范围内各个国家海上风电场许可的细节展开讨论,但是本书的目的并不是要进行这项工作。我们鼓励对某一特殊区域与海上风电许可有关的细节感兴趣的读者咨询预期开发区域的具体情况。通常,这种信息往往可通过接触本地或地区风能组织获得。

相关图片

在把单桩打人海底前将单桩放入桩导向内。部件都很大、很重、很难处理,这使得安装工作很有意义,很具挑战性,而且如果缺乏经验将很危险(见图2.1)。在海上打单桩基础后安放过渡件如图2.2所示。

图 2.1 单桩放入桩导向

图 2.2 在海上打单桩基础后安放过渡件

3 项目规划

很显然，开展海上风电场的安装工作涉及很多不同而且复杂的方面，因此必须对整个项目做全面细致的规划。项目的规划大纲从以下三个方面开始：做什么、什么时候做和谁来做。规划以一种简单的自上而下的方式进行，以便将项目分解成诸多容易管理的部分，由一家希望安装海上风电场公司中的各个部门和利益相关者分别执行。

在项目启动之前，首先要考虑的问题包括确定施工工地的位置、海上风电场的开发许可、项目收益和收益尽职调查、预算、定价、招标和工作包的实际项目管理等。因此，从逻辑上来讲，项目规划包含了大量的任务授权和资源分配问题。这也是规划成功和实现海上风电场的关键所在。

3.1 项目策略勾勒

当开始一个项目时，必须决定遵循哪种策略才能在按时、按成本和不发生任何事故的前提下完成海上风电场的建设。我们建议业主概括出若干个需要遵守的基本原则，这些原则应适合于公司以及符合风电场开发和实施的"常规"策略。

勾勒概括基本策略的重要性不可被低估。如果在早期做出的决定被证明是不切实际的，或是有明显错误的，则整个项目自始至终都会受到影响。20/80 基本规则始终适用：起初决定的 20％将影响最终结果的 80％，反之亦然。因此，应对海上风电项目策略勾勒投入巨大的精力。下文将论述一些关键问题和如何解决这些问题。

3.1.1 组织

内部组织是否已经存在？或者必须补招用于开展海上风电场安装工作的全体人员？最初的组织会是两者的结合吗？它们之间的差别很大，但不论做何种选择

都会对结果产生巨大影响。

虽然我们将在稍后再讨论组织一事，但是有关组织的成熟性和它是内部的或是外部的有关事项，必须在现阶段就加以讨论。如果已经存在内部组织，那么这个组织具有什么工作能力？为了开展项目还缺少什么？是否要如分包商供货那样，人员和其他资源需要租赁或补进？

如果这是组织承接的第一个项目，那么这些问题都是十分重要的。海上风电场的安装区别于当前其他任何海上项目。它需要依次安装基础、防冲刷保护、电缆、变电站和风力涡轮机，因此，必须为这种生产线式的工作制订计划。从项目启动到交付业主，将持续两年之久。

由于在某些特定点上需要大量的技术支持，因此你的组织必须准备好解决每一项工作中的难题。例如，在基础设计方面，必须聘请专家制订成本效益好的解决方案。然而，基础设计受到下文所列情况的影响。

3.1.2 海洋气象条件

海浪有多大？最大回浪的主导方向是什么？这就需要一名水文学专家，这个职位在大多数公司中是没有的。因此，你就需要聘请一位相关的专家或将整个设计过程外包给其他公司。

3.1.3 海床条件

无论你是处理海床软表层还是硬表层，都取决于当桩体在海床上稳定矗立时的穿透深度。然而必须再次就这个问题咨询水文学专家，因为当前的海底水流将决定是否需要防冲刷保护。如若需要，就必须判定防冲刷保护的长远效果如何，以及对单桩的性能有何影响。

3.1.4 风力涡轮机

在基础上安装的风力涡轮机的尺寸和性能是什么？在基础上引起的固有频率、力和弯矩是什么？风力涡轮机的尺寸和所受的冲击力会极大地影响基础的设计，而且这也会影响适应特殊海床条件的基础类型。

更重要的是，由于不同的安装地点和受海洋气象条件的影响，风力涡轮机的频率、受力状态和对塔架的弯矩是增强了还是减弱了，将再一次影响基础的设计。另外，因为在整个工作范围内使用的许多单个部件会影响到基础的设计，所以有必要对这些部件再次审查。因此，为了找到最佳基础设计方案，需要做大量反复的研究工作。

而且，在同一施工工地上有可能要用若干不同类型的基础，这是必须考虑的另一个因素。同样重要的是，要注意不同类型的基础是为各种施工工地开发的，但是没有一种适用于所有施工工地的最佳基础。有时，即使相信不同类型基础的人也会努力说服你用他们的特定类型。因此，这就使得整个设计过程更加耗时、耗资，稍后，我们会回到这个话题上。

3.1.5 符合许可证的健康、安全与环境条款

海上风电场的安装许可必须满足一组实质性的而且十分严格的健康、安全和环境（HSE）条款。因此，为了制订符合许可证内容的整体解决方案，在项目早期确定对工作人员的要求十分重要。

当然，主要焦点问题是要确保与项目相关的每个人能安全地工作并且不影响周围环境。因此，HSE 管理体系的确定十分重要。HSE 方案从列出在项目执行国家的规则和法规开始。值得注意的是，许可证包含一组条款，这些条款是那些规则和法规以外的附加要求。

通常，HSE 规划开始于项目的初始阶段。客户会要求符合许可证内容的文件资料，而且会提出 HSE 管理体系存在的证明和总体设计。项目初始阶段需要的文件材料如下。

(1) HSE 管理体系的实际状态，即有关最新版 HSE 计划的文件材料。需要有关当局对 HSE 管理体系的认证和最新的证书（如果适用）。

(2) 在过去三年内，每百万工时发生的工伤事故率体现了一个公司的 HSE 管理体系实际运行质量的好坏。事故记录属于公司的标准文件。工伤事故率高说明没能很好地管理工作程序和操作运行。工伤事故率的稳定下降表明意识的提高和 HSE 管理体系的日益完善。最终，即便稳定缓慢的下降也能显示出公司持续保持对安全问题的认真态度。

客户必须确保所有的承包商和供应商持有新制定的 ISO 18000（国际性安全

及卫生管理系统验证标准)认证和 ISO 14000(国际性环境管理体系标准)认证。如果承包商想要对任何项目、服务或供货进行投标,这是对他们的最低要求。在风电行业,特别是海上风电行业中,了解这两条标准是十分关键的,而且其重要性不应该被低估。在进行海上风电项目时,它们提供了全部操作运行的基本内容。

通常情况下,对于陆上项目而言,承包商和客户/业主达成共识:如果最便宜的部件,无论是货物或服务是可以接受的,那么整个项目将使用最低价的材料,并且仍将达到可以接受的标准。这种做法在陆上建筑行业中最多是一个大的错误,而在海上行业中却是极其危险的。

我们会在第 7 章"接口管理"中继续讨论这个问题。而现在,我们应该考虑是否最便宜的、可以被接受的部件,如自升式平台上的消防器械,在危险情况下是"足够好"的。也许你宁可使用从来不会发生故障的高质量部件,这样的话,你就可以操心其他问题而不用担心设备是否工作异常。

正如刚才提到的,应该非常仔细地考虑 HSE 管理体系。还应当指出的是,此体系有两个独立的方面:健康安全问题以及环境问题。在公司中将这两个问题分开考虑是有意义的。以前,HSE 管理体系属于职能部门管理,所以为了节省成本,公司仅仅委派一名员工管理它。可是,需要明白的是,关于 HSE 的问题,海上的工作比陆上的工作重要得多。

这并不是说,陆上的工作可以掉以轻心,但是如果海上出了差错,往往后果和损失是巨大的。而在陆上发生很大的错误时,至少还能创建一条逃生线路。因此,HSE 的工作应该在海上开展并遵守下列规则。

(1) 在公司的职位应该属于直线部门而不是职能部门。

(2) 应该按两个独立岗位开展工作。

(3) HSE 部、QA/QC 部和项目管理部之间的协调必须十分紧密,信息必须在所有部门之间共享。

出于这些原因,因此要考虑所有在船上、驳船上和港内工作的规章制度。

健康和安全审查应该执行 ISO 18001 标准,使项目组织可准备海上和陆上的操作。通过系统地使用 ISO 18001 标准,就有可能执行、监控、纠正和记录项目中进行的所有工作;也可使所有的供应商、承包商、客户和有关当局之间能相互沟通,即便各利益相关者可能来自不同的国家。

当使用同样的 HSE 管理体系时，颁布和实施 HSE 管理体系的方法也变得更容易。对于不同的承包商和供应商而言，交付工作、文件和安全记录等的程序就变得十分简单。

环境监测遵照 ISO 14001 标准。用于健康和安全工作的原则也适用于环境监测。人人都理解并根据相同的原则工作很重要，因为一个共同的系统管理所有的承包商、客户和有关当局。所以什么是环境监测的共同的规则呢？究其原因，这方面的文件是以确保所有的工艺和材料以环保安全的方式制作和处理。毫无疑问，如果在海上提供安全的可再生能源的同时我们却搞糟了工作的环境，这显然不符合逻辑。因此，在整个过程中我们做的一切，安装、生产或消耗必须对环境负责任，并以不损害环境的方式进行，其中一个例子是在船舶安装的时候，包括船舶携带的燃料，测算在组装、安装过程中的燃料消耗。辅助系统的燃料消耗也要考虑并计算在内。当然，正确的方法是折算到安装海上风电场每兆瓦电能的燃料消耗尽可能最少。

在船舶安装时，零排放原则仍适用。例如，在德国水域，每一件没有固定在基础上的物品，不管是硬纸板箱、压舱物或船舶上的污水必须带回岸上。所有这一切必须在港口送到处理设备中，用妥当的方式处理成液体或固体。在海上运输和安装前后，每一千克的部件包装均要核算，以确保全部剩余材料被收回并妥善处理。

即便是陆上的制造流程也要进行核算。一家正规的生产厂必须配有排放和处理废料的系统，但不一定需要一份详细的计划来说明各类材料和液体的实际数量、组成成分和使用过程，这一点的确有些特殊。因此，海上风电行业提出了很高的合同标准。如果没有有关当局的特别要求，海上风电场业主和承包商通常要求整个组织和全部施工计划自始至终贯彻“中上等”理念。相比陆上的施工工地，这是十分独特的。

3.2 项目执行计划

我最喜欢汉尼拔在电影《天龙特攻队》中的一段话。特攻队的领导人总是说：“作战计划什么的，我最喜欢了！”我一直很敬佩该队看待问题的态度，并几乎总是决定通过使用很多炸药，将一些钢板焊接在一起，或者给坏蛋一顿臭打来解决问题。但这句话的真谛是,每个问题都有解决的办法。

然而,特攻队和海上风电场项目管理组之间的差别是,我们既不可使用炸药也不可痛打客户(虽然我相信有时候有人出于无奈想那么做)。那完全是另一个题目,当然不是本书所要讨论的。可是,如果要成功,海上风电场项目就必须要连贯执行一套任务流程。如果所有的单个任务都按计划成功执行,你就能听见汉尼拔在你耳旁低声地说着那句著名的话。

由上可见,项目执行计划是全部项目规划阶段中最重要的文件。它决定了在施工阶段成本是否最适合,项目是否会实现。项目执行计划包括海上风电场项目怎样安排单个部件到港口的运输,再到整个海上风电场最后移交的文件,所以项目执行计划从许可流程开始必须涵盖项目的方方面面。项目执行计划是一种类型的路线图,此路线图列出所有涉及项目的任务,从环境影响报告,利益相关者流程,海上施工工地范围内的风能和地理地图,保护环境采取的特殊措施,保护邻居不受排出的各种污染物影响,直到施工开始之前必须要获得的许可证。

这个过程是漫长的,最终许可证的颁发往往是在投标文件发布前才提供,而有时,是在海上工作全部范围的投标过程发生后才提供。当然这是很不理想的,但是该行业的性质是一个对几乎所有利益相关者和供应商相对较新的市场,许可过程不是一成不变的。事实上,申请安装海上风电场许可证过程各国不尽相同,因此业主及开发商必须在每个规划海上风电场的国家中按一套有效的最新法规行事。

项目执行计划也必须包括总体施工计划。但是因为我们刚刚看到,实际上只有当最后投标结束后,这部分计划才能确定,所以在某种程度上就增加了许多不确定性。此外,一些海上风电场项目伴有股权融资和银行融资,这是不可取的。

无论是银行、投资人,或其两者,都想要金融或技术风险非常小的项目。坦率地说,最好的投资项目是已经建造和运营 20 年的项目,当然这一点因人而异。已经赚到钱的人都很明白对于投资,最糟糕的事就是赔钱。所以,任何需要付税的投资基金,都不太愿意再次发放基金;如果察觉到肯定有赔钱的风险,那肯定不干。因此,为获得无追索权的融资组合,项目业主必须对全部过程化解风险,尽可能接近绝对冻结点。但是海上风电场安装的不确定性是一个大问题。而且如果项目执行计划不指出安装辅助系统的确定性,建设许可证也像这样对此不确定,就很难为海上风电场提供经费。

从以上所述可知,这是业主或开发商必须克服的一大挑战,而要这样做,他应尽力提供尽可能多的关于海上风电场部件制造的详细说明,不论是风力涡轮机、基础、电缆、变电站、出口电缆,还是到岸电接头、监视控制和数据采集(SCADA)等,以确保程序可靠,从而获得融资。所以项目执行计划将详细说明建造程序,涉及的辅助系统和将发生事件的顺序,如风力涡轮机制造、运输、安装、吊装、最后试车。

这似乎就像一幅拼图,为了要将这些板块组合在一起,海上风电场业主或开发商应在项目的初期就开始与项目所有可能的利益相关者协商,以决定部件和服务是否能按时到达。这个过程需要数年时间,同时业主或开发商与利益相关者应根据需要,多次进行规划调整。这本身就是一个不断调整的过程。

下面是一个项目执行计划范例。

假定 2006 年皇冠地产公司发布了一项项目融资租赁,允许开发商在英国东海岸的近海安装 200 兆瓦的海上风电场。当然业主很高兴获得海域租赁权和海上风电场安装许可,并且可以将绿色环保的风能通过各家各户的电源插座卖给消费者。然而,一旦最初的兴奋烟消云散,他会意识到以下情况。

(1) 海床不像想象中那样坚硬,而且它需要更长的单桩基础以满足实际需要。

(2) 由于在 2016 年的海上风电市场上只能找到很差的设备进行基础、电缆和风力涡轮机的安装工作,因此,海洋气象条件必须满足非常长的安装周期。

(3) 在市场上可订购的最大风力涡轮机“只不过”为 5 兆瓦,这意味着此项投资的内部收益率在超过 20 年的时间里小于 10%。

(4) 银行和投资者对此项目的投资态度相当冷淡,但是他们想要一份最终的投资计划以便帮助他们做出决定。

所以,开发商带着这样的坏消息,开始了他的初步规划。他打算使用 Joe Bloggs 公司正在研发的新型的 8 兆瓦风力涡轮机,因为这种风力涡轮机能够提供投资者满意的内部收益率。但是,风力涡轮机的性能和可靠性尚未被证实,因此投资者更加谨慎。现在看来,内部收益率是令人满意的,但是初期的风险的确较高,而我们都明白那意味着什么(Vestas 公司必须把 Horns Rev 项目的 80 台风力涡轮机拆卸,在岸上进行修理后将它们装回原位。那样工作的成本支出的确十分昂贵)。

雪上加霜的是,市场上的低端安装设备无法吊运 Joe Bloggs 公司的风力涡轮机，原因是风力涡轮机太重，而且由于转子太大，需要吊升的高度比现有的3兆瓦风力涡轮机的还要高。这样的风险令投资者很不高兴。但是时间过得很快，两年后第一批Joe Bloggs的风力涡轮机仍然在陆上示范项目中旋转着。目前，开发商已经在一定程度上降低了项目的风险，但是使用现有设备进行海上项目安装的问题仍然很突出。所以，要解决这个问题，开发商决定雇用未来可期的承包商来建造新型的安装船舶。

上述问题解决后，仍然存在如何按时交付安装船舶以及为其融资的问题(顺便说一句，有时这与100兆瓦海上风电场一样昂贵)。由于其他项目也有意租用该船舶，因此最终船舶建成，问题得以解决。从而项目的风险在一定程度上得到了化解，所有执行计划均合理可靠，而且现在的内部收益率大大高于10%，终于可以规划和建造该项目了！

当然这只是一个非常简单的例子，但它的确描述了海上风电场商业安装的最初10年行业的发展状况。

高价电力回购政策以及类似的激励机制可使一个不起眼的海上风电项目随时间推移变得有吸引力。可是，也有些项目因为诸如糟糕的海床条件等原因而被迫取消，所以，风力涡轮机尺寸和内部收益率不是唯一的决定因素。

让我们回到项目执行计划上来。以上所述的详细内容要比我们刚才看到的复杂得多。从第一个部件在单件生产厂的制造，到最后一台风力涡轮机并网，项目执行是一个持续数年的过程。

制订项目执行计划时必须考虑的几个主要问题：必须确定标志项目在哪个阶段启动或终止的主要事件；这些事件大部分至少会引发两个重大事件，即责任的移交和对交付工作的付款。对任何从事建筑行业的公司而言，这是非常重要的，原因是这些事件标志着解除担保和退还保证金。而对于开发商来说，也十分重要，因为如果发生差错、故障或损坏时，过早地解除担保和退还保证金将使开发商处于风险之中。

因此，以下各项任务是构成项目执行计划所必须考虑的主要方面。

(1) 许可过程。在此几项重要的工作必须完成和通过，例如，环境影响报告；地质勘查、风和海洋气象数据收集和处理，以及堆场布局图及其主要参数的准备。

(2) 风电场的融资。包括与公用事业公司的购电协议，即明确基于购买太瓦时的电力回购政策和协议。此外，确定财务决算日期，以及财务结构和投资海上风电场资金的协议。

(3) 购买部件的投标过程。

(4) 用于海上风电场安装的辅助设施的投标过程。

(5) 安装部件的开始生产和交付日期和地点。

(6) 施工工地的建立。

(7) 部件的实际运输和安装。

(8) 风力涡轮机机组的吊装与试车。

(9) 试运营周期之后移交客户。

这里需要指出的是，基于每一项任务下，还有若干子任务需要执行。下文主要描述项目的各个阶段。

3.3 开始生产

在供应商和公司签订合同后，就可以开始制造和生产用于海上风电场安装的基础、风力涡轮机、电缆、变电站和所有其他硬件和软件物资以及设施。

生产可以开始于最后部件的安装和试车之前的两三年。这一点将来会更加普遍，原因是海上风电场的规模日益变大，往往需要几年时间才能完成多兆瓦级项目的安装工作。例如，在 Doggers Bank 上的 Forewind 项目为 9 000 兆瓦。因为所需部件的大小和数目要比供应商每年的生产能力和安装能力大得多，所以只用一两个季度完成该项目的安装是完全不可能的。

生产开始是合同谈判成功的自然延续。由于项目的规模和复杂程度，这是一个持续很长时间的过程。在正常情况下，项目总的准备时间加上漫长的许可过程和环境监测，实际至少要花费 5 年。但在项目执行计划中，这部分过程中重要的事项包括从开始到结束的项目时间、制造产品所需的原材料或部件的到达、制造过程和监控的持续时间(涉及实际生产中的健康、安全和环境问题以及质量控制)。

记录这些事件的文件资料也就作为以后所有部件运输和安装过程的参照。因此，严格、准确地判定什么时候原材料能够到达，并且能用于制造单桩基础，比如钢材对项目是很关键的。这是因为我们可以把生产工作确定在一定时间内，这个时

间是将钢板焊成罐，然后再焊成钢管的小时数。

通过彻底了解上述过程，单桩的制造商可给项目经理一份有关运输指定数量单桩的精确时间表(包括交货地点和风险转移)。同时，提供一份详细报告，说明运输车辆的速度和大小，以及将使用多少车辆运输以便保持生产线顺利运行。

这总结了按需及时 (JIT)原则，但问题是生产能力相当低。例如，一家厂每周只能生产两三个基础，所以在这种情况下按需及时原则就不实际了。在决定生产时间和交货日程表时必须考虑若干因素。所以，对将要安装 80 台风力涡轮机组的项目，有必要设立基础加工缓冲时间，比如加工完成量按 45 个基础计，原因是运输和安装可用一两天完成，但是基础的制造太慢，无法跟上海上安装速度。这只能在安装开始前通过建立一个有效的部件缓冲区解决问题。

这实际上会产生另一个问题，我们将在后面讨论这个问题。港口设施往往无法同时容纳 40～45 个基础。因此，港口、制造程序、运输和安装时间都将影响项目进度，并且它们之间往往彼此矛盾。

3.3.1 物流设置

单个项目业主选择自己将海上风电场交付到施工工地并进行试车的策略。因此，可发展很多这样做的策略。过去的策略范围已经从自己动手做(DIY)发展到项目的设计、采购、安装、试车(EPIC)交付。这取决于单个项目业主的内部技能和资源。对项目的物流设置也相同。在决定使用哪个策略实施该项目前，项目业主会着眼于内部能力和实力，以及开发此类项目的业绩。

下面我们讨论四个方面的问题：合同形式、项目选项、DIY 交付和 EPIC 总承包。

3.3.2 合同形式

从表 3.1 可相当明显地看出，应该避免选择无业绩的小组织。危险因素太大，表现在融资困难以及不太容易开展具有良好成本效益和商业可行性的项目。

仅仅是因为项目的规模大，这种类型的项目或海上风电场业主在海洋工程行业中非常稀少。可是，确实存在项目开发能力相当强和有很好业绩的小型组织。

表 3.1 合同战略矩阵

分类	无或很小业绩	长期业绩
小组织	EPIC	多重承包
大组织	多重承包/EPIC	DIY

现今在海洋工程行业中有一些十分成功的公司,非常善于开发项目,不管是完整地安装或销售,还是可使项目开发到建立了商业价值的阶段,而且业主随后就可将项目出售给公用事业公司或更大的海上风电场业主。

3.3.3 项目选项

剩下的选项是具有短暂或长期业绩的大组织的多重承包、EPIC 或 DIY。因此业绩将决定项目管理方案采取哪种方式。

如果该公司相对缺乏经验,最有利的是选择多重承包(开发交付货物包和服务包,以执行项目并管理这些包);或者选择 EPIC 承包商(负责管理面向单个承包商和项目顾问的所有界面)。

历史上已有这种例子,并且大量的结果表明,多重承包路线已被证明是更具有成本效益的方式。其理由是,其中的 EPIC 承包商在早年执行这种特殊类型项目的过程中,没有很多的经验。

对决定走 EPC 路线(设计、采购、施工——不要与 EPIC 承包混淆),而不是对该工作和供货多重承包的项目业主及供应商来说,设计、采购、安装与试车项目已经非常昂贵。基本上,如果你不了解工作的详细内容,通常你会在你不熟悉的所有方面使用“裕度原则”,因此会驱使价格上扬,但支付的钱并没有增加附加价值。

事实上,我们使用 EPIC 或 EPC 不是很成功,合同策略已经达成共识,从 DIY 的角度来看,项目业主应该具有足够实力和丰富经验,能应对这类项目。实际上,这意味着项目业主将必须发展一个能够自始至终、完全由机构内部规划和执行项目的组织!这也是现在的实际情况。今天所有大型公用事业公司在发展上完全依靠机构内部的组织,未来将能按时、按预算执行大的海上风电场项目。

3.3.4 DIY

在这种情况下,DIY 意味着处理从决定建设风电场到海上风电场的试车与运行的全过程。基础的设计、海上风电场的布局图、基础、风力涡轮机、电缆、变电站等的购买与安装都将使用机构内部资源与能力进行。设计等的切合实际的第三方审定当然必须对项目和产品保持一种批判的眼光。

虽然很多欧洲的公用事业公司现在已经设计和建造了若干海上风电场,可是这需要一个对这类项目的执行具有丰富经验的全面型组织,而这样的组织仍然很少。这类公用事业公司因此不断提高了自身能力,所以在 DIY 基础上交付项目的趋势越来越明显,从而消除了专营整个项目中部分任务的独立小咨询公司的市场空间。这类业务将逐渐被引入工程组织机构。

3.3.5 EPIC 承包

但是,你可能会问,我们在采用设计、采购、安装和试车路线的做法时到底出了什么问题?这种承包策略危险因素非常低。在项目已经成功安装和试车后,EPIC 承包商担负着全部责任直到项目移交完毕。对投资者来说这是他们期望的。它是一家拥有强大财务能力的公司,能满足银行或金融机构的要求,并且如果某些部门不作为,业主只要对 EPIC 承包商说:“去解决它!”如果没有进行维修,业主可要求承包商做损害赔偿而无须确定是谁的过错。

通常,这就是问题开始的地方。业主将 EPIC 承包商的职责和财务能力看作项目可以进行的一种担保。但是你无法用钱和保险政策建造一座海上风电场。实际上,建造需要的是能够正确操作设备的技术人员。你用有技术的、能使用适当设备的人员进行建造,而且没有对任何人的责备或指指点点。我的经验是,所有由 EPIC 承包商领导的建造工作,例如陆上的或海上的建筑物、船舶、电厂、火箭等,常常就像是一次排练,而且没有对任何人的责备或指指点点。承包商以巨大风险保证金对在可接受范围内最低廉的设备进行投标。

此外,我的经验是,比方说对于具有操作自升式平台专业知识的分承包商而言,EPIC 承包商对其的风险比例可以定为 1∶1。作为项目协调人和推进人的 EPIC 承包商来说,这一点不一定是他的主要能力。这对不管价值如何是可以接受的，但是在一个初期的和尚未成熟的行业中，这也的确是降低风险的良方。

EPIC 承包商或许不了解项目本身的风险，当然不知道细节。这使价格和风险更高。较小的专业承包商不会有反击能力，最后只好接受不太公平、远非最佳的合同。所以，在这种情况下，就变成人人相互攻击，只考虑自己。如果一个承包商可将另一个承包商错误或缺点加以扩大，会是这样的结果。

没有足够专业知识的 EPIC 承包商不会乐意接受责备，因为这是要花钱的事。通常合同是以 EPIC 承包商有机会先指责他人，并在支付之前挽回损失的方式准备的。这是常有的事，但不是海上风电场业主或开发商在最后真正想要的。

是不是设计、采购、安装和试车承包的方式很糟？不，不是这样的。在一个成熟的市场中，EPIC 承包方式可避免前文所述的融资难题。承包商可以算出风险成本，从而使项目得以进行。我相信，在不久的将来，EPIC 承包方式通过稍加修改就可以重新出现。

在新形式中，可见到一个由基础的运输、安装和冷试车，风力涡轮机和电缆组成的 EPIC 合同。原因很简单，过去的几年里，海上风电领域的承包商已经习惯按这种分类方式开展工作，在这些海域施工是世界上许多海上工程大承包商能力范围之内的事情。

无疑，也很明显船用部件来自船舶承包商，而不是来自一家拥有强大财务能力的项目管理公司。差别在于风险应由懂得项目风险、能够量化风险和正确定价的人处理。我们希望的是，这将有利于项目进行，而且最终有利于用户，即从客厅的插座上获取绿色电力的消费者。

3.4 投标和合同策略

决定怎样建造海上风电场也将反映在合同策略中。不管项目是什么，投标策略是什么，重要的是最初就要做决定。将所有的工作或大部分工作外包的决定体现在 EPIC 策略中，如前所述，这是无经验的小公司首选的方式。合同的数目会保持与在 DIY 策略内大致相同，但是 EPIC 承包商会对此和所有相关界面进行管理，这对业主与其他组织都有极大的帮助。

投标策略将以相同的方式反映 EPIC 或 EPC 策略，海上风电场项目的业主将

在市场上寻找各个有兴趣的总承包商。他们可有效地从事项目全部范围的工作，从规划、许可到最终移交，因而业主必须为项目制订全部的工作范围，这可利用相当小的但是有见识的组织或专门从事这类工作的咨询公司来做。许多公司提供有关制订海上风电场工作范围的咨询，他们能为 EPIC 及 EPC 承包商交付详细的符合标准的技术资料，以有效地投标项目。

业主会用这些数据进行两个投标过程。

(1) 有兴趣的和被认为能够交付工作范围的 EPIC 承包商或 EPC 承包商的资格预审。

(2) 对业主希望承包商投标的工作的投标邀请书。

值得注意的是，EPIC 和 EPC 之间的差别是，EPC 的工作范围比 EPIC 的工作范围更有限。

对于 EPC，试车部分现在由业主负责。这实际上意味着在运行的海上风电场的最终责任现在落在业主身上了。现在，EPC 承包商只负责正确安装部件，严格地说，无论它是否按原来打算的那样工作，都不是承包商的问题。

EPIC 承包商不能免除此项责任，因为工作的目标是试车和向客户移交一座高效运行的发电厂。当决定要采取承包方式时，必须考虑这一点。同样重要的是考虑战略投标决定的商业影响，因为承包商方的任何职责都会遇到索赔的问题，在合同中没有这种免责的事情。

从根本上说，这两种形式的合同产生同样的商业结果。合同中的风险基本上被转移到承包商身上了。责任等级的差异——不管在移交后有否作用，不是那么重要。在试车责任上有一条款，但是承包商将在定价和进入合同之前彻底审查技术资料。因此，一般来说，这实际上对项目和业主有利。

对于业主，把风险转嫁给承包商的策略很重要。一个小型的或缺乏经验的组织，非常可能犯错误，毫无疑问因为这些错误，组织将付出很大代价。因此，即便人们知道为此会增加成本，但向承包商转嫁风险的利益很具吸引力。成本已知和量化，对项目的融资同样很重要，因为财政上化解项目的风险对贷方而言十分关键。

对很多海上风电场业主而言，转嫁风险是常规做法，方式是风险应该由承包商承担，然而相关成本不应该向承包商透露。对业主来说这是一个两难局面。同样，没有免费的事情。如果承包商承担海上作业的所有的天气风险，已知的停工时间的量将作为预期的天气停工期百分比进行定价,这是正常的。

一般来说,业主常常觉得承包商必须对未知的量进行冒险。例如,这在北海许多地方可能有意义,但是它就是不可能的。承包商或者拥有设备,或者从分供应商那里租借,分供应商将按天收费。

现在,客户可能认为它已经使自己摆脱了风险,但是实际上只不过是作为工厂成本增加的保证金定价。这是合理的。我常常用以下例子对客户解释:

> 如果你能说服我的银行,只从我那里收取设备在工作时的费用,我将能以同样的方法向你收费。

这种情况等同于:如果我实际上吃了烤乳猪,但我仅仅付了农民屠宰猪的钱。换句话说,我必须交付合同中我的部分,而如果条件不允许时没有必要对我的服务付款。

这当然是不可行的,因此摆脱风险和付款的观念也是不可行的。最后,客户总是为全套服务付费,这只是账单看起来是什么的一个问题。如果要求安装承包商承担所有的风险,价格会反映出来。这是有道理的,因为天下没有免费的午餐。

3.5 质量保证和质量控制要求

对项目交付有一系列的要求,将以文件记录所有产品和服务的质量均是合格的。这里,可对两个问题进行定义。

> (1) 质量保证。核实或确定产品或服务是否满足或超过用户的期望。质量保证是用特殊的措施帮助明确和达到目标的一种过程驱动法。这个过程考虑设计、开发、生产和服务。
>
> (2)质量控制。这个过程是为了确保产品或服务达到一定的质量等级。它可包括任何企业认为有必要的行动,以控制和验证产品或服务的某些特征。质量控制的基本目标是要确保产品、服务或提供的过程满足

特殊的要求，而且是可靠的、满意的，以及在财政上是健全的[①]。

因此，质量保证(QA)是监控计划设计时和设计被用于生产阶段时用户的需求和要求是否得到满足，质量控制(QC)是在生产后，在运输期间和在被安装到最终位置后检查产品的过程。因而质量保证主要是在设计阶段对正在设计的产品进行合理性检查；质量控制是在产品离开生产线时检查产品的物理性能，或者在产品安装后、付款前，对产品进行检查。

前面的定义将自始至终适用本书。海上风电场的QA/QC任务根据上述定义执行，以确定产品的质量。换句话说，质量保证和质量控制是在海上风电场项目施工结束时，承包商、设计人员和雇员的工作得到批准后执行。

3.6 为安装服务的人力资源

如前所述，海上风电场的规划和执行背后的组织是工作成功的关键。如果无经验的人员处于组织的高层，或者成为规划和执行中最主要的人物，那么成功的机会将大大减少。

海上风电安装公司需要有一个高效的完整组织。但是，一般而言，该行业非常年轻，因此一个很大的问题是一旦组织起作用时，要吸引有技术的人员，培养新员工和留住人力资本。

这是一个很严肃的话题，因为需求远远超过供应。此外，任务既繁重又复杂，从而进一步将压力加到海上风电安装公司。那么公司组织看起来是怎样的呢？有很多开发和运行一家公司的方法，而开发部门是成功的关键。

当我在12年前开始此项业务时，尚没有大型商业海上风电场安装经验的人力资源专家。我对于A2SEA公司的发展一无所知，其目标是海上风电场要在一年内开始运行。

下文的故事并非描述发展一个组织的方法，但是对于理解如何开始、开展和运行一个有竞争力的、可安装海上风电场的管理组织铺平了道路。这意味着，你要确定以哪一种角色参与这一行业，是供应商，还是承担所有设计、采购、安装和试车工

① wisegeek.com 提供。

作的 EPIC 承包商。

3.7 A2SEA 公司的创建

A2SEA 公司的开创是一个巧合。公司在起步阶段面临许多要解决的问题和挑战,例如,资金的短缺和人力资源的匮乏。起初我是总经理,同时肩负部分项目管理、设计开发、业务开发和融资的工作。这当然不是理想的,但这是任何一家新公司的实际情况。所以首要的任务是要明确目前的焦点问题是什么,以便回答所有利益相关者围绕公司提出的许多问题。

最初,我们算有三个半人:作为首席执行官(CEO)的我,一名负责所有与我们设计的安装船舶技术开发有关的实际问题的项目经理,一名负责预订会议,制订营销方案等事务的市场销售经理,一名是我们处理船舶设计特殊问题的技术顾问,他是一位退休造船工程师。

当然,这仅仅是我们的骨干团队,但是有趣的是该组织不管它的规模是多么小,但始终能够提供开展业务要求的东西。在 A2SEA 案例中,它没有什么不同。但是关于竞争力呢?这个,一点也没有。所以我们明确了什么是需要的,并沿着这样的方式确定了需要什么才可以解决具体的问题。这当然很令人兴奋但不理想。显然像这样的一个小公司无法把很多任务整体性地委托给别人,但因为公司小、人员少,所以我们很快就明白了信息共享的关键性。如果我们没有随时保持沟通,信息就会丢失或遗忘。

因此,它教会了我们每个人,信息共享使得每个人更聪明、更灵活,更能意识到潜在的问题和危险,即使发现问题不是某个人的实际责任。所以,共享信息才能获得最确定的信息,这应该是任何组织的基本原则。而且,无论谁拿起电话或打开邮件,如果发生了任何问题、挑战或任务,那么他就应该主动解决它们。这就完全符合上面关于所有信息应该共享的说法。事实上,如果我们了解一点关于别人在从事的工作情况的话,那么对于开展自己的工作也会有所帮助。

最后,在 2002 年改装安装船和建造第一批风力涡轮机组的过程中,我们通过改装该船初次遇到的几个问题,认识到在我们的周围不应该存在恐慌。也就是说,不管发生什么情况,你绝不应该匆忙地去解决问题,特别是当你在海上工作的时候。你必须对此问题进行分析评估，直至选择出最安全、最有效的解决方案，而且你必须在一开始接触项目的时候就要这样做。

一个小公司，就其规模而言不是令人满意的，但却是非常有效率的。当我们实施第一个项目时，我们12个人在做所有的工作。今天任何一个海上承包商的公司员工数目比这要多得多。虽然安装海上风电场的工作并没有变得更为复杂，但是在海上风电场安装背后的细节和技术资料却变得更复杂了，这也就是为什么像我们开始时的那样一个小公司在现在大概就不能胜任的主要原因。

然而这项工作也确实为考虑从事海上风电行业工作的公司的标准组织机构奠定了基础。从逻辑上说，公司组织机构和任务比我们在最初的几年中已经变得更大、更复杂和更详细，可是本质上，它们仍然是相同的。

相关图片

做项目规划、在港口装载耗材和各种部件，如图3.1、图3.2所示。

图3.1 项目规划在办公桌上开始，决定谁、干什么、哪里和何时

图 3.2　在向海上工地出发前,在港口装载耗材和各种部件

无动力的设备进进出出,移动慢且麻烦(见图 3.3)。虽然日租金似乎很低,但增加的拖船等成本使总成本上升,加上由于牵引限制引起的额外停工时间,安装每台风力涡轮机或基础的成本上升。

图 3.3　设备移动

风力发电机组从运输船上装载到吊杆上(见图 3.4)。这项工作当然是安装过程中采取的一种特别的措施,这是由于缺乏较大的船,这样可同时装运更多的设备。

图 3.4 风力发电机组从运输船上装载到吊杆上

4 公司基本组织结构

本行业的公司基本组织结构与其他行业的区别并不大。最高领导层负责协调工作,并向下级部门指派任务。图 4.1 所示是我推荐的基本结构设置。下文将做具体讨论。

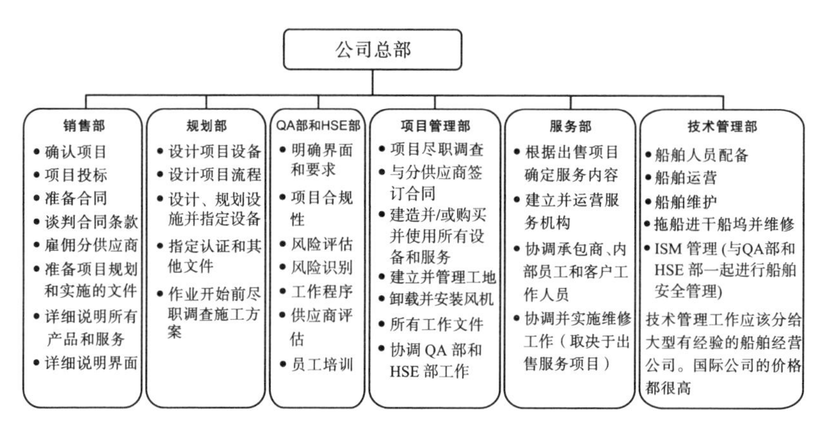

图 4.1　公司组织结构图和最高管理层的职责

从图 4.1 中我们可以看到,最高领导层确实需要承担众多复杂的工作,但这些工作对一家高效的安装公司而言,都是不可或缺的。与通常意义上的公司组织结构相比,最大的区别在于质量保证(QA)部和 HSE 部都拥有直线职能。而在陆上安装公司中,这两个部门只有参谋职能,负责对公司的技术资源提供专业建议和参谋。在海上,这两个部门拥有否决、指挥、指导工作的权力,如果它们认为有必要,甚至能够终止一项工作。

所以,这两个部门的作用都非常重要,特别是 HSE 部。本书第 8 章将具体讨论 HSE 的内容,但现在我们需要了解一下这个部门的主要工作。除了安装海上风电场外,HSE 部最重要的任务就是让每一个到海上作业的工作人员在安装工作完成后能够安全返回陆地。

下面，让我们来一一了解这些部门对公司和安装项目的作用。值得注意的是，无论是安装承包公司，还是提供风力涡轮机、基础或是项目其他硬件解决方案的供应商，这些公司的组织结构基本与图 4.1 相同。

海上风电场项目负责人或公司 CEO 主要负责控制各部门的职能，协调最高层的信息资源，从而做出所有最后决策。该决策将被传达至公司外部项目参与方和公司股东，这是通常的程序。CEO 的工作就是做最终决策，并告知外界公司决定交付什么，以及如何交付。对公司内部而言，CEO 负责管理并协调所有职能部门，控制并预测经济决策，管理人力资源部门，最终提供公司需提供的产品和服务。

4.1 销售部

销售部当然就是负责寻找符合公司能力的项目和/或服务或维修机会。因此，销售主管必须集中注意图 4.1 中相关的内容。让我们来一一了解。

4.1.1 确认项目

任何一家公司如果想要在海上风电行业内出售它的产品或服务，当然应该先了解市场。但是一个好的销售代表会先筛选项目，他选择的项目既要符合公司各个方面的能力，又要适合公司所能提供的设备和服务。

进一步而言，考虑公司的能力是非常重要的。在什么时间范围内公司能够提供什么？在这个项目阶段中，公司的设备是否可用？如果可用，那么这个设备是否符合项目要求？

4.1.2 项目投标

对销售部来说，项目投标无疑是非常重要的一项工作。投标过程漫长而复杂，而且花费很高，所以，筛选市场可以让销售部将精力集中到他们最感兴趣的项目上。在投入了许多金钱和资源后没有中标，是令人非常失望的事情，所以应该避免竞标边缘项目。最后一步可能最令人失望。投标就像是一场赌金全赢制的比赛，胜者可以拿走所有彩金，而第二名无论再出色，都只是竹篮打水一场空。

几次投标失利带来的失望情绪会打击员工的士气。如果多次失标，优秀的员工可能会另谋他就。由于这个行业中能干的人才很少,因此必须避免这种情况的发生。

另外,重要的一点是,投标文件中必须包括合同草案。销售部必须仔细检查投标文件,在合同签订后,需确定由项目管理部向客户交付的产品、服务和职责。

4.1.3 准备合同

事实上,准备合同是投标过程的一部分,但应该注意的是,投标阶段的合同草案只需要通读。如果你同时竞标几个项目,那么聘请律师评审合同的成本就会非常高。这也是对自己感兴趣的项目进行市场筛选的另一个原因。在投标前,先让法律部门检查一下合同,当知道第一轮投标通过后,再安排通读合同。

但是通读合同只是投标过程中的一部分。项目管理部会要求销售部确认合同上的所有条款,以及这份合同特有的特殊协议。这些工作必须在投标谈判阶段完成,并且正如我们之前所说的,合同签订后,关键的是销售部需要将工作顺利交给项目管理部,如果不这么做,一旦发生预期外的情况,就会造成非常重大的损失。一般像安装海上风电场这种复杂的大型项目,往往会碰到很多意料之外的情况。

4.1.4 谈判合同条款

成功竞标后,下一步就是谈判合同草案中的条款。我看过许多标书中的合同草案,其中的条款都是对项目所有人有利的,通常,承包商必须非常坚定地与其进行谈判。这个过程很麻烦,但也并不新奇。问题是在此基础上展开谈判,耗时就会更长,谈判也更激烈。但是项目所有人通常需要向银行申请无追索权贷款,所以在起草合同时,他会努力吸引融资机构和投资者。

一般来说,主要考虑的问题是有关正式交付的保证书、处罚和合同中的职责和义务,因为项目所有人不希望风电场出现任何风险;同时,出于对融资情况的考虑,这些保证书往往具有法律效力。因此,几乎所有供应商都必须提供5年的保证期限,如果你仅仅提供某项服务,如安装风力涡轮机,那么一定要确保保证书不属于合同的一部分。

如果你负责建造并/或生产项目产品,并且负责后期安装,那么通常需要提供5年质保,但在项目开始后应尽量确定保证书的生效时间,越早越好。

4.1.5 雇佣分供应商

提供合同中的各项服务往往需要依赖分供应商，所以在项目初期，销售部就应该确保将所有分供应商考虑在内，契约性出价，同时保证直到合同签订和项目执行时，所有报价一直是有效、清晰的，且与主要提案相一致。

4.1.6 准备项目规划和实施的文件

如前文所述，项目管理部需要在与项目相关的全部文件中，明确他们对项目所有人和分供应商的义务，以及他们在项目中享受的权利和承担的责任。

4.1.7 详细说明所有产品和服务

合同移交时必须阐明所有与之有关的要点、产品和服务。另外，还要有一份详细说明，解释每一项产品和有关服务。

4.1.8 详细说明界面

下文将具体讨论详细说明界面这个问题。但是，为了确保将产品和/或服务完全交付给项目所有人，现在必须确定哪些问题与当前的项目承包商相关。原因有两个方面：①确保完全交付产品和服务并无遗漏相关责任；②确保除了合同规定的内容之外不需要承担额外的责任。

上述各点非常重要。想象一下，你交接时没有提及工作中本来就存在的缺陷，交接后，下一个承包商发现了这些问题。交接的文件会显示，这些缺陷是在你主管或负责的工期内出现的，所以，修复这些问题就成为你的责任，即使你并没有故意欺瞒这些缺陷或瑕疵。因此，在合同文件中必须确定界面、分配责任和明确文件要求，并按此执行。后文将讨论界面的定义。

4.2 规划部

规划部负责实行所有前期项目工程，按照合同要求，确定作业必需的设备，根据政府部门、项目所有人、供应商和分供应商（公司接手工作前和交付工作后的承包商）的要求，创建大量技术文件。接下来我们将讨论最重要的几项规划工作，了解规划部首先应该做些什么。

4.2.1 设计项目设备

单个项目会面对独一无二的技术挑战，所以需要针对这些项目制订独一无二的解决方案。解决方案涉及很多方面，包括承包商船舶上的部件装船固定设备，为开展工作提供施工方案，制订物流解决方案等。

需要注意的是，设计单个作业程序的施工方案需要 QA 部和 HSE 部的通力合作。这是 HSE 部第一次展示其作为直线部门的重要性。只有与 HSE 部合作，才能制订出施工方案，因为在整个公司里，只有这个部门能收集和解释众多有关健康和安全问题的各类国家法律和合规性文件，所以，HSE 部必须参与项目准备过程。

4.2.2 设计项目流程

规划部设计项目流程时需要考虑很多相关因素，包括天气、使用设备距施工工地的距离、部件数量和合同时间安排等。项目计划书是最重要的项目管理指导文件，所以，这项准备工作需要付出巨大的努力。一个存在缺陷的计划会导致项目延误，考虑到海上项目的配套设施成本很高，如果出现延误会严重超支。

4.2.3 设计、规划设施并指定设备

后文将讨论工地的布局，现在要说明的是，正确分配设施也是规划部的工作，应该尽早选定设备，确定所有设备的型号、尺寸和操作范围。

4.2.4 指定认证和其他文件

规划部设计的设备和施工方案必须记录在案，还应通过相关认证机构和政府部门的认证。这些文件包括但不限于如下几方面。

(1) 所有工作范围内的施工方案。

(2) 地方政府计划实施方案和认证文件（与 HSE 部合作获得）。

(3) 地方政府的 QA 计划实施方案和认证文件（与部件供应商、项目所有人和分供应商合作获得）。

(4) 所有设备的认证书。

(5) 供政府审核用的运输计划材料。

(6) 项目所有方工程师批准的项目流程(与其他项目承包商和分供应商协商确定)。

4.2.5 作业开始前尽职调查施工方案

海上作业开始前,承包商开发的施工方案、设备和服务必须先经过试运行,检测这些方案中是否存在问题或缺陷。成本系数是最能体现试运行重要性的指标。

在规划或设计阶段(如绘图阶段)发现一个缺陷的成本系数是 1∶1。但是,如果在建设过程中,如施工图获批后的装船固定时发现一个缺陷的成本系数约为 5∶1。当然,如果直到在海上作业时才发现缺陷,就会造成很大的问题,成本系数将达到 10∶1。假设在设计阶段,该缺陷的成本是 10 000 欧元,那么如果直到海上作业开始时才发现这个缺陷,它的成本就将高达 100 000 欧元。这些数据仅源于我的经验。

如果有一个 80 台风力涡轮机组的项目,计划安装船一次运输 8 台风力涡轮机组,而实际一次只能运输 6 台,可能会产生如下额外运输成本。

(1) 每次航行运输 8 台风力涡轮机,需要运输 10 次。

(2) 每次航行运输 6 台风力涡轮机,需要运输 14 次,其中最后一次只运输 2 台风力涡轮机。

如果每次航行时长为单程 24 小时(净安装时间相同,但是天气恶化会进一步增加成本),由于多出 4 次航行,项目时间净增加 8 天。如果原先每天的运输成本为 150 000 欧元,那现在成本则是 960 000 欧元。所以,成本系数确实非常高,特别是销售部可能在谈判的原价格中已经考虑了额外的运输费用。这是一个重要的问题。海上项目中设备成本是第一因素,即使根据安装海上风电场的要求,仔细设计了操作方案和流程,由于规划、投标、合同签订过程存在众多不确定因素,我们还是无法获得正确的成本和界面。

海上项目可能发生的最糟糕的事情就是等待安装材料(见图 4.2)。海面上一片风平浪静,我们却在等待。享受着阳光、聊天,却不见风力涡轮机的影子,这可不太利于控制项目的成本效益。还有,我们会错过最佳作业期,而且这种出乎意料的好天气很难再出现。

图 4.2　工人在桩导旁边等待下一部件运达

4.3　质量保证部与健康、安全和环境部

每个人应该都熟悉质量保证部（QA 部）的工作，所以我们现在只是简单描述一下该部门的工作内容。公司从前一个项目承包商处接手工作，再将自己的工作交给后一个项目承包商。QA 部的主要作用就是确保公司接手和交接的工作符合双方商定的标准，且产品或服务不存在任何损坏、瑕疵或缺陷，所以必须制订一系列交接文件，不断更新、调整，确保完美的界面管理。我们将在后文讨论相关内容。

在项目规划和实施阶段，HSE 部一直发挥着重要的作用。从项目开始到成功交付所有工作，HSE 部负责人和他的员工会一直保障整个过程顺利进行。他们的主要职能如下。

4.3.1 明确界面和要求

界面并不仅仅是质量保证或质量控制的问题,同时也关系到下一个承包商要从何时开始对项目员工负责。为此,HSE 的文件从安全角度出发,详细描述了交付工作的要求,工作什么时候开始,什么时候结束。这样,员工就知道必须做什么,什么是开始工作的信号,什么是终止工作的信号。另外,HSE 部必须记录任何与工作描述不符的内容,并且做出调整或修订,从而避免非计划事件的反复发生。

4.3.2 项目合规性

项目必须符合众多的规则和条例,而这些规则和条例并不是永远一致的。规则可以是海洋条例、建设条例、港口工作条例等。通常,在某些情况下,这些规则和条例是国际通用的;在另一些情况下,它们只适用于本国。这可能会造成混淆,所以 HSE 部应当遵照国家、国际、陆地和海洋建设许可条例,制订施工工地专用条例。这项工作并不轻松。

各种规则可能互相矛盾,在某些国家或案例中看来完全合理的事,在别的情况下恰恰相反。比如用两台起重机吊举一个重物。有些国家不认可这种做法,但是有些国家却一直在这么做。可是,设想你在一个国家安装风电场,根据装载计划,风力涡轮机塔架装载到安装船上以前需要竖立的情形。

即使起重机能够吊起风力涡轮机塔架,但是要将风力涡轮机塔架竖立可能需要两台起重机同时吊装,一台在码头上,另一台在安装船上,如图 4.3 所示。事实上,在丹麦和其他地方这是标准的操作方法,但是英国却不接受这种做法。因为如果起重机驾驶员和指令员对吊装物体的估计不相同,没有掌握正确的起重机负载曲线,或是不了解起重机本身的物理性能,那么操作中就会产生问题造成危险。

图 4.3　2002 年在埃斯比约(丹麦西南部港市)岸上的起重机和安装船上的起重机正在将一段塔架竖立

4.3.3　风险评估

说来也奇怪，我们直接就说到了风险评估。使用两台起重机到底会造成多大危害？对专业的起重机驾驶员和指令员或装配工来说，这只是很普通的操作。但是对 HSE 部而言，这么做可能会造成很多事故，他们要进行根本原因分析，分析可能出现的问题。当然，如果每个人都坚持按照本项目的施工方案操作，就不会发生事故。如果管理得当，这种操作方法是非常安全、快速、有效的，而且行业中每天都在使用。

从逻辑上讲，风险评估应该能够应对操作中可能存在的危险。事实上，风险评估会提出具体的解决方案；最后，项目中的每个工作人员都要接受适当培训，了解施工方案的要求。

即使对于像图 4.4 这种看上去很简单的工作，如果一个既无经验又没有接受过培训的工作人员自己制订临时的解决方案，那就可能造成潜在的危险。看看你可以想到多少种危险，把它们列出来，再提出应对措施或纠正项目执行程序。

图 4.4 虽然这个工人站在积水的铝合金梯子上，但是他看起来毫不担心

4.3.4 风险识别

说明作业过程中可能存在哪些风险的这类文件被称为风险识别文件。作业过程中可能出现或导致哪些风险的操作、产品、材料、废料和行为，只要能够想到就应该全部记录到该文件中。风险以可读的范例方式列举出来，员工应在开始作业前知道有哪些风险，以及如何避免风险。这对 HSE 部来说是非常重要的工作，避免危险应该主动出击而不是被动防守，施加更多限制反而阻碍了工作（遗憾的是，这似乎已经成为时下的通病）。

4.3.5 工作程序

后文会讨论工作程序。但总的来说工作程序就是详细描述将要开展的具体工作,并考虑与工作相关的法律和安全问题,而且工作程序必须写得简单明了,这样工人才看得懂。

4.3.6 供应商评估

供应商评估也同样重要。虽然你的生产流程是非常安全、划算和现代化的,但如果你的供应商或分供应商没有达到同样的标准,那还是没有用。遗憾的是,不论你是否愿意,在这种情况下最低标准说了算。人们会将你和你的供应商交付的所有工作放在一起,以整体表现来评判你的工作。因此,你必须对供应商进行评估,还要确定客户也会这么做。

4.3.7 员工培训

这点的重要性不言而喻,但是仍有必要讨论一下。员工培训能够减少意外事故和未遂事故的发生。这也是 HSE 部的一项重要工作。项目中的所有员工都将接受必要的培训,包括海上生存、直升机救援以及如何垂吊伤员(或他们自己)进行风力涡轮机上的高空救援等。

在风力涡轮机安装船上进行海上作业需要很多技能,而且这些技能一直在更新。之所以如此,这是因为一旦在海上发生事故,就必须依赖身边的人。如果船上发生火灾,每个人都需要参与救援,此时无处可逃。如果你一无是处,又不能帮忙灭火的话,你就成为其他人的拖累。所以,对每一个在船上或风力涡轮机上作业的人都有特定的培训要求。这样一来,发生突发情况时,每个人都能够发挥作用。

4.4 项目管理部

项目管理(PM)部的重要性等同于船舶的机舱和桥楼控制。项目经理全权负责该项目,所以,他需要了解工作范围(SOW)内的所有知识。从一开始认真筹备投标工作,就要收集和准备各类文件和资源。而此时,项目管理部就必须参与其

中。因此，当谈及项目管理部在项目执行前和执行中的最主要工作时，你会想到的是，目前什么是必需的？谁应该了解有关项目的某些细节？以及当你开展工作范围以内的工作时，项目是如何受到管控的？下文将详细讨论图 4.1 中所列的重点工作。

4.4.1 项目尽职调查

我们已经在本章中谈过这个话题，但是之前所说的尽职调查是关于施工方案的。那么，项目管理部必须开展哪些尽职调查呢？

正如我们已经讨论过的那样，项目经理必须确保交付所有工作，但是，销售人员出售的服务是否就是实际能够提供的服务呢？如果不是的话，那么项目需要做哪些调整、添加或删减才能够完成目标？这些变动会对项目时间和成本造成哪些影响呢？项目经理是否介入这个项目？

项目经理必须考虑并理清项目管理中的这几个问题。他必须拥有实践性知识和设备的知识，对于计划中的施工方法、机器、材料和人力是否能够承担此项工作，他也要有能力做出判断。

如果项目经理不能利用自己的技能和知识完成这项工作，那么他就必须退出项目。所以，如果我们想要赢得项目，就应该邀请项目经理加入投标流程。通过他的专业知识，可以帮助我们明确正确的工作范围，调整项目报价，赢得客户的信心。但如我们所说，在真正启动项目以前，项目经理要对所有工作进行一次完整的合理性检查，通常在销售部和规划部向项目管理部移交工作的时候进行。

4.4.2 与分供应商签订合同

与分供应商的合同当然是由销售部和规划部签订的，这样就可以获得其产品和服务的协议报价。但在赢得项目后，项目经理必须检查分供应商的产品和服务是否可用，把它们列入详细的项目计划，确保顺序正确，最后确定项目参数，再以必要的形式和顺序告知分供应商。这么做既有实际意义，又符合客户对工作范围文件的要求。

4.4.3 建造/或购买并使用所有设备和服务

为了建成海上风电场，规划部将与销售部和客户一起，确定一套为该项目定制的产品。其中可能包括风力涡轮机部件的装船固定设备。这种设备需要根据风力涡轮机和安装船而特制——至少至今都是如此。

装船固定设备的设计和方案交接给了项目管理部，现在必须确定方案、招标、建造设备，最后再安装到安装船上。项目经理在完成这项工作的同时，还要承担节约成本的压力。从投标到中标，可能需要半年到一年的时间，这段时间内，价格和交付时间可能出现很大的变化。在整个项目过程中，项目经理都要面对这个问题。但是，这就是他的工作。所以项目经理才能够综合所有细节，安装一个完整的海上风电场。

4.4.4 建立并管理工地

你可能在想这有什么难的。但是工地是在水中的，难道不是吗？出于这个原因，我们需要考虑很多事情。首先，工地不只是一个地方，而是两个或者更多。这确实很奇怪，但是你必须考虑到，我们在陆地上的中转港作业，准备好所有的部件，把它们装载并运输到施工工地。当然，我们还要在海上安装基础和风力涡轮机。

现在这个问题就简单了，但是我们安装的部件非常庞大，非常重，而且由于表面涂有凝胶漆或油漆，对操作精准度也有很高的要求，因此建立施工工地要面临很大的挑战。

中转港上存放了30～40台基础和/或风力涡轮机，这个景象很壮观。仅仅是部件的数量就非常惊人，除了巨大的尺寸外，我们还必须从运输车辆上将其卸载到储存区，再从储存区运载到预装地点。预装地点通常就是码头，之后再装载到安装船上运送到海上施工工地。

现在中转港的面积一般为600 000～70 000平方米。它可以存放进港的部件，提供预装整台风力涡轮机的空间，之后再将预装完的风力涡轮机同时装载到安装船上。这个数字只起到参考作用，并不是确定不变的。

选择中转港位置和尺寸受下列因素影响。

(1) 区域设计。如果中转港形状非常不规则，则需要更多空间。

(2) 码头设计。货物装载是否方便。

(3) 公路和海洋通道。如果部分部件要从别的国家海运过来，必须考虑船舶进出的交通问题（运输船运输部件入港，安装船运载预装单位驶向施工工地，两者不得互相干扰）。

(4) 港口上铺设情况。储存部件是否需要在港口道路上铺设柏油或水泥。

(5) 承重力。是否能够运送沉重的设备和部件。

这些只是需要考虑的一部分问题，所以你会发现，正确选择适合海上施工工地的中转港，远比旁观者看到的要复杂。

而这只是在陆地上。在海上，你要面对的问题更多：你选择的设备是否能够进入施工工地？应该与安装人员一同留在施工工地，还是来回往返？众多安装船又会带来哪些运输限制？本书后文会讨论船舶航行管理，你能从中深入了解这些问题。对项目经理来说，如果他并不清楚正在发生些什么，则每天都要纠结这些问题。

4.4.5　卸载并安装风力涡轮机

销售部和规划部已经向项目经理传达了安装的整体概念，但那最多也就是可行的计划。他们也知道这项工作的要求，却远不如项目经理那样深入了解项目的细节。如果他改动了项目设置，即使只是一小部分，也会对安装程序造成重大影响。

试想一下，项目经理意识到安装船舶能装载 5 台风力涡轮机，而计划装载 6 台。对一个 80 台风力涡轮机的项目来说，这意味着安装船需要多运输 2 次(16×5 和 14×6)。仅这一点，在运输花费上就至少造成了 50 万欧元的损失。更糟糕的是，他们告知客户港口每次卸货可存放 6 台风力涡轮机，但实际最合适的港口只能存放 4 台风力涡轮机。这样一来，运输次数从 14 次增加到了 20 次，成本又增加了 200 万欧元。

当然折中的方法就是，选定的港口会给你一些优待，但理想的港口不会。平心而论，项目经理确实要考虑很多方面。

4.4.6 所有工作文件

以前我们只是工作，没有人真正在乎我们是如何完成这些工作的。这已经成为过去。现在，特别是对海上风电场来说，由于项目界面众多，成本高昂，因此必须记录下项目链中的所有工作。通常客户会扣留最后5%的项目费用，你要提供规定的文件，呈交认证机构和政府机关，确保海上风电场投产。

4.4.7 协调QA部和HSE部工作

尽管项目经理不必自己亲自制订这些文件，但是他必须确保QA部、HSE部和他的员工记录下所有的工作内容和交接情况，这样他个人及安装公司可以避免牵涉任何责任或罚款。

在项目执行的过程中，项目经理非常繁忙。他必须精通管理学，发生意外事件时，无论好坏，他都必须反应迅速。比如海上天气意外的好，这种好事就是机会。但是如果发生在双休日，项目经理就必须多找些员工，或加快将部件运输到预装地点的速度，因为这些部件很快就会安装完成。项目经理必须快速有效地解决这种问题。

当然，坏事就是指发生故障、意外事故或突发情况等。项目经理要对事件负责，必须采取行动。不论昼夜，他都要找到合适的人和政府部门处理突发事件，并保持头脑冷静。很少有人能够做到这些，能干的项目经理非常稀缺，因为海上风电行业相对较新，可查询的记录较少。我们将在第5章、第6章中分别讨论项目准备和项目执行。

4.5 服务部

风力涡轮机和基础供应商完成委托任务，将海上风电场交付给客户后，他们所要开展的所有工作都由服务部管理。通常来说，第一个5年中，风力涡轮机供应商需要保证风力涡轮机的质量和可用性，提供服务，负责海上风电场维修。在陆上这并不是什么大问题。尽管总的原则与陆地相同，但是在海上，这些工作就会变得很复杂。

由于运输船受到严格的规章制度限制,派遣员工到海上风电场的成本远高于陆上。同时,因为海上风电场距离港口较远,维护和使用一艘能够航行到海上风电场的船舶成本非常高。第12章将具体讨论这个问题。现在我们只需要知道会有一个部门专门负责这些工作。

最后要说明的是采用海上服务和相关委托的趋势在不断实现中,越来越多的现场工作人员住在船上,这样可以节约往返港口和海上风电场的交通时间。

4.6 技术管理部

如前文所述,如果你的公司没有一支庞大的安装和服务船队,那么你最好把技术管理外包给一个有经验和技术的船舶管理承包商。无论是什么类型的船舶,运营的成本都很高。因为无论你的船队内有1艘还是10艘船,你都需要掌握所有技术,所以公司要付出很高的代价。但是也有人说安装船非常复杂,普通船舶管理公司根本不能满足他们的要求。这种说法也是正确的,所以此类船舶经营应该由公司内部人员负责。但是,人员配备、货物和服务采购、进干船坞等工作可以由普通的船舶管理公司负责,所以技术管理应该分为两个部分。

一部分人应该负责与项目相关的船舶服务,如项目准备、遣散工作、维护计划、升级和船员培训等。也就是说所有与船舶操作相关的任务都由这部分人负责。

另一部分技术管理的工作包括根据条例规定配备船舶工作人员,提供燃料、润滑油和供给,安排项目区域以外的港口(项目区域内的港口通常由客户决定),进干船坞,运输零部件和其他船舶补给品等。拥有少于5艘船的船舶所有人很难从中创造附加值。因为运营这些船舶的成本过高,所以大规模联合经营可能可以获得折扣或退款。德国的V. Ships船舶管理公司、希腊的Navios海洋控股公司、澳大利亚的ASP公司等专门从事此类业务。还有很多这种类型的公司,这三家公司是网上搜索最先出来的结果。他们的共同特点是为全世界的客户经营商船,针对船舶经营的所有问题,代表船舶所有人提供联合解决方案。

像自升式驳船这类专业船舶,鲜少有管理公司经营。但是世界上还是有几家公司能够提供此类服务。图4.5～图4.6就是在自升式驳船在港口上装载过渡连接件等,然后运输到海上工地。虽然从物流角度来看,这个供料系统并不是最佳解决方案，但是这个方法行之有效。在没有足够设备的情况下，这种操作方法是可行的。

图 4.5　自升式驳船在港口装载过渡连接件

图 4.6 最后一片风力涡轮机叶片从运输支架上卸下,安装到风力涡轮机的位置上

相关图片

图 4.7 所示为安装船上的固定舷梯通往风力涡轮机,在建设过程中,其安全意义重大。必要的时候,舷梯还可以用于提供电源、空气和液压软管等。

图 4.7 安装船上的固定舷梯

图 4.8 所示为打桩前调整撞锤，桩柱上有一块铁砧。仅撞锤的自重就达到 200 吨，每天安装船都要负载如此沉重的设备航行。但是当工作变成常规的时候，工作人员的安全意识会下降，事故的风险就会上升。

图 4.8 打桩用的撞锤

图 4.9 所示为将桩柱放置到夹桩器中。组件和设备的尺寸令人惊叹。

图 4.9 将桩柱放置到夹桩器中

5 项目准备

项目准备对陆上及海上工作的连贯性执行很关键，所以对在项目期间开展的所有活动进行规划和描述是必要的。而且，必须详细制订 HSE 要求和 QA 与 QC 文件，以便在项目执行期间遵循、监控和改正运行情况、活动和交付物。因此，操作的全面规划和界面与责任的明确非常重要。海上风电场的部件安装进度如此之快，以至于实施新的安装方法将错过这些部件的实际安装期。这仅仅是因为新方法的设计和批准时间远远比基础和风力涡轮机的安装过程长。

5.1 定义项目参数

一旦项目从销售部移交到你的手里，就像前文所述的那样，项目经理与他的团队必须明确所接受的产品和服务的大概情况、项目的范围、法律体系和所开展活动的数量和种类，从而顺利地完成工作。项目参数主要包括如下几方面：尺寸、地点和海上风电场的布局图，已经授予客户的建设许可证，风电场所在国的法律体系，项目的陆上作业地点，项目期间在施工工地安装或使用的风力涡轮机、基础和设备的类型。一旦参数确定，项目经理就可以开始建立他的团队，并且基本上可以在以下两种团队组织中任选其一。

第一种是矩阵组织，即项目经理在管理项目的不同阶段从各部门“借”资源，如图 5.1 所示。这意味着同一资源要分配到更多的工作中去，所以不是非常有效。此方法在各个阶段同时运行若干个项目的小型团队中很有效。可是，因为不同的人在整个项目期间会承担多项不同的责任，而且团队成员必须同时开展几个项目的工作，所以在团队中这将造成一些混乱。

第二种是基于团队的项目组织（见图 5.2）。全职承担任务的成员组成一个坚强的团队，他们紧密配合，开展整个项目的工作。这对项目本身非常有利，原因是团队成员被委派去开展项目工作，在特定的项目安装期间不会从事其他工作。其

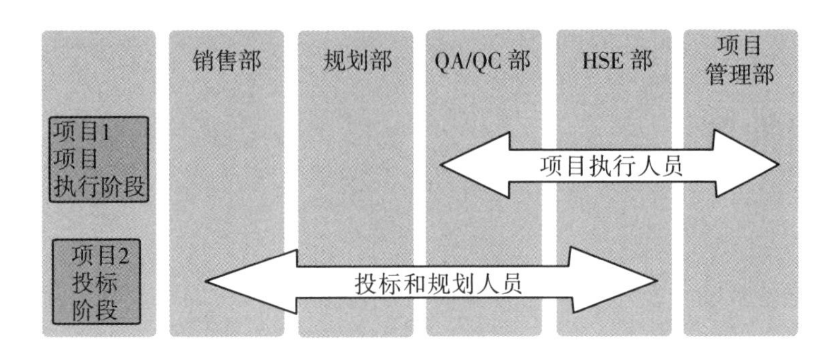

图 5.1　矩阵组织

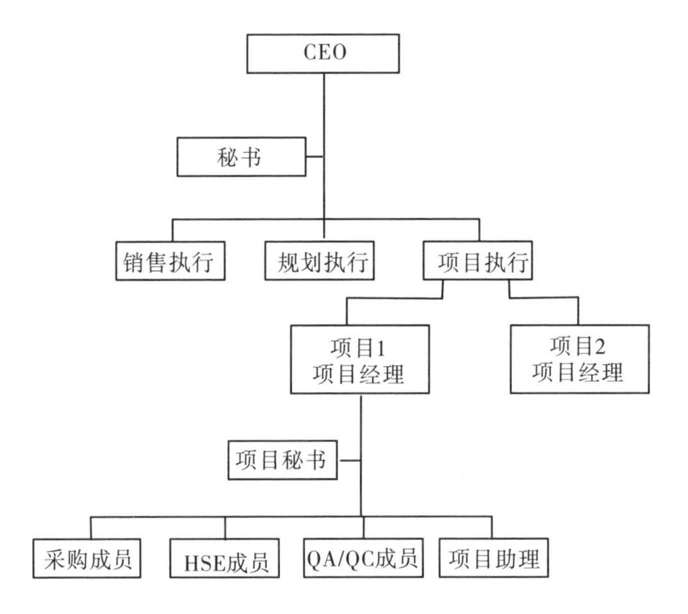

图 5.2　基于团队的项目组织

缺点是需要一个更大的组织，而且因为在此行业中缺乏人员，团队成员被迫承担其他任务，或更坏的情况是，他们不断跳槽以获得更赚钱的职位。

最后，应该指出的是，进入和退出这样的团队是很难的。很多人相信基于团队的项目管理明显更好，因为队员相互了解并且了解同事的优缺点。这将有利于一个团队的完整性。随着时间的推移，将证明它优于矩阵组织。在图 5.2 中，该团队从主要组织中分离出来，例如，项目 1 的项目经理有他自己建立的团队。

5.2 项目计划及策略

一旦项目计划和执行工作的策略被冻结,进行重大更改对项目的执行是极其不利的,其原因有很多。首先,当你设计了你的项目执行计划,你将根据这个计划包租船舶,预订设备,并制订方法及说明。当然,国家与国家之间、项目与项目之间存在差异,但一般来说,一旦制订了项目执行的计划和说明,就很难再进行更改。当然,当局、船级社和保险公司不会赞成重大的变化,这可能会削弱他们对安全、及时执行项目的信心。

其次,当你改变计划时,你的设备和你租用设备的供应商将不会按照合同的范围执行,这为变更订单打开了大门——要求额外和/或改变工作范围,这可能会给项目带来额外的成本,即使范围缩小了,你很少会看到主要设备的价格下降,因为这些设备可能会闲置一段时间。你可能会遇到这样的合同:供应商要求对在其他地方失去的机会进行赔偿,前提是合同基于缩小的范围制订的。

再次,这些变化将会给项目经理和参与项目的公司和个人带来更多的工作。这项额外的工作包括如下几方面。

(1) 修改方法说明。

(2) 新的辅助设备(BOP)计算。

(3) 在修改计划或方法后,对将要安装的组件进行实质性的更改。

(4) 船级社和主管当局的新批准。

(5) 新的合同义务。计划的变更通常涉及新的或变更的合同,至少是变更指令或索赔。

(6) 程序风险。即使你试图改变计划,也要冒着无法在最后期限前完成任务的风险。

如果计划发生重大变化,会出现更多问题。例如,在一个项目中,决定将一个主要部件或配件从海上转移到船厂。虽然进度很紧,但原本要在海上平台安装后放置的模块被转移到船厂。这似乎是一个好主意,但它只是推迟了项目的执行,增加了成本,而且,雪上加霜的是,当平台到达海上时,模块还没有完成。

修订后的计划的第一个复杂之处是平台需要重新计算稳定性,因为模块是针对作业地设计的,而且相当重。为了弥补这一缺陷,钻井平台上安装了一个稳性计算仪,需要重新压载。这并不容易做到,因此必须开发一种重新压载平台的方法。这个过程花费了一些时间,因此在船厂的安装也被推迟了。重新压载是极其困难的:在原始设计中没有考虑到它,因此不容易适应结构,结构强度也可能不够。通过额外时间的工作完成修改工程,这个问题被克服了。

最后,工人们错过了14天的极好天气期,只能在恶劣天气到来之前,将模块拖航到指定海域进行安装。然而,由于分包商船厂的问题,该模块组装尚未完成,因此客户最终以高于原计划的价格在海上完成该模块组装。最初的目的是在陆地上完成模块组装,然后用一艘大型起重船将其运送到海上。相反,它没有完成组装就运出了。为了完成该作业,需要租用一个自升式安装平台数周的时间来提供服务,而成本却更高:持续时间 x 天。虽然它最初计划租用一周的时间,但结果证明所需时间要长得多,而且所有额外的压舱和控制平台所需的设备都必须再次拆除。

从上述情况中得到什么教训呢?即使这在当时看起来是一个好主意,你也不应该在项目中做大的改变。然而,当你确实遇到问题时,要对各种选项进行彻底的分析,计算出成本,决定是否有必要改变方案,并确定你是否真的会体验到你在考虑更改方案时所期待的节省,通常它不会实现。如果你非常接近完成某件事,假设99%的决定都是在受过教育及有经验的基础上做出的,我认为期望在一两天内获得显著优势的设想是糟糕的。

5.3 合同产品和服务

正如前文所述,项目规划和项目准备还包括产品和服务的承包。销售部和规划部把它们列入投标文件和项目规范细则中。这里,保证连续性的正确做法是,不管已经找到什么样的产品或服务,都要让销售部确保来自分供应商的全部报价是有效的。有效期为投标期间和在公司被选为项目部件的最终供应商之后的有效性延长时间。分供应商仍应该能够依照他们对公司的原报价供货。这样的话,项目管理部就能够完成与分供应商的谈判,并且确定提供给客户怎样的项目执行方案。这非常像一个正常的投标过程,分供应商的供货范围在正式标书中做了详细说明,以便分供应商填写供货范围(SOP),此后项目管理部能够比较和选择适当的供应商。

对于这项工作，一份计划和工程资源始终是必要的，因为相关部门连同分供应商早就制订了供货范围和合适的方案。表 5.1 显示了这个过程的大概情况。

销售部与项目管理部在投标和合同签订最终阶段的协作如表 5.1 所示。

表 5.1 规划和合同签订过程

阶段/利益相关人	投标	项目接管	PM 谈判	结果
销售部	制作和递交投标文件	中标后，移交给项目管理部		成功分析投标与签订项目
项目管理部	在最后阶段协助	参与销售部移交的工作	与分供应商谈判标书	接管与执行项目
分供应商	提交投标报价	保持和确认报价	根据 PM 标书进行合同谈判	履行合同并提供 SOP

当合同最终落实时，销售部退出，而此后项目管理部负责这个过程和项目推进。这样，项目经理可以根据销售部与规划部的主规划制订自己的进度表，并且尽可能地在开始工作之前与分供应商就合同条款开展进一步谈判。

具体而言，如果项目管理部可以与每一个分供应商就项目的细节部分进行协商，那么在合同生效前，项目管理部就可能已经节省了成本和时间。

5.4 开发项目 HSE 规划和程序

HSE 部会对该项目制订出具体的健康、安全与环境计划。然而，此计划并不是像实际项目执行中的 HSE 计划那么详细。对于安装承包商而言，HSE 计划是要表明 HSE 管理体系适用于项目的实施和正常工作。然而，按照具体的项目要求，建设许可非常麻烦。在销售过程中已经做的"一般性"说明将必须要在项目特有的计划、程序和操作说明书中体现。这必须由项目管理部与 HSE 部合作进行。

首要的是，HSE 计划必须很详细，有责任的当局可据此评估公司是否能在无人员伤亡的前提下从事海上风电行业。然后，必须要出示一系列证书，如船舶贸易证书，船上安全和环境政策(如废物管理、漏油、防污染证书和船舶将要使用的方法说明)等。

建设许可证已表示了客户在运行的各个阶段的要求。这些要求也将是一套HSE界线，项目管理部必须依照它来开展工作。这可行吗？他能以一种安全有效并且按时完成项目的方式来管理船舶、船员和运行部件吗？

需要制订HSE计划和施工方案，如项目安全手册、项目废物管理计划等。这可能是一个相当复杂的过程，例如，鸟类迁徙和海洋哺乳动物繁殖领域等事要开始启动了。

这些也是项目建造所要遵守的部分环境界限。这些必须与海上安全作业时的天气条件和客户得到的时间表一致。

有时情况并非如此，例如，恶劣天气或其他限制引起的时间浪费和意料之外或处理不当的事故引起的过度开支，都会导致浪费经费，结果是最后责任就推给项目管理部；这就是为什么他必须要有丰富的经验，有时必须无情，并有多项技能，以便当项目逐条地开展时看到项目中的问题和挑战。

5.5 开发质量保证/质量控制计划和程序

质量保证（QA）/质量控制（QC）计划和程序将成为标书的一部分。一个单独部件在被安装到海上施工工地的最终位置之前，要经过很多人的手。客户始终想要确保立即处理损坏的部件并搞清楚责任人和对责任方提出要求。

和HSE计划一样，QA/QC计划必须制订出一套切合实际的接口文件，清楚地规定检查什么、部件的移交状态是什么、谁检查、部件怎样处理等。第6章将详细讨论这些问题，我们在这里仅提及该主题。QA/QC部的工作非常重要，因为此项工作将直接影响项目的处理结果。

如果没有对QA/QC方法和接口管理做适当的详细说明，客户可以提出相关补偿的要求，从而将导致更高的成本和情形恶化。即便施工保险始终针对整个项目，但保险公司可以向任何提供瑕疵工作或产品的承包商或供应商提出追偿。鉴于此种特殊的原因，必须实行QA/QC计划和程序。

5.6 确定方法和所需设备

当然，销售部已经与项目管理部沟通过了，确定执行各种工作所需的设备，并对项目提供工作范围(SOW)。当然销售部已经被告知这些设备的来源与效率。但是要把从分供应商处租用的资源与设备和公司内部的资源与设备一起按合同共同使用的话,困难之处不言而喻,这需要大量周密的计划。这就是项目管理部必须要做的项目准备,以便能完成合同范围的工作。

首先,需要根据工作内容,准备一套指导纲要。在这种情况下,指导纲要说明了主要的操作:实际使用哪些船,要运送多少部件,部件怎样重新装配并装载上船,安装船一旦到达施工现场时,这些部件怎样进行海上安装。

当然,此项工作要详细得多,但是一旦你已经赞同工作原则,你就有了一个坚实的工作基础。需要明确是:销售部为投标给出的方案不一定是最终选择的解决方案。在项目规划期间,如果另外一个方案可以提供更好的施工时间表,或可以节省时间的话,项目管理部会改变以前的方案。但是一旦项目的主要指导纲要或参数被确定了,那么辅助设备和最终项目施工时间表两项内容也就确定了。

5.7 确定辅助设备

正如前文提到的,在投标和合同谈判期间将确定辅助设备。

鉴于可能发生的项目实施计划的改变,最终的辅助设备会做出相应调整。这是因为项目经理最终要负责部件的运输和安装,因此他必须决定使用哪个设备和怎样使用。

为了对海上安装部件过程负责,项目经理需要与客户一起做出最终决定:谁是部件供应商的最佳人选。一般说来,如果公司正在海上风电场安装基础、风力涡轮机、电缆或其他部件时,就是这种情形。类似于海上风电场的基础设施项目,其辅助设备非常多且大。进出港口的运输船舶数量、海上安装、海上工地的安保、运输设备、调试工作人员、船舶检验人员、客户代表和备件、陆上的预装配工地工作、交通监控、协调船舶、卡车和起重机以及人员管理,这些都是安装海上风电场时令人印象深刻的场景。

目前在施工工地上,有 500～2 000 人短期或长期工作着。

掌握每个人的工作情况、项目的进展和所有在进行的工作的安全和质量是项目经理的工作。

辅助设备由如下三个部分组成。

(1)硬件,如船舶(包括安装、宾馆、保卫、拖船、勘察、电缆、疏浚、勘测)、起重机、卡车、表面平台、铲车等,以及与操作有关的所有消耗品。

(2) 基础设施,如港口、通道道路、海上工地、预装配工地和办公室。

(3)人力资源,操作或使用前两项所列各种设备设施的操作人员。

所以,即使销售部与规划部已经做了许多工作,但是剩余部分,即细致周详的管理,必须由项目经理在现场工作开始前完成。

这部分工作将非常耗时且耗资源。

海上风电安装项目的准备应至少在一年之前开始。通常,由于船舶是整体安装过程中的关键,因此首先应签订船舶租用合同。如果船舶没有立即确定,那么可能会危及整个项目的进展。

关键设备一直以来都是安装船,主要是因为安装船有能力担负主要安装任务,而且也因为施工进度与它息息相关。因此如果这一点无法实现,那么整个项目就很可能无法按时竣工。剩下的辅助设备也必须在中标后签订合同。

人力资源将必须制订所有施工方案、工作指令描述、接口、安全规程等,以便一旦施工工地启用后就可取得开展工作的许可证。辅助设备当然不仅仅是硬件的问题。

人员和规划是成功安装程序的关键因素,细致规划安装过程将决定项目是按时竣工还是发生延误。

5.8 创建最终项目施工进度表

第二个重要的部分是来自对安装方法和辅助设备确定的结果——项目施工进度表。

一旦辅助设备和安装方法已经选定,项目经理将考虑从预装配到最终工地现场的与冷安装过程有关项目的所有阶段的安装时间。热安装或调试始终由服务于风力涡轮机供应商的人员进行,因为供应商必须对风力涡轮机生产的最初 5 年提供担保。所以,为了实现这个目的,项目经理已经招收了很多将在安装船上进行从冷调试到交付,或者从热调试到对海上风电场业主交付的员工。

对项目经理而言，仅在这种情况下，将考虑项目施工进展表，直到冷调试的安装。一般而言根据如下内容确定总的项目施工进度表。

5.8.1 设备的选择

船舶将运载什么？它能开多快？起吊和安装能力是什么？我们将在第12章中讨论船舶具体的指标，但是这些问题也是我们现在要考虑的问题。图5.3为在Sea Power上装载Siemens 2.3兆瓦风力涡轮机。

图5.3 在Sea Power上装载Siemens 2.3兆瓦风力涡轮机

5.8.2 风力涡轮机类型

在某种意义上讲，每一个类型均有一种特定的最好的预装配和安装方法。

如果风力涡轮机只能以大量零件的形式运输到海上施工工地的话，安装时间就会持续比较长，这将对施工进度表有大量负面的影响。

5.8.3 安装时间

通常，海上安装的部件数应该尽可能少，所以最好的方法是在装船前送往施工工地前尽可能在岸上预装配。

5.8.4 必要的最佳作业期

安装需要适当的气候条件并且应该考虑可能的停工时间。装配风力涡轮机所用时间愈长，安装船工作参数愈高。如果需要48小时最佳作业期来安装风力涡轮机，那么在有义波高小于1.2米的条件下，在无遮蔽水域施工工地上的停工时间就会增加，原因是与这种海浪情况相对应的最长的最佳作业时间仅为36小时。这意味着，对船舶而言只有较少的好天气时间可用于风力涡轮机的安装，因此只有两个选择：提高安装周期的长度或签订一艘能够满足较高天气标准的安装船。

5.8.5 现场海洋气象条件

正如我们之前所说，现场的海洋气象数据将影响安装程序并可能导致海上工程停工。如果海浪、风、海流和潮汐之间任意的结合不利于安装进展的话，安装程序将变得漫长，所以安装船必须适合施工现场的诸多条件，否则安装程序将因缺乏适宜的气候条件而受到影响。解决这个问题的唯一方法是租用更坚固的船，但不一定能找到。如果是这样，将花费更多经费。

5.8.6 距离和航行时间

到中转港的距离和航行时间极具挑战性。船舶装载和运输能力将影响运输部件的船舶往返固定施工工地的次数。例如，一艘可运载5台风力涡轮机的船舶必须至少往返施工地16次才能完成80台风力涡轮机的运输。这就意味着港口和施工工地之间的航次至少32次。如果距离为50海里，船舶的航速为6节，耗时将为$32\times50/6=267$小时，或11.1天。然而如果航速为10节，那么所花时间仅为160小时或6.67天。这将体现在更高的成本上，但是更显著的问题是，船舶需要花更多的时间才能将风力涡轮机运达施工工地，因此必须要更长的最佳作业期。

例如，对于50海里的距离，一艘较慢的船用时8小时20分钟来运输，而一艘较快的船用时5小时。这意味着最佳作业期至少为6小时40分钟（船必须再回去）。因此，到达中转港的距离是一个很主要的参数。

表5.2显示了详细施工进度表的主要方案。假设每航次运输3台风力涡轮

机，一旦制订了一批风力涡轮机的装载、运输和安装顺序，那么有可能通过重复这一顺序和增加合适的天气应急计划来创建完整的施工进度表。

表 5.2 施工进度表

序号	项目	需时	开工时间	结束时间
1	#1-3 风力涡轮机安装	7.54 天	星期六 2010-09-04	星期六 2000-09-11
2	起吊与预加载港	1 小时	星期六 2010-09-04	星期六 2010-09-04
3	3×2 塔节，2 吊篮	18 小时	星期六 2010-09-04	星期六 2010-09-04
4	海运准备	2 小时	星期六 2010-09-04	星期六 2010-09-04
5	吊下	0.5 小时	星期六 2010-09-04	星期六 2010-09-04
6	海运 Nyborg-Baltic	15 小时	星期六 2010-09-04	星期日 2010-09-05
7	定位	1 小时	星期日 2010-09-05	星期日 2010-09-05
8	起吊与预装载	1 小时	星期日 2010-09-05	星期日 2010-09-05
9	准备吊装 WTG1	1 小时	星期日 2010-09-05	星期日 2010-09-05
10	塔节吊装与安装	5 小时	星期日 2010-09-05	星期日 2010-09-05
11	吊篮吊装与安装	5 小时	星期日 2010-09-05	星期一 2010-09-06
12	转子吊装与安装	4 小时	星期一 2010-09-06	星期一 2010-09-06
13	吊下	0.5 小时	星期一 2010-09-06	星期一 2010-09-06
14	重新定位	2 小时	星期一 2010-09-06	星期一 2010-09-06
15	起吊与预装载	1 小时	星期一 2010-09-06	星期一 2010-09-06
16	准备吊装 WTG2	1 小时	星期一 2010-09-06	星期一 2010-09-06
17	塔节吊装与安装	5 小时	星期一 2010-09-06	星期一 2010-09-06
18	吊篮吊装与安装	5 小时	星期一 2010-09-06	星期一 2010-09-07
19	转子吊装与安装	4 小时	星期一 2010-09-06	星期二 2010-09-07
20	吊下	0.5 小时	星期二 2010-09-07	星期二 2010-09-07
21	重新定位	2 小时	星期二 2010-09-07	星期二 2010-09-07
22	起吊与预装载	1 小时	星期二 2010-09-07	星期二 2010-09-07
23	准备吊装 WTG3	1 小时	星期二 2010-09-10	星期二 2010-09-10
24	塔节吊装与安装	5 小时	星期二 2010-09-10	星期二 2010-09-10
25	吊篮吊装与安装	5 小时	星期二 2010-09-10	星期二 2010-09-10
26	转子吊装与安装	4 小时	星期二 2010-09-10	星期二 2010-09-10

(续表)

序号	项目	需时	开工时间	结束时间
27	吊下	0.5 小时	星期二 2010-09-10	星期二 2010-09-10
28	返回海港	15 小时	星期二 2010-09-10	星期三 2010-09-11
29	意外事故	3.12 天	星期三 2010-09-08	星期六 2010-09-11
30	天气(35%)	2.36 天	星期三 2010-09-08	星期五 2010-09-10
31	电缆意外(7.5%)	0.36 天	星期五 2010-09-10	星期六 2010-09-11
32	技术(6%)	0.26 天	星期六 2010-09-11	星期六 2010-09-11
33	风力涡轮机供应商意外	2.5 小时	星期六 2010-09-11	星期六 2010-09-11

这样，一张非常可靠的项目施工进度表就制作完毕了，程序应该是连续的并能在所分配的时间内得以执行的。

在平衡不同的设备和资源配置的重要性时，项目经理及其团队面临一个巨大的难题，因为项目施工进度表所有的部分中均是变量，如果一部分有改变，将对其他部分产生影响。

这样的变化不一定是必然的，但是，是参数变化的结果。这项任务产生了一些有趣的但必须要解决的问题。

5.8.7 审核合同供应商

一旦与供应商和分供应商的所有合同最后都签订了，项目就可以开始了。为了启动项目，必须进行所有硬件、软件和人力资源的审核。这意味着在项目开始前，项目经理必须确确实实地对所有供应商和他们的设备进行检查。通常，这是在商议中的合同生效前 6 个月到 2 周进行的。

对于安装船舶而言，尤其要对其进行一次租赁调查。这次调查是一种理想的认证控制和船舶检查的组合，看看船舶是否适合，船况是否良好，需不需要进行重大的修理或维护。这一点很重要，因为谁也不想在项目的中间停下来修理有缺陷的设备。当然，船舶会停租，但是在中转港的设备、基础设施和部件可能遍地都是，开始堆积如山。

这确实是非常昂贵的,即便修理可能只需几千欧元,但是停工期的成本每天有一百多万欧元,所以要记住应对你租赁的设备做彻底检查,如果在租赁调查中没有注意到船舶的缺陷或损坏,那么在项目竣工和船舶停租被检查时,就会成为索赔的一部分。

相同的原则适用于项目的所有事务,但是,20/80 的法则在这里都适用, 如果安装船不能正常工作,那么问题的 80%是由设施的 20%或更少的缺陷引起的。我们在下文将详细地讨论船舶租赁和退租检查。

5.9 实施供应商与承包商计划和程序

合同中的供应商、承包商和分包商必须要知道他们即将成为项目计划与程序的一部分。

即使所有海上风电场业主收集到的信息是以许可证、数据等形式呈现并供使用,但最终还是要以在合同中定好的工作范围为准。在这里,承包商与供应商必须适应最终项目框架,而一些承包商的要求与想法会被采纳。总之,各个公司必须适应项目管理部制订的总体方案。

最终程序是由项目经理制订的。例如,项目可多重签订,可与很多提供完整工作的公司签订合同,以利于海上风电场的安装。程序最终由业主来确定。

反之,如果海上风电场业主决定遵循承包的 EPIC 路线, EPIC 承包商将确定程序并根据业主的主要进度表计划每件事。通常,这是在投标报价时确定或在 EPIC 承包商中标时同意的。然后他会协调所有进展中的工作,明确让他的所有分包商和供应商了解在项目执行过程中他们的职责是什么,包括执行与计划,即 HSE、QA/QC 和其他为了以安全和好的成本效益方式完成工作的各项重要条款。

5.10 准备陆上和海上施工工地

准备工作从与陆上施工工地业主接触开始。通常,陆上施工工地是部件卸载的港口和项目的中转港口,它们有时会是同一个地方。在招标过程中,为工程投标所制订的招标出价必须固定,并且陆上出租业主必须提供令人满意的陆上施工工地和一套交付物,并与海上风电场业主、有关当局和承包商签订合同。

通常，准备施工工地是很简单的工作：测量面积，对工作区域制订计划，说明不同的工作目的，指明存储区域，确定工地道路和通道路线等。到现在为止，这对海上风电场项目的中转港口是一样的。然而，也存在一些问题，使这里的工作与其他施工工地不同，其中包括下列情况。

5.10.1 安全

中转区域和卸货港确实是港口！自 2001 年以来，全世界港口的安全等级已大大提高了，而且这对项目经理在中转或卸货港处理问题时多少有点麻烦，原因是项目经理必须将全部区域围起来，而且要对项目所有在港口的工作人员进行统计。对于有 500 多人的工作区域，这可不是一件容易的事，因为人员进出不总是通过正门。

如前所述，港口受港口安全国际标准(ISPS)制约，每个进出港口的人，包括在港口的船舶，必须要核查个人履历、公司推荐信和所进行业务的类型，所以要考虑以下情况。

一个人进入中转港口的正门，登上安装船前往海上施工工地并开展工作。完成海上工作后，他必须返回港口，但安装船留在施工工地，完成其他琐碎的工作，以便准备部分工作移交。可是，有时他会临时需要乘坐船员交通船前往中转港。然而，工作人员转运港一般不是中转港(通常中转港是在海上风电场安装地区中的大型港口，但是工作人员转运港是最近的可以系泊 20 米长的船员交通船的小型港口)。所以现在他离开了从岸上进入的港口，比如他在另一个港口回家了，可能次日早晨进入中转港去工作。这意味着他两次进入而没有离开，所以港口保卫的记录会指出他离开了，但是没有进入记录，因为他是经过中转港口进入的。

为了满足有关当局的要求，这就需要加强监管力度。现在这一问题通过一种开放式的设计软件标记系统得以解决了，该系统利用芯片身份证和监控每一可能进出的位置来记录所有人员的行踪。这是一个很有趣的方法，但也会有许多出错的机会。

5.10.2 地面准备

一旦选择了中转港或卸货港，必须用文件证明和确定区域的适合性。在一些

港口,地面承受能力不足以承受转运部件的卡车和拖车的轴向负载。所以,对于这个问题,可能最好选择离项目最近的港口,但是需要注意基础设施,如承载能力。这通常需要对路面进行重新铺设,但是成本可能相当可观。

5.10.3 码头及海滨

进行部件卸货和预装配的码头必须能够承载搬运部件和机械的设备。

这通常也是通过找到具有足够承载能力的港口或改善自选港口来解决的。可有时,一个港口是不能提供任何一种解决方案的。

过去,至少一个项目由于码头承载能力不够而在最后一刻被迫改变。如果不使用安装船吊装风力涡轮机,替代办法是用两台租用的大型陆用起重机,将风力涡轮机部件吊装到安装船上(见图 5.4)。

图 5.4 履带式起重机正在将设备卸载到运输船上,照片的右侧是等待中的安装船

原因是码头无法支撑卡车的重量,更不用说为安装船加燃料的卡车,而这辆卡车可在街道路面合法行驶,所以不应该忽视港口的谨慎选择和所需基础设施能力的详细说明。还要注意到转载运输船的两台陆用履带式起重机之间的距离。码头看上去很漂亮,但它不能承载部件的重量。在这种情况下,装载操作的成本变得非

常高。

5.10.4 港口的海底

这是一个需要着重考虑的因素。通常，安装船在港口会升降（如果装有支腿）将部件装载到船上。这样，装载加快了很多，因为在装载程序结束后船舶只需考虑稳定性。如果漂浮在海上，船舶必须不断地使压载水来回移动，以补偿负载的移动。压载需花很长时间而且十分复杂。

在降放负载前，自升式平台可以确定所有负载的位置，从而判定装载状态和相关稳定性。但是，港口并不是理想的升降场所。通常，为了保持安装船在码头处于原位不动，钢板桩会被打入海床形成钢板栅栏。但是，由于对海床面施加的高压作用，自升式平台的支腿和桩靴会在海床表面留下孔洞。起初，这些对钢板桩可能没有影响，但是，当支腿收回时，在钢板桩底部前方的地面会发生破损。这意味着钢板桩在底部会发生前移，而且码头的整个区域会下沉。它可能不会立即下沉，但是当重负载放在钢板桩底部受损的区域时，它就会下沉。

对中转港口而言，这是一个真实的情况。重负载会屡屡放在同一区域，而如果不加以处理，这将是一个随时可能发生的事故。所以，通常要采取如下两个预防措施。

(1)抬升前，安装船必须与钢板桩保持最小距离以免对其造成破坏。

(2) 把石头倾倒在海底，建造一个坚硬牢固的地基以利于安装船的升降。

总而言之，陆上的准备至少应该在工作开始前解决栅栏、安全、铺路、保管和石头倾倒等事项。但是主要的事项还未做：为接收、存储、预装和装载部件制作中转区域的工作布局图。这是参考施工工地规划完成的，如图 5.5 所示。注意起重机轨道和预装配区域位置是怎样安排的，以便于安装船快速进出。

这是一个小型项目中为了卸载风力涡轮机而设计的。但是即使未来项目中的风力涡轮机数量不多，中转区域同样令人印象深刻。

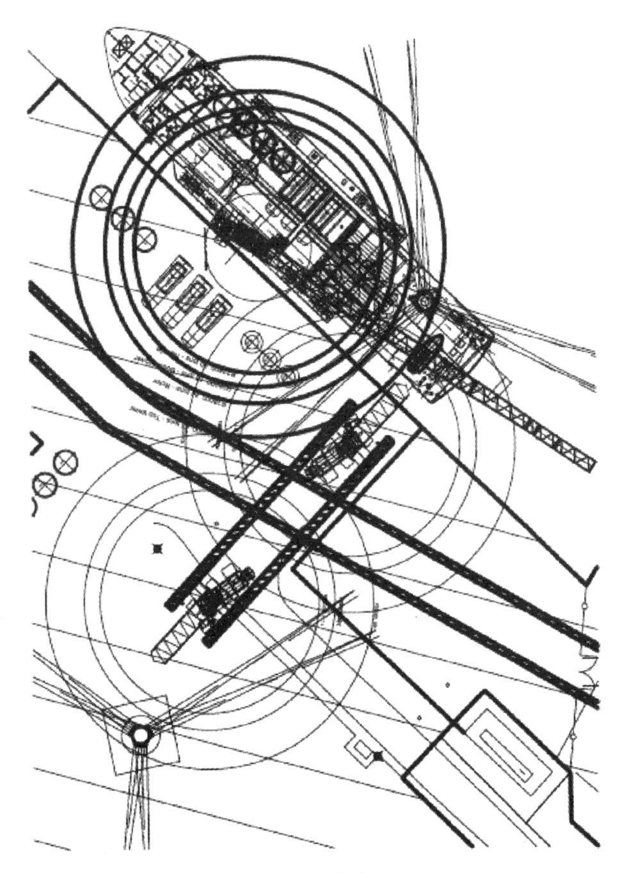

图 5.5 一海上项目装船码头布置图

(资料来源:EnBW, 波罗的海 1 号)

海上施工工地的准备一般来说比较容易。当然,主要问题是它位于水上。因此,主要工作是放置导航浮标,环绕在专属区域周围,此区域包括施工工地周边以外 500 米的范围。此外,船员必须遵守除了航行限制以外的一些特殊条款。

吊装叶片、更换变速箱、安装时吊装机舱和在船上吊装部件如图 5.6～图 5.9 所示。

相关图片

图 5.6　垂直吊装一台 3 兆瓦 Vestas 机舱的第三片叶片,以将其插入轮毂中

图 5.7 更换变速箱,为海上风电场维修活动的一部分

图 5.8 安装时吊装 3 兆瓦 Vestas 机舱

图 5.9　在船上吊装部件,如螺栓和消耗品,M/V Resdution 号风电安装船

6 项目执行

随着第5章中讨论的所有准备和项目启动时间的临近，项目管理部必须确保各项活动能够即将按计划顺利进行。在开始阶段必须进行很多项工作，而且我们已经涉及了几项关键工作：供应商和分包商的审核和租赁调查。这些活动将以金字塔形结构在施工工地开工以前进行。

6.1 审核

海上风电场业主不仅审核与其直接签订合同的承包商，也会审核、调查承包商的供应商，如图6.1所示。在供应商提供材料和部件到达施工现场交付部件或供给物资时，对所有供应商的租赁调查最好是在其经营场所进行，因为供应商或承包商在自己工厂区内的情况最真实。

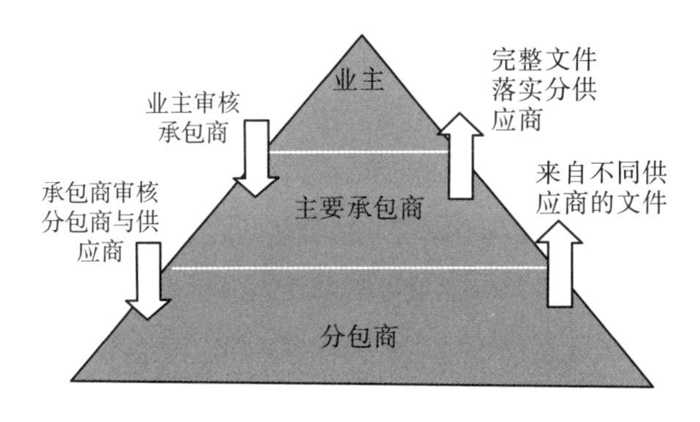

图6.1 审核程序

然而，当到达现场时，交付的部件和设备可能质量不是很好，或者干脆不适用。因此，业主就要对主要供应商进行审核，确定该公司是否交付了合同规定的产品，所交付的设备、部件和资源是否符合用途。

6.1.1 必要的技术资料

审核对安装船极其重要。因此,业主或主要客户将和一组海洋专家对船舶检查核实以下问题。

6.1.2 证书

证书可包括贸易许可证、进坞、最后特别检验、入级记录,防污染计划,船上油污应急计划(SOPEP)等。它们应该是完整的,而且在整个项目时期各方面都是有效的。

如若不然,你可让船舶停止工作一段时间,以更新这些证书,而这样会造成项目执行的延误。

6.1.3 操作手册

这是船舶用于租赁时的一般操作手册。例如,自升式平台船必须有应对海上工作的操作手册说明。

6.1.4 项目的具体施工方案

这是一份描述船舶开展工作的具体工作方法的文件。文件内容必须包括:到达风力涡轮机指定位置的所有路线图,升降操作(根据施工工地具体土质数据决定船舶升降方法),预压载时长,什么情况下取消施工工地工作。

此外,你必须描述吊运操作,船舶安装程序(如吊运负载、装船固定负载和负载运输),船舶适合在海上运输的最苛刻的天气标准等。这份施工方案应在项目开始前就制订好,并由客户或海上风电场业主交给有关当局审批。在方案发还到客户或海上风电场业主时,他们应该充分了解其内容。

6.1.5 HSE 计划

这是极其重要的计划。如果该船舶操作时没有一个有效并被批准的 HSE 计划,就不可以在海上进行工作。正如前面所说的,客户和海上风电场业主会根据建设许可证中阐明的海上船舶计划与工作标准制订一份针对项目的 HSE 计划。必须充分执行 HSE 计划，并且工作人员必须对此熟知。

6.1.6 工作说明书

甲板上的工作人员必须确切地了解他们将必须在项目中执行什么类型的工作。在工作说明书中应该用简单直接的方式加以解释。所有的工作站必须配有这种说明书，便于工作人员查阅，从而快速有效地了解他们在具体工作情形中的职责。对高温作业和在封闭空间的工作要给予特别的关注，那里是事故高发的地方。在任何地点任何时间均可能发生事故。毫无疑问，当使用详细工作说明书时，事故的风险会降低(见图 6.2)。

图 6.2 事故现场

(资料来源:P. 佩德森提供)

6.1.7 一般情况调查

这是对船舶一般情况的观点。船舶应该是可操作的、干净的和整洁的，应该具备合同约定的所有设备，船体中的所有凹痕，油漆损坏等应该有案可查。如果未做这些，船舶所有人可认为是在合同期间发生的损坏而进行索赔。如果交付前未进行记录，就难以证明任何损坏何时发生，船舶所有人可要求赔偿。

6.1.8 燃料和润滑油计量

在租赁调查时,很重要的是要测量船上燃料和润滑油的存量。燃料箱可很容易储存200~300吨油,每吨的价格为700~900欧元,燃料费是一项很重要的开支。如果燃料箱在到达时没有测量,则租船人可能要支付超出实际使用量的费用。

6.1.9 特殊设备

船舶装有起重机、升降设备和海绑固定设备,价格很贵。这些设备对船舶在项目执行期间的操作很关键,必须仔细检查是否存在缺陷和损坏。而且,海绑固定设备通常由客户负担费用,因此应该处于理想的工作状态。应该指出的是,验船师在租赁调查期间会在场。从专业和重要性角度出发,特殊设备、资格证书和船舶的一般情况是应该特别注意的。

通常,租赁调查在两天时间内完成。这似乎很短,但是必须执行的工作量预先都要计划好,重点是作为有经验的检查人员,你一般是期望发现些什么问题的。

6.2 项目启动顺序

一旦租赁调查正常进行和剩余工作清单顺利完成(即在项目开始前的租赁调查中确定的必须改正的工作),项目即可开工。这是合乎逻辑的,租赁调查适用所有承包商和他们的工作范围,一个安装承包商准备好开工并不意味着项目可以开始了。当所有的有关承包商获得批准后,才可以开始工作。

项目的启动必须遵循正确的顺序,由整体施工进度表提供。如果这是基础的安装,当与工作范围有关的所有设备通过检查并批准开始时,施工进度表就启用了。

第一个要进行的工作是初始部件的装载,在这里是指基础。为了避免安装船等待,第一批基础必须在码头上准备卸载和安装。因此,陆上的准备工作必须在海上设备检查之前完成。如若不是,你将体验到等待的滋味。如果发生这种事,工地现场安装承包商可立即因为停工而索赔;当然这应该努力避免。

6.2.1 基于海岸的准备和进展

为了在安装设备的调动和租赁调查之后即刻开工，第一批基础或风力涡轮机必须事先在码头上严阵以待。合同约定数目的部件将按特定的安排安置于码头上。此种安排允许安装船上的起重机在不用大幅移动或重新定位安装船的前提下吊运部件。

应该关心和注意的是操作可以顺利运行，以便安装船可以在最短时间内装载、固定好部件和离开港口。正如我们在表 5.2 的详细施工进度表中看到的那样，装载的时间在计划中已经预先设定。因此，至关重要的是，安装船不必等待部件装载。如果发生这种情况，承包商会立即因为延误而索赔。

这是很重要的，因为承包商肯定会在某些时候在海上工地遭遇恶劣的天气情况。

如果在港内因为装载或准备所需部件而导致等待的话，会发生如下两件事情：

(1) 承包商会用在港口发生的等待时间抵消海上停工时间；

(2) 承包商会声称由于装载推迟错过可利用的最佳作业期是海上施工延误的原因，并且客户或海上风电场业主对延误的任何索赔不应该针对承包商。

事实上，错过最佳作业期的索赔是非常有可能的，特别是项目在最低气象条件下进行时，这是经常发生的情况。

从逻辑上讲，在这种情况下，所涉及的费用很高。因此必须十分注意避免因延误和天气导致的按分钟计费赔偿情况的发生。第 13 章是专门阐述港口运行、布局图和在项目期间要进行的工作。

6.2.2 海上施工现场准备和进展

在任何工作开始之前，必须准备海上施工现场。应该用诸如浮标和其他标志等导航辅助设备标明该区域。必须向所有航海者发布通告，说明该区域在 A 到 B 的一段时期内为施工工地，并且对商业船舶和游览船是封闭的。这是有关当局在建设许可证中提出的部分内容。

要求十分烦琐和具体。这是因为海上风电场的大部分区域与一般陆上人口稠密地区很相似，海上运输也往往驶向这些区域。德国的汉堡就是一个例子，在那里，易北河航道在北海南部终止，大部分德国海上风电场建在非常繁忙的进出北欧的航道区域内。如果你开始建造一座海上风电场而不通知在那个区域的航海者，很快你就会由于一些大型集装箱船的非计划性活动而陷入困境。

就拿德国水域的例子来说，必须通知国家或地区的海事主管当局，即船舶管理办公室或船舶管理局，而且你所有的活动将必须根据许可证中包含的指南进行。这是有道理的，因为他们是负责进出德国的航海交通的主管当局。

下一个应开展和已经开展的工作是海床调查。其目的是明确在安装期间可能发生的有关设备操作和基础安装的诸多问题。当然，最初海床调查是为了给基础设计者提供一套参数以便确定合适的基础类型和大小。但是，在项目执行阶段，或更早的投标阶段，通过海床调查，安装承包商可以根据不同的工作要求，获得必要的信息，制订工作计划和工作程序。因此为了在安装现场进行海上作业，你必须对调查数据做出评估，下文将描述这些数据显示的详细情况。

6.2.3 海底扫描

一般情况下，这是对大约 5 米深度的侧扫，它会提供给承包商关于沉积物顶层的详细情况。而且会告诉你是否在顶层存在任何隐藏的物体，从而避免与自升式平台和电缆的碰撞。这一点非常重要，你可以想象电缆穿过一艘古老的沉船或者自升式平台的一根桩腿撞到一枚未引爆的炸弹的情形吗？所以，在一般情况下，保险公司会要求承包商进行海底扫描以获得在海上施工工地作业的资格。

6.2.4 静力触探试验

静力触探试验(CPT)是将导向孔压钻进海床，然后把一个标准圆锥体通过钻孔沉入海床中，最后利用此圆锥体对海床中的不同层面的沉积物进行测定。此种方法可以告诉你更多有关海底不同层面的密度和成分的信息。这将让你更好地了解自升式平台是否可以放下桩腿，站立于海床上以及海床承载极限。

6.2.5 岩芯钻探

这些是从海床钻出和拿到实验室做测试的实际岩芯样品。这类试验将给承包商提供基础设计的有效数据以及工作区域土壤层的精确描述。

以上所述的三种海床调查或勘测是最普通的海床调查和勘测，所以也应注意每一项的费用各不相同。虽然海床(侧)扫描最便宜，但是在大多数情况下，因为海上作业会涉及海床的较上层，所以如果那部分是足够的坚硬，那么对于安装承包商而言，海床(侧)扫描就是非常有效的一种方法。

静力触探试验比较贵，因为通常它需要更长的时间和采用自升式平台进行试验。然而，其结果可以提供更多的信息，而且与侧扫声呐相结合，所得到的数据通常可以成为项目设计的主要依据。

同样，与作业强度高而且很贵的岩芯钻探相结合，侧扫声呐和静力触探试验应该全部是你所需要的。

对于这三种不同类型调查的执行过程而言，每一项都应仔细进行并完成。同时，调查结果需要记录在前期招标文件中。这三项调查的具体工作包括：对整个施工现场进行全面海床(侧)扫描；对散布在整个施工现场的安装位置进行大量静力触探试验；基于静力触探试验结果，对海床边界层的主要变化进行少量岩芯钻探。

对于中标后的实际海上工作而言，承包商必须对施工现场的每一个基础安装点进行岩芯钻探。如果不能完成这项工作的话，承包商将不能获得准确数据，从而面临海床穿刺的风险。

海床穿刺发生在海床无法承受自升式平台的桩腿施加的压力时。发生在一艘自升式平台船舶上的海床穿刺现象。在这种情况下，无人受到伤害，而且以后可以修复(见图 6.3)。这是海上施工承包商可能面临的非常严重和最糟的情形。鉴于这个原因，海上施工承包商需要尽可能多地掌握详细的海床资料。

在对施工现场的合适位置正确标示和取得一套批准的升降和就位计划后，你就可以利用船舶开始海上风电场的安装工作了。然而，对项目管理部而言，重要的是不断地监控和开展海上施工工地上的各项工作。

图 6.3　一艘自升式平台船舶发生海床穿刺

(资料来源:P. 佩德森提供)

6.3　监控活动

当海上作业开始时,必须记录每一阶段的工作进展。当然,从很多因素来看,这样做是合理的,主要因为它是承包商获取报酬的依据。对于项目管理部或最终的海上风电场业主而言,了解海上作业的每个阶段是为了更好地按顺序开展安装工作。在检查工作完成后,确保风力涡轮机部件的正确运输,以及可以运输延误为由处罚承包商。

至此,项目监控程序应运而生,重点围绕接口管理、质量保证和质量控制过程和项目中所有利益相关者的商务部门,包括银行和金融部门,目的是要说明已经做了什么,交付的工作处在什么状态,以及项目是否能按时完成。

同样,施工进度表非常重要,因为它是全部工作进程的指南。项目管理部会收集和核实关于项目进展的全部信息,做出一份项目状态的实时精确图像。这项工

作应该如第5章表5.2所述的那样进行，各个层次的利益相关者对他们的上级客户以及最终的海上风电场业主进行报告。一旦这样做了，项目经理就可对现有施工进度与理想的进度表做比较和评估，向业主报告并发出付款或罚款通知。而且，项目管理部可发布警告，索取罚款，或请承包商和供应商适当加快工作。对于这一点，项目管理部必须充分发挥作用，同时它也极其重要，原因是对于承包商而言，这是唯一适合的地方和部门，可以在正常工作范围内做出处罚决定。

6.4 项目管理部结构

什么是项目管理？项目管理是一个试图涵盖项目中以下领域的规程。

(1) 计划和创建所有活动的概述。

(2) 在适当的时间将资源分配给适当的活动。

(3) 监控所有活动。

(4) 调整、修改和分配额外的资源以适应程序的变化。

(5) 根据时间计划和预算确保项目进度。

(6) 监控和跟踪项目预算，以及计划和实现的活动成本。

这些活动看起来非常符合逻辑，但实际上，它们非常难以控制，并且几乎不可能在没有某种程度的更改的情况下执行项目。PM计划所有已知的活动，并试图根据计划确保进展，但世界是动态的，事件即使有最佳计划也会发生乱如麻的情况。在本书的其他地方，我已经给出了一些PM无法计划到的事件的例子。当然，这些事件的后果是，计划必须改变。预测变化并根据变化做出反应是项目经理应具有的最重要的能力。当然，项目经理的经验越丰富，未知项就会越少。但在海上风电场这样规模的项目中，不可避免地会发生意想不到的事情。因此，项目经理必须能够处理此类事件。

采取的方法论通常是在必要时计划、执行、监控和调整。项目经理与索赔经理、HSE部和QA/QC部合作。对于陆上建设项目此方法简单易行。但在海上建设项目的处理方法中，工作范围中碰到的不可预见的事件、错误或变化时，按以下方式处理。

(1) 问问是什么问题。

(2) 明确谁是责任方。

(3) 确定如何解决问题。

(4) 计算成本。

(5) 提出索赔并在文件上签字。

(6) 执行变更。

查看合同,你会发现在运行上述流程并执行变更之前,需要遵循一组正式的日期期限和文件要求。当你在海上项目施工时,真正的问题只有一个:成本!

如果我们在上面的六个解决问题的步骤中加入时间估算,我们可能会得到如表 6.1 所示的结果。

表 6.1　六个解决问题的步骤及时间估算　　单位:天

序号	问题	时间
1	问问是什么问题	1
2	明确谁是责任方	3
3	确定如何解决问题	1
4	计算成本	2
5	提出索赔并在文件上签字	4
6	执行变更	1
总计		12

当我们把成本考虑在内时,情况就变得令人震惊。对于你的项目来说,每天花费 50 万～100 万欧元可能并不罕见。

12 天加起来就是 600 万～1 200 万欧元。当然,这是有条件的,承包商或供应商或客户承担责任,但这种情况很少。因此,时间过得越久……

那么,唯一明智的做法就是建立如表 6.2 所示的行动顺序。

表 6.2 解决六个问题的行动顺序及时间

序号	问题	说明
1	问是什么问题	解决需时 1 天
2	确定如何解决问题	解决需时 1 天
3	执行变更	解决需时 1 天
4	明确谁是责任方	
5	计算成本	
6	提出索赔并在文件上签字	

首先,你会注意到我改变了步骤的顺序,以便我们能尽快地继续工作。其次,我没有把日期放在最后三个要点上,只是因为确定谁是责任方和创建文档以使变化变得可靠,成本永远不会达到 600 万美元。只要 50 万欧元,我就能让律师在一个房间里待上很长时间来解决这个问题,通常他们会提出一个每个人都能接受的解决方案。当你把这种压力加到你在现场的决策中时,你不会得到好的结果,你会犯错误。

为了让项目经理明智地工作,你应该在合同中为解决这类问题做出规定。可以相当肯定地说,如果你立即解决这个问题,成本不会增加;但如果你在一段时间内选择指责别人,不仅代价高昂,而且你最终得不到你想要的东西,项目也会在一段时间内停滞不前。这不符合任何人的利益。因此,要回答什么是项目管理这个问题,除了说明主要任务是什么之外,项目管理就是以上述总结的方式理解和管理问题。如果项目按计划进行,项目经理只需要检查是否达到了重点要求和目标,质量是否符合合同,以及付款是否按照付款计划进行。

这是项目经理被要求按照计划执行出现问题的第二次。他将不得不发动许多人协助,而这些人又必须依次提供具体的数据,使他能够对问题进行分类。这包括陈述问题的事实,这通常是工作包经理负责的任务。这个人是最接近了解问题的人,必须能够清楚而简洁地陈述问题本质和后果,包括技术和商业方面的。索赔经理的任务是组织对交易对手方的索赔。索赔经理必须确保项目经理了解法律影响、发出索赔请求的最后期限、什么工作将受影响(而不是实际问题)以及这将如何影响项目成本。然后,项目经理必须确定问题的进度影响,以及其他工作将如何受到影响，然后重新分配公司的员工人力，在不忽略其他活动的情况下专注于问题的解决。公司法务部门必须与项目经理和索赔经理一起整理索赔案件，针对性地进行案件处理。

一旦问题得到解决，各方就前进的方向达成一致，就该由项目经理来确保项目的进展，并尽可能多地弥补损失的时间。这可能很困难，因为天气窗口和海上工作条件的原因常常无法使用许多可以使用的仪器。例如，除非你租用第二艘船，否则不可能将风力涡轮机的安装量增加一倍。虽然这是正确的，但由于岸上的风力涡轮机部件可能已经堆积起来，因此可以减少在港口的周转时间，你也许能创造一个有利的局面。

当然，这种想法背后的有趣和激励因素是，根据我们的例子，每延迟一天将花费 50 万～100 万欧元。然而，这是双向的，所以如果我能花一天时间让我解决问题，我可以得到接近原始成本的 50 万～100 万欧元，每个在海上工作的人都应该铭记这一事实。从商业角度来看，这一点并不重要，而是因为错误的代价非常高昂，因此应该认真仔细考虑计划及其实施。仔细的计划会产生更高程度的安全性，降低出错机会，从而使项目所有关联方受益。

在我看来，一旦合同签订，任何商业环境下的节约成本都是毫无意义的。如果你没有计算正确，你就得承受后果。

6.4.1 理想化的项目管理部看起来像什么？

如上所述，项目管理部的结构很重要。因此，项目管理部如何开展工作正是我们要担忧的。就如世上的一切事物，人人都有他自己的喜好，但是图 6.4 所示的部门结构以前一直运作良好。在这个问题上，请读者想出他自己的意见。

如图 5.2 所示，从项目经理向下，能够看出项目小组是专门执行与单项工程和单项项目经理有关的任务（见图 6.4）。

根据为项目提供的服务或产品，该部门可大得多。图 6.4 是来自承包商方的典型部门结构。

海上风电场业主为每个工作包都需要一个这样的部门，并且为高级项目管理部添加一个额外的层次，如图 6.5 所示。

为便于理解，项目的这一完整的组织在图 6.5 中未被加入，主要原则是项目

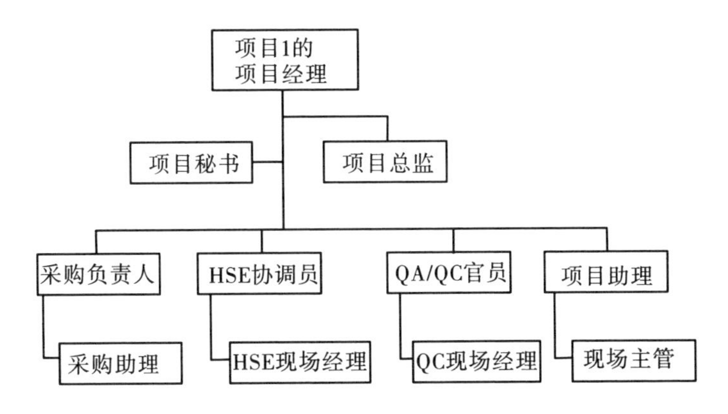

图 6.4 从项目经理的位置看项目的机构

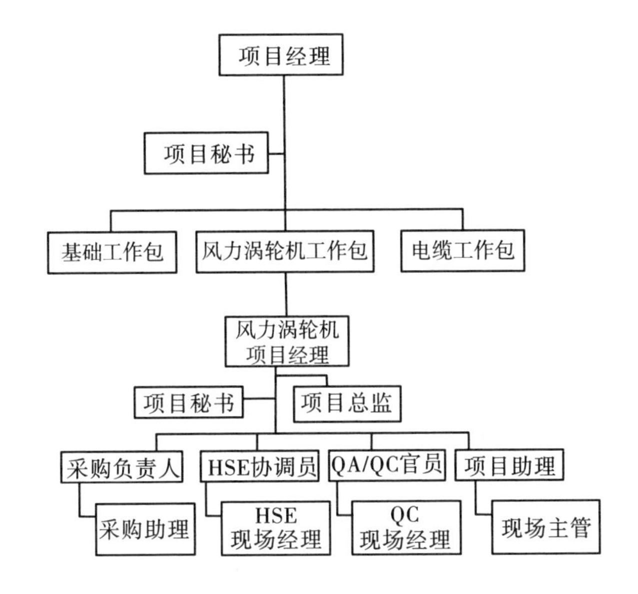

图 6.5 从风电场业主或承包商的角度看项目管理部

管理部的整个高层被分配到项目中去，处理项目完成所需的许多不同的工作范围。就项目管理的整个高层而言，EPIC 承包商和部门结构图 6.4 中的风电场业主是同一概念。然而，现在项目管理对于项目中的所有活动来说，是一个完整的工作范围。

当然，这对整个部门加了很多的束缚，而且这就要求所有在项目中可互相发挥作用的人员来实现共同的目标——安装风力涡轮机组。在这种情况下，管理任务本身变得非常复杂，如果你不恰当地解决指挥系统，将会发生如下两件事。

（1）决策过程和代表项目做决定的可靠性变得不确定。这意味着，无论谁认为他有没有能力作出决定，他就是没有这样的能力。在这两种情况下，最终的结果是信息丢失或歪曲，破坏项目的进展。

（2）由于海上风电场项目的实施进度非常快，因此当信息具有任何价值时几乎立即就要得到。试想一下这样的情形：昨天预测的天气报告要在今天早上7点钟才播报，因此很有可能因为有关可利用的作业期的信息缺失而引起施工现场停工。这意味着失去了一次机会，而由于延误的索赔会波及与项目相关的每个人。

在海上风电场安装程序中浪费一天就要付出100万欧元的代价，所以无论谁摊上这种账单都会感到很沮丧并设法不承担那些费用。这就是为什么以实时更新的方式监控项目是至关重要的。即使情况不是十分糟糕，通常天气预报是非常可靠的，一点小错误或疏忽的代价也是非常昂贵的。

如上所述，组织工作中的决定意味着单个工作包经理必须配有一套清晰的说明书，以建立如下程序。

（1）指挥链：谁能决定什么。不是由工作包经理决定是否某些东西应该以特殊的方法去进行。在这种情况下指挥链必须非常清楚。

（2）命令的范围：单个工作包经理能决定什么和什么必须转由更高一层决定。

（3）协调：必须进行工作包之间的日常协调，以确保信息共享和更新。

这里的最后一个问题是最高管理层必须有超凡的魅力和超强的能力。在先前的项目中，情形是最高管理部门没有得到直线部门的明确指令，这导致了在整个项目全部的期限内决策的空白。

真正糟糕的问题是项目管理部同时雇请很多工作包经理，但没有规定单独工作包经理在部门中的职位、职责和指令范围。这就导致了灾难：每个工作包经理试着将他自己完全定位为二把手，而这不是我们的意图。

最后的结果是项目运行得很糟糕，大量变动的人员来来往往，造成非常严重的费用和时间超支。因此，应该仔细地规划组织行为、指令范围和项目管理；在雇请人员时，由有能力的和有充分准备的最高管理部门执行。令人遗憾的是，在工作中并非总是如此。

6.4.2 索赔管理

如第5章所述，接口管理是执行项目工作的重要部分。流程的交接/接管对于计划、监控和执行是极其重要的。当流程运行不顺利时，下一个层次的PM经理将启动——索赔管理。

有句话是这样说的："三个律师，五种意见。"信不信由你，这种经常发生的情况令人震惊。当你签订合同时，你同意，或试图同意，一方如何交付工作的原则，另一方则同意付款的方法和时间。但是当事情没有按计划进行时，合同的解读就会发生变化。这会导致程序、范围、成本、方法等方面的变化。最终，这些变化以索赔的形式出现，这可能是或多或少的执行范围变化，更高的材料、劳动力、机械成本；或者，例如一些不可预见的事件，通常被错误地称为不可抗力，后文将做详细介绍。

理赔管理包括下列情况。

(1) 当流程中出现缺陷不在商定的水平，例如在开展特定活动之前由于缺乏流程而导致的工作停止(顿)。

(2) 当设备或材料不在它们应该在的地方。

(3) 由于HSE、QA或简单的方法问题导致无法开展工作。

这是项目中不可分割的一部分，因为事情从来不会按计划进行。记住，即使是最好的策略也只能维持到与"敌人"的第一次交手。当你开始行动时，你采取的第一个动作会在某个地方引发反应。通常，反应是计划好的，但有时，如果不是经常的话，反应或后果与期望的不同。当事实证明是这样时，你必须确定成本和影响，并将其指示给当事方，让其处理；也就是说，你提出了一个索赔要求。

在一个完美的世界里，你索赔的当事方会意识到它是合理的和正确的，并会做出适当的回应，无论是支付纠正行动，改变方法，或任何适当的行为。但显然，我们并非生活在一个完美的世界里，因此，你向对方提出索赔时，对方很可能会辩称，他们没有过错。对方会给出他对事件的看法，并争辩为什么责任也在申诉方或别人身上。为此，我们通常聘请律师做如下事情。

(1) 说明申诉的原因。为此，律师需要项目经理提供以下文件：

(a) 事实陈述；

(b) 合同协议；

(c) 索赔费用及相应诉讼；

(d) 索赔、HSE、QA、时间、人员、方法变更的其他后果；

(e) 所有已签发的关于索赔的信件。

(2) 确定合同情况，包括必须遵守的时限。通常索赔申请必须在很短的时间内提出，一般是立即发出阻碍或其他通知，然后在4～7天(如果不是更短的话)前提出正式申请。

(3) 写索偿书并发给对方。

(4) 跟踪和回复对方的信函。

(5) 在谈判等过程中旁听。

(6) 最后确定结果，并确保按照双方的协议采取行动。

虽然这听起来很乏味，但实际上这是项目组为公司赚钱或造成损失的地方。因此，在项目的执行过程中，项目组必须一直处于良好的运转状态。

正如上面所述，当涉及实际程序之外发生的事件时，对合同的解读会发生变化，而人们对此的反应通常是说这是其他人的错。例如，意外事件是在计划项目时被预测到或不可能被预测到的事件。其中，一种情况是遇到比土壤调查预期更糟糕的地面条件。无论是在陆上还是在海上，地面条件对风电场都至关重要，但在海上，进行此类调查的成本要高得多，因此要努力做到用最少的测试去获取最多的结果。这不是一个非常明智的计划，尽管如此，这是我在参与的几乎所有项目中遇到的情况。

这时会发生什么情况呢？承包商不能按预期进行工作。因此，他要求增加重型设备，如更大的锤子，以推动桩腿通过较硬的底土。然而，业主不想支付更多，所以他对合同进行了解释。尽管承包商说他的要求很简单，但风电场的业主表示，经验丰富的承包商，以前甚至可能在该区域施工过，在预算项目成本时可能或应该预料到这个问题。于是讨论开始了。通常，承包商会非常小心地阐述他的施工范围，他要交付什么，基于什么信息，但双方几乎总是有解释的空间，就像前面说的，三个律师，五个意见。

从逻辑上讲，必须尽快找到一个友好的解决办法。在海上，整个系统及配套设备每天的成本很容易达到100万欧元。因此，花几周时间来确定谁是罪魁祸首是一个坏主意。首先应及时找到解决方案并采取纠正措施，然后确定将账单送到哪里才是正确的方法。当然，有一个风险是，最初付款的人可能要等很长时间才能得到回报。通常情况下（尽管并非总是如此），业主会先付钱，然后在工作完成后，相关各方可以在压力较小的环境中进行讨论。但是，应该指出的是，在解释合同或对某一事件进行分类时，经常使用一些非常雄辩的论点论据，特别是围绕不可抗力的概念。虽然我不是律师，但我会用一个例子来解释什么是不可抗力，不要依赖我的解释，一定要寻求法律咨询。

我曾经参与过一个项目，我们计划把一艘驳船拖过一个两端都有闸锁的航道。我们开始拖船的那天，一场事故关闭了海峡另一端的闸门。因为我们在合同中有义务条款在这样的事件中尽量减少损失，我们改用了在陆地上的牵引路线。我们要求承包商赔偿不可抗力，我们不可能预见到闸门关闭。当然，我们对这一事件没有任何影响。不可抗力是一种超越人类控制的高级力量行为，如罢工、战争、自然灾害、事故等。有趣的是，许多人认为恶劣或极端的天气状况可归因于不可抗力，但事实并非如此。已经可以对非常详细的区域进行天气预报，预报的天气资料窗口可供承包商和客户使用，然后，他们自己必须决定在统计数据上补充什么额外的数据余量来安全地工作。像发生在冰岛的火山爆发是不可预测的，因此被称为不可抗力。如果在这段时间内，某项目中的人员或货物需要航空往返冰岛，这将属于不可抗力条款范畴。

回到我们前面的例子，在我们看来，就是这样一种情况：这既不是一次有计划地关闭船闸，以前也没有发生过这样的事件。然而，我们的客户认为这是我们本可以提前计划到的事情，并在最初阶段拒绝支付额外四天的陆上拖运费用。当然，除了距离和时间增加之外，其后果是海上安装计划的延误，因此，额外的成本可能会大幅上升。

讨论的问题是，我们是否可以在拖拽过程中预先计划好发生事故。我的观点是我们不能。如果我们这样做了，那么任何可能发生的事情都将被视为意外。我们无法预料。例如，一辆卡车在行驶途中从桥上冲坠入海峡，或者一列货运火车堵塞了一座吊桥，或者只是有人犯傻打断了我们的牵引。因此，引入因果关系的概念是明智的。

如果有经验的承包商或客户可以确定两个事件之间有明显的联系，那么这些事件之间就存在因果关系。但如果这两件事完全不相关，那么就没有因果关系，因此你不能为这一事件做任何计划。

最后，我们友好地解决了这个问题，项目没有受到任何延误。尽管如此，在我看来，这个论点还是有点牵强。

因此，索赔经理需要做如下四件事。

（1）确定索赔要求包含哪些内容。

（2）具体说明索赔所依据的合同和法律依据。

（3）计算索赔产生的财务、合同和程序后果。

（4）准备索赔，并与公司律师一起向客户提出索赔。

有些人可能会把索赔过程解释为可从合同中获得比（双方）最初预期的更多收益。虽然我从经验中知道这种情况会发生，但我声明，索赔过程是为获得项目完成交付的款项而做出的合理努力，不多，但也不少。

结转索赔的过程相当简单。正式请求通常是在工作范围内的合同衍生出来的或以某种形式妨碍了工作范围的开展。该请求处理的问题是，索赔涉及什么？后果是什么？

最重要的事项是遵守合同中的通知条款。索赔经理必须在何时以及如何声明索赔？这在合同中明确规定，索赔管理部门必须与项目经理一起确保不超过这些日期。如果索赔经理不根据合同中的条件做出回应，那么就很难从其他有效的索赔中获得补偿。因此，当合同被呈批时，项目和索赔经理必须与公司的法律顾问一起，确定所有这些日期和表格。这应该是参与项目的每个人希望的事。一旦完成，理赔管理部门就会有一份文件，其中包括所有已知的障碍以及在工作开始之前处理它们的正确方法。这将利用资源和注意力，解决在执行大型基础设施项目（如海上风电场）期间可能遇到的任何问题。

对于 PM 来说，这也是一本非常好的手册。文件应该说明在发生意外的情况下，例如当项目遇到不同的情况，或者交付延迟或错误时，谁必须做什么。要立即知道是谁、什么、在哪里、如何以及为什么立即减轻压力，这对于安全、及时地在海上执行任务至关重要。你可以将表 6.3 所示的草案表格修改为你自己的索赔手册。

该文件的细节根据个别项目而变化，但您可以看到，索赔经理的标准化信息越多，他对问题的了解就越多，当然，相关方的压力将大大降低。

电话号码、地址、电子邮件地址等也必须包括在内，职责矩阵作为整个项目的参考也很重要。

表 6.3 索赔草案

索赔文件类型	合同参考	谁负责	期限	如何反应	给谁	必需的文件
天气延误	条款 9.2	乔·布洛格斯(Joe Bloggs)	事发后7天内	邮寄，附文件和价格/时间调整，按条款规定	吉姆·多伊(Jim Doe)	天气报告，工作规格报告，海上安装经理(OIM)每日进度报告(DPR)
隐性风险	条款 14.3	客户、当局，尤其是国防和海上交通管制部门	事发后24小时内	电话，邮件，文件和价格/时间调整按条款规定	艾伦·贝茨(Alan Bates)	海底扫描，隐性风险图表，DPR 协调工作规范报告

理论上，它也是可以从 HSE 文件中衍生出来的一份文件，然而，在索赔管理中，焦点主要是商业和技术方面的问题。这与 HSE 文件不同，HSE 文件的首要任务是确保人员、设备材料和环境的安全。在这种情况下，成本与 HSE 人员无关。然而，成本随后将变为索赔，因此应出现在本文件中。在项目实施的整个过程中，公司的三个部门密切配合是很重要的。

相关图片

图 6.6 所示为安装船航行到工地之前，在港口装运单桩基础。周转时间对节约总项目时间非常关键，因此，要求在安装工程开始前对进程做及时的规划。

图 6.7 所示为工人在码头正面准备下一个机舱。注意安装船刚刚才离开。

图 6.8 所示为在实践中的支线船概念。部件在从运输船装到自升式平台驳船上。

图 6.9 所示为储存在码头上的塔架。注意，混凝土压块充当使基础牢牢保持在海床上的压重物。

图 6.6　安装船在港口装运单桩基础

图 6.7　在码头正面准备下一个机舱

图 6.8 部件从运输船装到自升式平台驳船上

图 6.9 储存在码头上的塔架

7 接口管理

什么是接口？原则上，这是合同一方与另一方或者海上风电场业主之间，接管或移交部分或全部工作的交会点。如果你上网搜索，你得到的唯一能成立的解释是，接口是一种允许两个组成部分相互作用或互相通信的方法。但是，这不是我们在这里所寻找的。就我们来说，接口是两个工作范围之间的界线，同时也是对产品或服务的责任，从一个承包商或工作包向另一个承包商或工作包传递的交汇点。

7.1 主要接口和相应的责任

对一个典型的安装过程，通常对接口标识进行命名并登记在“接口矩阵”表格内(见表 7.1)，标明谁负责，谁要被通知和谁将执行任务。该表格表示典型的海上风力涡轮机安装的接口矩阵，但是这里仅列出了谁负责执行任务。可是，作业线上的下一个任务有可能由另一个承包商执行，那么从责任换手的意义上来讲，这就构成了一次移交。请注意，进行移交的承包商同样可能在后面的阶段成为接收者。在这个矩阵里，风力涡轮机供应商在码头上移交风力涡轮机，但是在回到工地时接收风力涡轮机。

如表 7.1 所示，很多接口仅要求在海上安装风力涡轮机并将其连接到电网上。这些大量事件组成对另一个合同的移交，并且合理的是，为了保护承包商和风力涡轮机部件本身的交付，必须对此进行管理。

表 7.1 典型接口矩阵

序号	任务	风力涡轮机供应商	业主	安装承包商
1)	**陆上仓储与预装配**			
(1)	运输所有风力涡轮机零件、相关工具和支持设备到某港口预装配工地	√		
(2)	提供存储区域，以及预装配风力涡轮机部件 综合性调查		√	
(3)	为风力涡轮机供应商提供由某港口给出的区域负载，包括码头上的长平台负载。如风力涡轮机供应商要求，提供码头负载计算		√	
(4)	港口费用与税金		√	
(5)	预装配区域内要求的土建与电气工作(包括码头潜在的变动)	√		
(6)	连接电话、互联网、电、上水、下水		√	
(7)	为在整个项目期间所有风力涡轮机供应商人员管理人员提供办公室和其他设施		√	
(8)	为在整个项目期间所有风力涡轮机供应商人员操作人员提供办公室和其他设施	√		
(9)	为在整个项目期间所有风力涡轮机供应商提供基于网络的天气监控和预报系统		√	
(10)	所有风力涡轮机部件的存储，搬运，预装配和试验： a. 塔架顶端部分和 Premont 内部、电缆和电源装置； b. 准备机舱、航灯等； c. 装配转子，不包括机头导流罩	√		
(11)	提供框架，以支撑在码头上竖立塔架	√		

（续表）

序号	任务	风力涡轮机供应商	业主	安装承包商
(12)	将一组三个风力涡轮机部件移送到码头（在起重船能达到的范围内），并准备装运（包括起重支架和塔罩的安装）	√		
(13)	在安装船装运时，监管码头上的临时框架的吊挂和松解	√		
(14)	清除码头上与风力涡轮机有关的回收物品	√		
(15)	装运前检查个别部件		√	
2)	**海上安装**			
(1)	船舶协调员与有关当局协调工作，便于海上人员的注册		√	
(2)	为安装船提供人员、起重机驾驶员、船上部件的进场安排、基础、发电机、线缆架绞车、风力涡轮机供应商人员的生活设施		√	
(3)	装船固定免费事项，正如在完成 Rodsand Ⅱ 项目中一样（无修理、维护、运输或搬运）	√		
(4)	装船固定的运输、搬运、修理、修改和安装		√	
(5)	在风力涡轮机安装开始前提供法兰测量报告		√	
(6)	提供包括测量报告的基础法兰		√	
(7)	提供法兰连接用的螺栓和螺母	√		
(8)	梯子的排列构成到内部基础平台的内部塔架基座平台	√		
(9)	提供包括设备在内的载货升降机	√		
(10)	架设从塔架门到外部平台的外楼梯	√		
(11)	安装门挡	√		
(12)	在第一次到达基础时去除风力涡轮机和基础的所有保护部分	√		
(13)	提供安装风力涡轮机的专用起重设备	√		
(14)	转子起重和到码头区（海滨）的运输	√		

（续表）

序号	任务	风力涡轮机供应商	业主	安装承包商
(15)	转子到安装船的装运和装船固定，风力涡轮机供应商免费提供陆上起重机		√	
(16)	风力涡轮机部件装运和装船固定到安装船		√	
(17)	将舷梯转移、定位、顶起、预装载并放置到基础上		√	
(18)	提升面与电梯研究（各台电梯的图纸和说明）		√	
(19)	建立与风力涡轮机安装有关的起重机作业的施工方案		√	
(20)	建立风力涡轮机安装的施工方案	√		
(21)	确定负责向起重机驾驶员发出信号的信号员（风力涡轮机供应商工头）	√		
(22)	起吊前个部件的 QA 控制	√		
(23)	现场安装起吊前将部件的装船固定松解		√	
(24)	监督部件的装船固定松解和单台风力涡轮机安装	√		
(25)	安装风力涡轮机所需的所有工具的交付	√		
(26)	在目的地吊装风力涡轮机部件			√
(27)	螺栓连接和拆卸起重设备	√		
(28)	替换风力涡轮机、灯光和工具的电源		√	
(29)	扭动螺栓和准备风力涡轮机的运输	√		
(30)	提供和驾驶转运船员的船舶		√	
(31)	船上洁具		√	
3)	**电缆工程**			
(1)	交付并操作转移船		√	

(续表)

序号	任务	风力涡轮机供应商	业主	安装承包商
(2)	确定海上转运时间与相应的费用(在每个桩腿上，准备海上转运)		✓	
(3)	在已装载风力涡轮机的基础上准备起重机并装运所需的工具和零件	✓		
(4)	连接在一台风力涡轮机上的 Racon 电源	✓		
(5)	连接在一台风力涡轮机中 Met 站的电源	✓		
(6)	提供 DAVIT 和连接 DAVIT 的电源	✓		
(7)	提供从开关设备到海底电缆终端的 33 kV 电缆		✓	
(8)	在开关设备上预装 33 kV 电缆	✓		
(9)	连接并测试从海底电缆终端到开关设备的 33 kV 电缆		✓	
(10)	为除湿器、照明、电梯和电动工具提供各台风力涡轮机电气完工和调试用电源		✓	
(11)	提供完成电缆工程和调试电梯的所有工具和零件	✓		
(12)	完成风力涡轮机内的所有电缆工程和调试电梯	✓		
(13)	连接基础与塔架之间的接地电缆	✓		
(14)	提供以太网开关和 VoIP 电话	✓		
(15)	提供并敷设光纤以太网和电源线	✓		
(16)	为 LAN、VoIP 提供电源	✓		
4)	**调试工程**			
(1)	在实际安装开始前 4 周内进行电网接入		✓	
(2)	风力涡轮机调试			
(3)	调试以太网交换机和 VoIP 电话	✓		

(续表)

序号	任务	风力涡轮机供应商	业主	安装承包商
(4)	调试光纤、以太网和电源线	√		
(5)	调试 LAN、VoIP 电源	√		
(6)	在一台风力涡轮机中为风力涡轮机供应商的雷达调试 230 VAC/15A	√		
(7)	在一台风力涡轮机中为风力涡轮机供应商的气象站调试 230 VAC/15A	√		
(8)	调试工作与风力涡轮机启动	√		
(9)	风力涡轮机的 QA 检查与移交	√	√	
(10)	竣工试验	√		
(11)	清除暗桩	√		

基本上有如下两种管理与风力涡轮机运输、装配和调整有关的接口和责任的方法：

(1) 把合同转包给 EPC 承包商；

(2) DIY 或多承包，这样，业主尽快接管责任和亲自处理接口。

两个方案各有利弊。为了解释两个方案的优缺点，就需要考虑以下因素：

(1) 项目实例；

(2) 涉及的工作量；

(3) 与项目有关接口的经济性。

7.2 转包给承包商

作为在项目期间客户决定让其他人承担责任的项目实例，我们将使用巴罗和 North Hoyle 的海上风电项目。我们必须假定客户转包部分工程事项的原因是他不能胜任那部分管理或想要尽可能地减小风险。这可能是一个非常有吸引力的解决方案,因为我们可以假定客户在项目期间有足够多的工作,缺乏丰富的资源,没有足够处理接口的经验。

图7.1所示为工程人员用螺栓使风力涡轮机紧固在一起的控制工作,这样可使交接接口转到安装承包商和应该证实工作技术资料的风力涡轮机制造商之间。

图7.1 紧固螺栓

由于有好几个接口,并且处理起来对项目顺利完工非常重要,因此让有丰富经验的人处理这些接口似乎是一个实用的解决方案。可是,通过选择这种解决方案,也就意味着客户宣布放弃在项目期间可能产生的影响。如果该项目被延误,客户对结果的影响微乎其微,而且我们可以假定供应商会质疑客户的按日处罚权。

早先提到的两个项目延误都很严重,结果对客户的海上风电场造成了严重的经济损失。延误同样也可能对海上风电场已经造成了负面影响,而且外界对此类的能源开发批评如潮。在延误期间,客户对项目的管理、解决方案或所选定的承包商没有做出调整。而且项目严重延误的直接后果可能会导致一个或多个承包商面临破产的风险,甚至连按日处罚金都拿不到。因此,让别人处理项目接口和承担责任是有风险的。

显然,通过选择这种解决方案,在项目期间的工作量显著降低,因为在风力涡轮机运转起来以前,客户基本上没什么事可干。

7.2.1　承包重型起重船舶

无论你是参与 EPC 还是多合同过程,议程上最大的项目之一是安装船。在早期(1999—2006 年),只有几艘专门用于海上风电场安装的安装船。当然,当时也只有几个项目在安装,所以市场接近平衡,需求和供应是匹配的。

2008—2012 年,为了及时获得可用船舶来安装海上风电场,出现了一场建造安装船竞赛,需求大大超过了供给。此外,可用的船舶并不像他们所描绘的那样有效,它们无法用于在预测的天气条件下安装大量计划中的海上风电场,因此慢慢形成风力涡轮机的积压。

2013—2015 年,要安装的项目数量有所下降,但海上风电设施安装船的供应急剧增加。在不久的将来,这种情况可能仍然存在。无论如何,在所有正在讨论的船舶中,有一组是独一无二的——容量为 2 500 吨及以上的超大型海上起重船。它们的处境完全不同。在这里,我们要面对垄断市场的寡头们提出的合同,并与它们谈判,这极具挑战。

7.2.2　重型起重机船舶承包

当你计划安装非常大的海上结构,如果变电站非常大或者是超大型时,目前你可以选择的供应商数量有限。这就提出了一些独特的挑战和问题,以及一些关于平衡合同是什么样子的有趣观点。

让我们建立基础观念。首先,为什么它是寡头垄断?通常呈现给买方的合同结构是什么?最大的陷阱是什么?在谈判合同时你应该注意什么?最后,你如何与这种类型的承包商执行合同?

7.2.3　为什么这是寡头垄断?

如果你在黄页上查看能够起重 3 000 吨或以上的浮式起重机,有这样大起重机的公司可能会有三到四家,这些是超大型起重机承包商。实际上,你可以选择的浮式起重机的数量并不多。在石油和天然气市场上,任何形状的船舶浮式起重机都有很高的需求。

无论是在石油和天然气市场,还是在海上风能市场,都有相当多的公司参与任何项目的竞标,因此卖方可以挑选出适合其设备的最佳项目,然后收取比竞争市场更高的价格。这使得超大型起重机市场成为一个非常有吸引力的市场。但考虑到进入门槛很高,一台 5 000 吨浮式起重机 DP Ⅱ 或 DP Ⅲ 的成本约为 10 亿欧元,但竞争对手的数量不会突然增加。

7.2.4 买方通常采用何种合同结构

这种类型的承包商和客户之间的合同结构是一种敲门协议或是一种逻辑形式的或类似的合同。“敲敲打打”(knock-for-knock)术语的使用和理解如下。

由于钻井平台的受损成本和随之而来的损失是巨大的,除了石油生产公司本身之外,没有任何公司能够承担事故的费用。2012 年,地平线钻井平台发生事故而沉没于墨西哥湾。英国石油公司(BP)赔偿了高达 400 亿美元的损失,地平线钻井平台的所有者也赔偿了他们自己造成的损失。如果希望钻井平台的所有者支付全部费用,他们会关闭公司,因为海上承包商没有这么多钱。清理的费用将由纳税人承担。

英国石油公司和地平线海上公司(Horizon Offshore)很可能签订了一份直接合同,英国石油公司将赔偿他们在受损油田和随后的石油污染方面的损失,地平线海上公司赔偿了他们在钻井平台上的损失和损害。

这一原则称为“各自承担损失”的原则。这一原则在短期内意味着,如果作为承包商的我发生了涉及我的设备或我正在安装的部件的事故,每一方都要承担自己的损失和损失的费用。

“敲敲打打”的概念在海上风能行业并不流行,这是正确的。安装基础和风力涡轮机的合同总额并不足以使大型海上承包商倒闭。然而,上部模块的安装是不同的。在这里,如果承包商担保基础和上部模块的全部价值(约 10 亿欧元),将是有风险的。这样的保险或保证是承包商不可能获得的,所以这通常由结构的所有者承担。然而,这并不意味着承包商不需要对其工作进行合理金额的担保。“敲敲打打”让他完全解脱了,这实际上可能不公平。

超大型起重机承包商通常只同意在这些条件下签订合同。他们希望保护自己免受客户的任何索赔,这可能会阻止或推迟他们进行另一个项目。因此,由于市场情况,合同对客户来说是极其繁重的,以至于变得荒谬可笑。这可以用下面几个例

子说明。

合同将包括对各种问题的赔偿，例如当地条件未能满足合同要求或承包商的工作范围(SOW)。它可以是对第三方授权的无意或故意侵权。每一个合同合伙人都必须使对方免受这种后果的影响，这是公平和正确的。但一旦你的地位接近垄断，条件就会变得不公平了，有时甚至不合理。我曾与一家几乎没有竞争对手的承包商就合同进行过如下谈判：

> 客户必须使承包商免受当局的干预，以及任何后果和所有后果的影响，即使在船舶不适航的情况下……

“不适航”一词当然很不好。如果船舶不适航而离开港口，那就是没有许可证和保险的航行。因此，如果船舶与其他船舶相撞或撞毁桥梁，上述条款规定此类事件的所有后果都由客户承担。它有效地表明，即使是存在犯罪意图或重大过失的情况下，承包商也可以逍遥法外。这当然不应该是事实。但令我们吃惊的是，承包商很长一段时间都不肯把这句话从合同上抹去。

此外，你必须认为所有者没有受到当局的任何干预，这种想法是不可能的。考虑这样一种情况：地方当局正在进行港口国控制，这是对船舶的“现场”调查，旨在评估该船舶是否适航，是否拥有有效证书和一般贸易许可证。没有办法逃避港口国的管制；如果当局扣押这艘船，你就不可能把它驶出港口。因此，在合同中包括它，代表着向要求赔偿的承包商敞开支票簿。我曾经历过这样一种情况，船旗国当局扣留了一艘船，因为灯上的玻璃罩破了，在修好之前船舶不能离开港口。当然，这是一场灾难，因为你每天必须为延误支付数千欧元。所以从合同中删除这类条款是很重要的。

此外，在与 FIDIC(国际公司)、LOGIC(英国石油天然气公司的非营利性子公司)和其他公司谈判的基础上，避免使用任何、全部、包括但不限于、始终等术语，这些术语可能表明你承担所有责任，包括这些小词，尤其是“任何”和“全部”的问题在于，它们包含了所有可能发生的事情，无论是对的还是错的，这绝不应该是我们的本意。如果协议的另一方不愿意在合同中平衡责任，他的意图可能不完全直接表述。

措辞包括但不限于是一个开放式条件。通过使用这个短语，承包商表明他将执行一个工作范围，其中包括一些明确陈述的活动。但不局限于包括其他一切。其他一切可能包括一个有经验的承包商认为包括在工作中，但未明确说明的工作。所以应始终避免使用这些开放式的条款和条件，坚持陈述你的工作范围，而不是其他。你应该向你的对手提出同样的要求。

在这类合同中，大多数条款和条件只指向一个方向。具体地说，付款条款、罚款、保证、履约保证金和保险条款将置于客户一方，除非你非常努力地谈判。在这种情况下，关键是要确保你有尽可能多的选择，在你从所有可能的供应商那里得到确定的价格和条件之前，你不会把选择缩小到一个范围。这一点至关重要，因为市场很小，而且相当透明，因此很难保持信息的私密性。在这样一个市场中，最糟糕的情况是没有任何选择。

谈判这些合同的商业方面也非常棘手。如刚才所述，供应商希望他的所有罚款尽可能有限。此外，供应商希望得到尽可能多的预付款。因为你所处的市场供应商有限，所以在你投标时，弄清楚你将接受什么付款条件是很重要的。投标者在提案中可能不遵守你的条款，但这提供了一个谈判的机会，如果条件不符合投标规范，这个特定的提案将无效。一旦你进入谈判室，这将是困难的，但没有供应商愿意在有机会讨论他们的提案之前就冒被流标的风险。在这个行业中，理论上这意味着他们的竞争对手得到了更好的交易。这也是为什么你应该有多种选择来安装海上结构的一个原因，也是为什么你应该在早期阶段就决定这一点的原因。

当你考虑以上的预防措施时，你可能会得出结论，大型起重机工程承包业务是一个你“自作自受”承担费用的业务。除非你的行为方式让你处于尴尬境地，否则情况不会如此。一定不要让自己陷入这种境地。这可以通过在非常早期的阶段与该领域的专家一起规划你的方法来实现。当你设计你的结构时，确保你有第二种安装方式。然后，你可以让更多的供应商投标，这最终将为你在此操作中不可避免地花费的大量资金提供更好的价值优化选项。

7.2.5 执行此类合同

一旦签订了合同，就有各种合同要素需要监控。首先，合同很可能会非常详细地规定每一方必须做什么；其次，如果没有在最后期限前完成，那么变更和索赔将立即发出，而不是任何其他行动。

这里需要指出是，作为客户的你必须做好充分的准备，必要时出示所有文件，但重要的是，要清楚详细地说明该文档的用途、格式及其用法；否则，你的文件可能会有被撤销的风险。

当你出海时，你必须有自己的代表在船上。这对于你控制事件至关重要。你在船上的代表，海上安装经理（OIM），必须能够否决任何不危及船舶或船员的事情。海上的工作必须按照你的计划进行。每日报告必须签署，并在采取任何行动之前将意外事件记录在事实声明中。如果没有这些预防措施，你可能会失去对整个过程的控制。谨记，你租了船，所以你必须对这次行动负责。

这对所有项目参与者来说都是一个要求很高的过程；这事关大笔资金，船舶所有人将尽可能缩短工作时间，当然不会危及船舶、船员或部件，以有效地完成工作。他们希望在一年内得到尽可能多的工作，以利船舶物尽其用。因此，必须有一名强大而能干的 OIM 在船上指导工作。

对于缺乏经验的项目业主，选择将安装工作作为交钥匙合同将会是有吸引力的。在这种情况下，整个工作范围被移交给大型起重机承包商，他们反过来承担正确、及时和安全执行安装的风险。哪条路线是更好的，这取决于各项目业主的决定。

7.2.6 DIY 或多重承包

我们将用 Horns Rev 和 Nysted 作为客户自己承担责任的项目实例。在这些情况下，客户选择自己承担责任，部分原因在于，他们有必需的人力资源和公司组织结构。换句话说，在这种情况下，客户相信在给定的项目实施期间，他们具备处理主要任务的知识和时间。

前面的两个项目都按时竣工，而且对于客户无追加费用。这意味着成本的预测很准确。客户自己承担项目责任的结果表明，客户与所有的供应商和承包商有非常紧密的接触，从始至终了解项目进展。在项目实施中，当某一环节发生拖延或提前的情况时，他可以立即对项目流程中的其余环节做出相应调整。业主的项目管理团队对新情况的调整不需要特别与其他人联络。

对项目紧密接触和日常的亲身实践也会给客户一种独特的可能性，那就是在可能的延误之前,做好准备把可能招致的技术与经济的负面影响减至最低。

7.3 经济性

如果要求供应商和/或承包商在项目实施期间承担责任,那么根据增加的责任和所需承担的额外工作量,每台风力涡轮机的成本将被提高。据估计,为处理项目接口和承担项目责任,供应商或承包商将对每台风力涡轮机增加大约30%的成本。

一旦机舱用螺栓固定并释放了传动齿轮,控制就被转回到风力涡轮机制造商(见图7.2)。

图7.2 机舱用螺栓固定并释放传动齿轮

应该强调的是,如果一外部承包商在项目实施期间承担责任,他几乎总是会在合同中制订相应条款。因此,客户不会完全免除责任。所以即使客户将此工作分包给分供应商,也不能完全移交责任。这个经济后果将是客户支付使别人承担风险;即使如此,客户自己仍然必须承担部分风险。

所以,根据客户对生产、装配和安装风力涡轮机的费用估算,任何一个解决方案可能在经济上都是可行的。然而,迄今大部分海上项目一直在与会导致项目延误乃至停止的经济等问题而斗争,主要是因为对EPC或与EPC相关的报价所引起的风险分担责任。

7.4 接口和移交文件

在大型和复杂的项目实施期间,如巴罗、伦敦Array或其他项目,基本上有许多会出错的事情发生。因此,对项目严格控制的重要性不言而喻。

在港口控制住部件也成了接口的一部分。一旦被吊起,轮毂就被认为处于正常情况。在这个阶段以后出现的任何索赔,直到下一次移交,均为安装承包商的责任(见图7.3)。

图7.3 在港口控制住部件也是接口的一部分

项目控制的一个关键部分是对部件经历过的所有接口的分析。非常重要的是,要在项目实施期间对所有出现的接口有一个完整的概述,从而确保每一个意外事件都包括在内。接口出现在每次对某部件的责任从一个承包商移交给另一承包商的时候。责任的转移表明一些与部件相关的事情要发生,而根据部件特性和项目流程,会用相应的方法予以解决。

在实际运送部件或部件在码头等候下一步指令的过程中,意外事件的发生是一个潜在问题。比如,滞留在码头上的部件暴露于恶劣的天气条件下,或是从地面到卡车,再到船舶,最后到达目的地的运输过程中,部件很容易发生损坏。

因此,每当发生这些情况时,都必须做详细说明。为此,必须为每个部件编写移交文件;文件应该描述确切的部件、正确的接口、有关接口的诸多问题和各种意见等。文件必须由接口双方人员或他们的代表签字。

完成基础的水平上翼缘是两个工作范围之间的主要接口:基础安装和风力涡轮机安装。承包商在继续安装部件前检查工作质量(见图 7.4)。

图 7.4　基础安装和风力涡轮机安装接口

在有缺陷的情况下,部件的素描图可派上用场,因为用绘图标示缺陷比用文字描述更加容易。在运输过程中一个部件也有可能受损好几次。用绘图可以比较容易标明在哪一点上有损坏和谁应该负责(见图 7.5)。项目经理收集每一接口和每一部件的交接文件,这样他可以决定如何弥补损坏。交接文件将证明某一损害是何时发生的,以及谁对部件损害负有责任。

任何部件运输开始之前,应该决定如果在运输过程中某些事情出错,谁有最终决定权。例如,在运输中,塔架上可能有很小的划痕。划痕必须要重新涂漆,但是缺陷不会影响总的施工进度表。

然而,可能发生更严重的缺陷时必须立即做出如何处理决定。同样,缺陷可能影响整个项目时间安排,所以其他程序必须继续进行。这样,项目的某些部分可能被延误,而另一些部分可能加速进行。必须快速做出这些决定,以降低此类事故可能对项目造成的负面经济影响。

根据对最终运输、装配和机械完工合同的协商结果,刚才所述的接口可能会有所改变。可是,完成接下来的阶段任务是不变的,只是顺序可能改变。例如在临时港口的塔架同样构成交付部件的接口(见图 7.5)。

图 7.5　交付部件:在这种情况下,在临时港口的塔架同样构成一接口

7.4.1　接口 1

1) 整体概述

当部件由运输承包商从供应商运输到码头时,第一个接口发生。此运输通常用卡车,稍后用船。当供应商离码头很远时,会选择用船,而且用船舶运输通常比陆路运输更方便、更便宜。

在此阶段用船舶运输的情况下,必须描述说明另外一个接口。第一个接口问题涉及交付部件的质量。例如,质量是不是达到预期水平?有否任何缺陷?能明确确定该部件吗？表面处理(如油漆)对吗？必须根据这一特定接口的规范进行控制。这些规范取自客户与供应商之间的合同规定，并在交接文件中做详细的描述。

部件供应商必须交付：

(1) 全数部件；

(2) 风力涡轮机类型与风力涡轮机商标；

(3) 每一部件的重量、尺寸和体积。

运输承包商必须交付如下内容的资料：

(1) 运输总成本，但是如果需要，必须出示单项花费价格。船边交货(free alongside ship，FAS)是国际贸易术语之一，是指卖方在指定的装运港口将货物交给船边的买方；

(2) 哪些部件要在哪辆车上运输；

(3) 在何时何处取部件，以及部件预计何时、在何处到达；

(4) 延误情况下的花费和由于延误导致的其他花费，其他花费是外来的；

(5) 一切必要的许可证文件；

(6) 有关所有车辆运输能力的文件；

(7) 所有车辆的登记文件的副本；

(8) 所有驾驶员的驾照副本，在没有得到客户事先批准的情况下，不得更换驾驶员；

(9) 所有标有有效日期的起重设备和绑扎设备的相关文件，有效期应不早于预期工期完毕后的一个月；

(10) 从供应商处到码头路线选择的文件以及路线描述；

(11) 为运输提供的 HSE 和运输质量计划；

(12) 施工方案。

2) 交接责任

客户本人不在现场的情况下，可以指定一位代表拥有决定项目进行或停止的权力；在哪些情况下，地方工作人员必须联系项目经理取得进一步指示。只要根据说明书显示部件合格，那么在交接文件签字后，部件可以吊装上卡车，进行下一步运输。现在，责任已经从制造商移交给运输承包商。

3）损坏及其对施工进度表的影响

在部件有损坏的情况下，在交接文件中必须要有记录，而且必须明确谁应承担损坏的责任。如果损害很严重，客户或他的代表保留拒绝装载部件的权利。

根据损坏的程度，部件可能不能按期交货，而且糟糕的是整个项目有延误的风险，必须立即通知项目经理损坏情况、任何潜在的延误情况和新的交付日期。

4）文件控制

应该将原始的已签署的交接文件交给项目经理，副本交给供应商。所有其他有关运输的文件也必须这样做：正本交给项目经理，副本交给承运商。

5）付款

当出现下列情况时可开始进行部件付款。

（1）无损坏部件已经装运。

（2）交接文件已签字。

（3）明确了任何损坏责任，以及解决维修费用问题。

6）安全和保安

部件供应商和承运商必须用文件证明存在安全的组织部门，并确保驾驶员已经学习过有关的安全课程。还应该为安全经理和质量经理提供联系信息。

7.4.2 接口 2

1）整体概述

第二个接口是卡车与码头间的接口。在这里的问题涉及在第一阶段的运输中，部件是否存在任何损坏。

部件表面因捆扎或运输托架引起的轻微受损并不罕见。这主要是因为由于时间紧迫，在运输前没有完全彻底地硬化部件的表面处理层。还有非常重要的一点是要在十分恶劣的天气情况下寻找部件损坏部位，同时需要对风力涡轮机进行正确的维护以确保它的使用寿命。

正如前面提到的那样，一张风力涡轮机的图纸在这种情况下非常有用。用一个圆圈或一个十字精确标明风力涡轮机受损部位是很容易做和很容易理解的。在大多数情况下，像这样的损坏不会造成延误或以其他方式影响进度。

当部件停在码头等待运到最终目的地的时候，修理工作可很容易进行。即使当被安装在基础上时（如损伤部分可达到），修理工作也能成功进行。

在港口安装船上起吊机舱过程中的工人。在这一点上，由客户、安装承包商和海事担保勘测员一起同意启动运输（见图 7.6）。

图 7.6　在港口安装船上起吊机舱过程中的工人

当运输叶片时，由于结构很脆弱而且在运输过程中很难保护整个叶片，有时会发生损坏。叶片用来采集风能，它的损坏之处必须小心处理，否则会影响风力涡轮机的效率。在港口整装待发的叶片如图 7.7 所示。

图 7.7 叶片在港口整装待发

2）交接责任

客户或客户代表必须与承运商或承运商代表一起在交接文件上签字。当部件安全地放置在码头上时，而且交接文件已签字，第二个接口就完成了。现在责任从承运商转移到客户或其雇佣进行码头装配的公司（取决于项目将怎样实施）。

3）损坏及其对施工进度表的影响

在部件有损坏的情况下，交接文件中必须要有记录，而且必须明确损坏的责任。如果损害很严重，客户或他的代表保留拒绝装载部件的权利。

根据损坏的程度，部件可能不能按期交货，而且整个项目有延误的风险，必须立即通知项目经理部件损坏情况、任何潜在的延误情况和新的交付日期。

4）文件控制

应该将签署的交接文件正本交给项目经理，副本交给承运商。

5) 付款

当出现下列情况时可开始进行运输付款。

(1) 部件已经卸下而无损坏。

(2) 交接文件已签字。

(3) 明确了任何损坏责任,以及解决维修费用问题。

7.4.3 接口 3

1) 整体概述

风力涡轮机的各个零件会依次抵达码头。选择的基础、风力涡轮机、塔架、叶片和机舱都可能分别抵达。这是因为零件是在不同的生产场所生产,而且运输方式不同所致。例如,不可能由公路运输完全装配好的塔架,塔架本身的长度是一个问题,而且重量也可对某些类型的公路造成一定的问题,特别是在夏天,当太阳使沥青变软的时候。

依靠码头设施和用最终运输风力涡轮机到施工工地的船舶,在把零件放到船上之前,部分风力涡轮机装配就将完成了。在码头上进行尽可能多的装配工作是个不错的选择;在陆地上比海上要更容易控制工作条件,而且陆上装配成本要比海上便宜。

卸载前,塔架在进行预装配。显然在这个过程中,同样可能发生损坏,因此要求对此行动编制文件并将该工作作为部分正常接口管理进程移交(见图 7.8)。

此接口的交接文件将详细描述哪些零件要在码头上装配,应该装配到何种程度,此描述必须根据制造商的手册和根据合同范围做出。非常重要的一点是,正确地描述合同范围,以避免误解和确保涉及对下一个接口交接必须要做的质量控制。

在码头上进行安装的承包商必须做以下工作。

(1) 提供工作区安全保密计划文件。

(2) 为装配工提供所有有关课程。

(3) 准备 HSE 计划和质量计划。

(4) 编写施工方案。

图 7.8 卸装前在进行预装配的塔架

(5) 为相关的工具提供检验证书。

根据项目将如何实施,有可能装配将放在施工工地进行,而不是在码头进行。在此情况下,部件将从码头吊到船上,不用装配。

2) 交接责任

对此阶段的交接文件必须由安装承包商的一名代表和负责港口物流的客户代表核实。对此阶段的签字将证实风力涡轮机已准备好吊运到船上,运输到施工工地。

3) 损坏与对施工进度表的影响

在部件有损坏的情况下,交接文件中必须要有记录,而且必须明确损坏的责任。如果损害很严重,客户或他的代表保留拒绝装载部件的权利。

根据损坏的程度,部件可能不能按期交货,而且糟糕的是整个项目有延误的风险,必须立即通知项目经理损坏情况、任何潜在的延误情况和新的交付日期。

4）文件控制

应该将签署的交接文件正本交给项目经理,副本交给安装承包商。

5）付款

当出现下列情况时可开始进行安装付款。

(1) 部件已经安装而无损坏。

(2) 交接文件已签字。

(3) 明确了任何损坏责任,以及解决维修费用问题。

7.4.4 接口4

1）整体概述

部件在码头上吊装上船,经历最后一段运输到达施工工地。部件必须根据装载计划放置到船上。从起吊开始的一刻起,责任从安装承包商转向到运输承包商。直到部件安放到基础上,责任终止。运输承包商必须交付如下文件。

(1) 运输总成本,但是如果需要,必须出示单项价格。

(2) 装载计划、搬运手册和说明书。

(3) 部件捆扎和安保计划说明。

(4) 海事组织,包括 HSE 计划。

(5) 所有船长和起重机驾驶员的简历(即工作经历)。

(6) 船舶和船用起重机的规格说明。

(7) 所有非强制性船舶证书。

(8) 码头起重机的规格说明。

(9) 准备 HSE 计划和质量计划。

(10) 施工方案。

在项目的此阶段期间,损坏可能主要发生在起吊方面。部件与部件或部件与船舶都是彼此紧挨着放置,而且大多数时间吊运时,不可能在完全无风的天气下进行,所以,部件的摇摆可能会造成表面损伤。

部件在船上固定后，就可以运往施工工地了，到达后，部件从船上吊运至基础上。根据项目情况，塔架可以在整体装配后运往施工工地，或以零件形式运往施工工地再进行安装。

当机舱就位安装时，有可能已经安装好了两片叶片，就像兔子耳朵一样；也有可能要安装所有三片叶片。此接口交接文件必须根据吊运计划描述这些吊装过程。

在船上装载，本身要求技术资料。通常，风力涡轮机制造商搬运部件，承包商装船固定。此合作要求将"各做什么"记入技术资料中(见图7.9)。

图7.9 在船上装载和固定部件

详细描述吊运过程非常重要，因为在恶劣的环境中起吊好几百吨的货物，本身就是十分危险的事。在这里风速是最重要的因素。不同的部件能在不同的风速情况下吊装，叶片是最关键的部件。

对每个机舱至少有一片叶片要在施工工地上起吊和安装，此特殊的起吊有点棘手，因为叶片必须从船的甲板上以水平方位起吊，最后以垂直方位安装到机舱上。

也必须考虑船员和装配人员的安全问题。在一个复杂的起吊过程中，操作一根绷绳可能是一件非常艰难的事，而只有有经验的装配人员才能胜任。

2）交接责任

此阶段的交接文件必须由船上工作人员中的一名代表和负责船舶物流的客户代表核实。签字代表吊放工作已经结束，部件无损坏。当交接文件并签字时，责任就从运输承包商转移到了安装承包商。

3）损坏与对施工进度表的影响

在部件有损坏的情况下，交接文件中必须要有记录，而且必须明确损坏的责任。如果损害很严重，客户或他的代表保留拒绝装载部件的权利。

安装叶片是整个安装最精细的部分，因此该过程的技术资料需要十分详细。由于存在损坏的风险，该任务要求工程人员格外关注安装过程。安装以后，要修理叶片，这是相当困难的（见图 7.10）。

图 7.10　安装叶片

根据损坏的程度，部件可能不能按期交货，而且整个项目有延误的风险。必须立即通知项目经理损坏情况、任何潜在的延误情况和新的交付日期。

4）文件控制

应该将签署的交接文件正本交给项目经理，副本交给运输承包商。

5）付款

当出现下列情况时可开始进行船舶付款。

(1) 部件已经成功地从船上吊运。

(2) 交接文件已签字。

(3) 明确了任何损坏责任，以及解决维修费用问题。

7.4.5 接口 5

1）整体概述

在这个接口，将完成风力涡轮机的机械安装和向客户最终交付。到达施工工地后，安装基础、塔架、机舱和叶片。必须要详细描述部件的安装和机械完工的时间。

这是很关键的事情，因为客户必须确保风力涡轮机如期交付。部件的安装相当简单：竖起塔架，把带有叶片的机舱安装在其顶部(见图 7.11)。

然而，机械完工的工作范围(SOW)完全是另一回事。机械完工工作范围必须详细描述所有要在现场安装的部件和消耗品。应当指出，机械完工也应该包括完成工作范围所需要的脚手架和其他设备。

进行机械完工的承包商必须交付如下文件。

(1) 所有装配人员的有关证书。

(2) HSE 计划和质量计划。

(3) 施工方案。

(4) 为相关的工具提供检验证书。

此接口交接文件必须描述整个工作范围。

2）交接责任

当所有交接文件已经全部签字，客户成为风力涡轮机的责任人。因此根据工

图 7.11　海上安装塔架

作范围的机械完工认证很关键。客户或委托的代表必须核实机械完工是根据工作范围进行的。一旦交接文件已经签字，风力涡轮机安装的责任就转移到了客户方。

3）损坏与对施工进度表的影响

在部件有损坏的情况下，交接文件中必须要有记录，而且必须明确损坏的责任。如果损害很严重，客户或他的代表保留拒绝装载部件的权利。

根据损坏的程度，部件可能不能按期交货，而且整个项目有延误的风险。必须立即通知项目经理损坏情况、任何潜在的延误情况和新的预交付日期。

4）文件控制

应该将签署的交接文件正本交给项目经理，副本交给安装承包商。

5）付款

当出现下列情况时可开始进行机械完工付款。

(1) 根据工作范围，已经成功地结束机械完工。

(2) 交接文件已签字。

(3) 明确了任何损坏责任,以及解决维修费用问题。

相关图片

在一台 Siemens 2.3 兆瓦风力涡轮机上安装一个完整的转子是件很艰巨的工作。5 兆瓦、6 兆瓦的风力涡轮机几乎是它的两倍大,因此存在巨大的挑战。图 7.12 所示为 2007 年 8 月 4 日在 Lillgrund 海上风电场,使用 M/S Sea Power 进行一台风力涡轮机的安装。

图 7.12 风力涡轮机的安装

图 7.13 所示为在甲板上起吊一台 3 兆瓦 Vestas 风力涡轮机,并检查确认螺

栓全部拆卸。

图 7.13　起吊风力涡轮机并检查螺栓

图 7.14 所示为检查人员在检查 Vestas 3 兆瓦风力涡轮机在装船固定机架上的部件。

图 7.15 所示为从甲板上起吊 3 兆瓦机舱、轮毂和两片叶片(“兔子耳”起吊),并将其放到塔架顶上。

图 7.14 检查固定风力涡轮机的部件

图 7.15 起吊并放置 3 兆瓦机舱、轮毂和叶片

8 健康、安全和环境管理

究竟什么是健康、安全和环境(HSE)管理？为了完整说明这个问题，我们首先必须确定 HSE 包括哪些工作。再到网上搜索一下，看到 HSE 的一个定义是“防止因工作造成伤亡或疾病”的行为。更实际的解释是：通过积极主动的计划，在实施操作中避免财产损失或人员伤亡，并创造一个安全健康的工作环境。当然，这是说来容易，做起来却很难，因为海上的作业环境本来就非常危险。数千年以来，已经有无数人丧生大海，此类事件还在不断发生。但是正如前文所述，HSE 的总体目标是保证每个人安全地在海上施工工地工作，并且把所有人再安全地从海上施工地带回陆地。如果能利用在海上的这段时间建成一座海上风电场那就是额外的收获。

8.1 为什么健康、安全和环境管理如此重要

严格开展 HSE 工作的原因有很多。其中最主要的原因包括如下几方面。

(1) 希望保护员工，避免他们因不安全的作业方法引起的危险。

(2) 工作环境本来就很危险，所以要采取能想到的所有措施来应对海上作业的挑战。

(3) 希望保护工作环境，确保所有的活动都是安全环保的，不会造成任何污染。

(4) 风电行业是可再生能源行业，对利益相关者来说，环境保护是最为重要的。

换句话说，不应该以危险的工作环境为代价来解决碳排放问题，也不应该使用落后的生产方法和设备来取代碳减排，这样只会造成更多的问题。

8.1.1 项目中最重要的一项活动

无论是低廉的电价还是便宜的空调费用，不得以任何利益为借口，伤害人的性

命或污染海洋环境。当然，相信 21 世纪的工作环境应该符合一系列最低标准，例如：安全的工作条件和干净的工作环境；使用最好的工作方式，既保护了员工的安全，又保护了海洋环境。

最后，上文中的所有标准都受到法律保护，这也是 HSE 部需要关注的。但是 HSE 部的工作是如何组织的呢？下面做简单介绍。

8.1.2 HSE 部

建立 HSE 部是一项严肃的工作。在大多数开展海上风电项目的国家，在管理如何建立 HSE 管理体系方面有清晰的法规或正在制定相应的法规。

如果使用了一个早期项目的管理体系，主要是因为该体系起源于内部高级作业系统（AOS），所以并不能确定应该如何管理 HSE 部，也没形成相关的理论。但确定的是 HSE 部需要关注以下两个问题。

（1）员工和周边社会的健康和安全情况。

（2）关心环境，即项目作业不得对环境造成污染。这里，污染的含义非常宽泛，包括噪声、垃圾、阻碍或影响海洋生物和陆上环境等。

所以必须成立 HSE 部同时处理这两个问题。

图 8.1 所示是组织 HSE 工作的一种方法，其结构非常简单。HSE 管理分为两个部分：办公室和工地现场。办公室根据规定、条例、建造许可和客户要求，负责组织并指导 HSE 工作的所有方面。

HSE 工地现场由现场 HSE 管理员负责，他们将根据先前利益相关者的要求，开展工作并执行 HSE 管理体系。需要再次强调 HSE 部及其职能并不仅仅是起到参谋作用。与其他部门或项目结构不同的是，HSE 部作为直线部门，有权在任何时间、任意地点阻止工作的进行。

这么做的原因很简单：如果作业方法不安全或者可能污染环境，那 HSE 部就要防止情况恶化，避免工作粗心大意，造成危险或不必要的成本费用。常见的情况是，在陆上看起来并无危害的事情，在海上可能就会威胁到生命安全，所以必须不计一切代价，尽最大努力避免这种情况的发生。

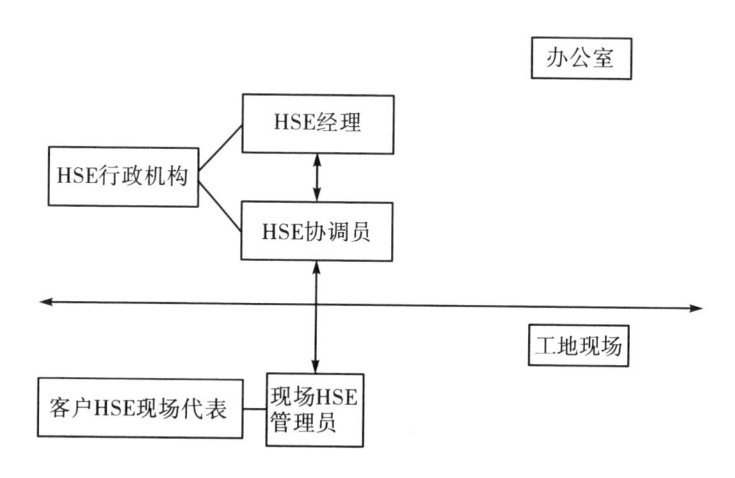

图 8.1 HSE 部的执行方式

(资料来源:*Advanced Offshore Solutions*)

注:1. 丹麦就业部 1423 号行政命令 §9 规定,HSE 协调员需要参考陆上工地的经验文档。并非必须由工程师担任。

2. 遵照 §14 现场施工安全课程执行。

8.2 HSE 文档管理结构

当然,管理 HSE 文档有好几种方式。图 8.2 所示就是一种常用的三层式结构。总的来说,这三层代表了所有项目参与者需要知道的事项,每一层分别代表了不同级别。第一层涉及项目经理、海上风电场业主和项目周边区域的居民。他们

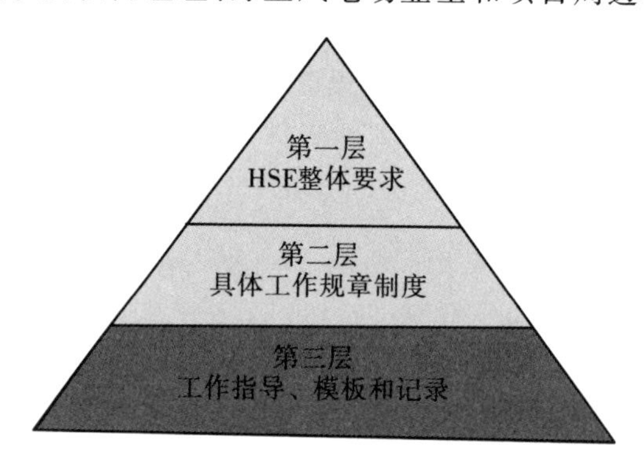

图 8.2 HSE 文档管理结构,规定了哪些人对项目的哪些部分负责

(资料来源:*Advanced Offshore Solutions*)

要向所有项目利益相关方保证，在整个项目阶段中，他们都将坚持执行所有 HSE 要求。

可能有人会讽刺说，第一层的文件，就像祝酒词一样，只会夸大所有的美好愿景和工作上的努力。从某种角度来看，事实确实如此。但是第一层的文件也说明了，项目最高管理层必须保证项目的每一个方面都是安全的，他们将努力设计项目流程和施工方案，保护工作人员安全，避免环境污染，并为能源提供创造价值。这就是最高管理层必须要做到的。

在一些国家，如果没有按要求开展 HSE 工作，相关责任人可能因此而坐牢。这种事可能就发生在英国，总经理至少要接受警方审问，如果发生重大事故的话，还可能以疏忽罪被起诉。总经理并不一定真的会坐牢或被起诉，但在英国确实有这种可能性，相比而言，这种事情就不太可能发生在丹麦，因为他们在采取重大行动以前，往往会先判定是否存在重大过失。

第二层，开始制订 HSE 工作的具体管理文件。第二层中将简要概述待讨论的实际工作规章制度。根据要求，描述并说明国家健康、安全和环境规定，确立健康、安全和环境工作的具体项目指导方针。第二层是对 HSE 文档的展开，以便解决具体工作包中的问题和要求。这样一来就可以通过寻找文件来确定与某个工作包相关的内容，而不会遗漏整个项目的 HSE 要求。所以第二层针对的是项目管理部，尤其是工作包经理。

第三层中制定了具体的操作规范。描述了任务内容，确定了工作规范（不仅仅是 HSE 工作规范，而是具体的实际工作操作规范）。这样一来，每一位员工都可以阅读该文件，知道每一项任务具体包含了哪些内容，需要考虑哪些 HSE 问题，他需要如何操作确保施工安全等。

像热加工、潜水作业、密闭空间作业和高空作业这类危险性很高的工作将由一个特殊部门负责实施。这些工作需要特殊培训，所以应该在个别工作文档中特别说明。如果这个项目的 HSE 工作标准中不包含这项作业内容，那么就不可以实施作业。海上工作人员培训时，必须向其说明这个规定，并且严格声明如果一项工作不是严格允许的，那就是严禁开展的。

8.2.1 监控和报告

工地现场的现场 HSE 管理员作为直线部门的员工能够决定工作开始或终止的时间。也就是说现场 HSE 管理员要实时监控工作并做好必要的报告。

之前说过，项目作业必须一年 365 天全天候进行，HSE 工作也是如此，尤其应该注意夜间的施工作业，因为下列两个原因增加了夜间施工的事故风险。

(1) 在缺少阳光的环境下操作机器更加困难。

(2) 在休息时间工作会造成疲劳，可能引发危险。因为疲劳会降低员工的注意力，从而引发事故。

那为什么不能只在白天作业呢？

一个原因是夜间的风速往往更小，而且根据经验，大部分基础和风力涡轮机都是在夜间或清晨安装完成的。所以 HSE 部一定要 24 小时工作并监控所有活动。图 8.3 所示是一名在夜间施工的员工，他正在往重力式基础上安装吊索。这种情况下可能出现一系列问题。

图 8.3　请注意梯子上的照明条件不好，工作人员正坐在基础的隔墙上

(资料来源：*Advanced Offshore Solutions*)

8.2.2 检查并改进操作和施工方案

海上风电行业是新兴产业，所以有时候人们在办公室里发明了一些非常“天才”的施工方案和流程，但当这些流程、指南或施工方案应用到项目中或是海上(或陆上)作业中，员工按照这些流程、指南或施工方案操作时，他们往往会发现，原本的施工方案还需要补充或修改，甚至可能完全不适用。

也就是这个原因，现场 HSE 管理员必须待在施工现场，并了解正在进行的工作。在项目开展过程中，他必须对工作进行监控和评估。一旦需要更改或更新某一文件时，现场 HSE 管理员就必须对工作方案进行检测、记录和描述，最后确定更改要求。这个过程需要不断进行，这样才能尽最大可能确保安装过程的工作环境对每个人都是安全的。

8.2.3 是良好的实践，不良的实践，还是管理声明？

请原谅我是一个实际的人，很少考虑那些更具管理性的创造差异化的尝试。我非常关心那些在陆上和海上工作的人。我把我的全部关注点放在安装海上风电场过程中可能出错的事情上。

然而，我们生活在一个现代世界，声明和真正的安全改进一样重要。在这里，我将给出一些我认为是良好的实践、不良的实践和管理声明的例子。后者占用了本可以用来预防真正事故的大量时间。

良好的实践是现场 HSE 管理员处理直接事故和采取事故预防措施。良好的做法包括将行人交通和驾驶员分开；或者在风力涡轮机塔内安装防坠网，因为这些网是专门为保护在涡轮机内工作的人而开发的。这种措施可以直接取得可度量的效果，可以立即改善所有相关人员的安全，并为我们打算如何开展工作设定了标准。

特别重要的是，要听取那些与部件或机器打交道的员工提出的改进意见或建议。这样做似乎是合乎逻辑的，合理的，而且往往可以提高员工的工作表现。因此，要求客户 HSE 代表经常举行由员工主导的讨论，讨论如何在不损害现场可操作性的情况下提高安全性，这是一种良好的做法。这个话题可以在经常性的工具箱会谈中涉及。

当你不关注明显的安全问题时，或者当 HSE 部的人员和员工都不跟进执行为提高安全而实施的措施时,就会出现不良做法。当然,最危险的做法包括做得不好或确实做错,如图 8.4～图 8.6 所示。这些都是一些善意出错的例子,或者只是没有花时间考虑安全的做法是什么。

图 8.4　安装错误的脚手架

(资料来源:K. E. 汤姆森提供)

图 8.5　未用安全舷梯就离开的海上结构物

(资料来源:埃斯基尔德·克里斯滕森提供)

图 8.6 危险的传递石板方式

(资料来源:K. E. 汤姆森提供)

脚手架的安装要正确。那么这幅图里有什么问题呢?从梯子上后退一步,你就会从地板上掉下去。HSE 部的人在哪里?为什么这里未被检查?当我访问这里时,工作已经基本完成,所以这个问题并不新鲜。事实上,整个结构物有 30 多米高,所有的梯子都是这样固定的。

在离开港口内的海上结构物时,任何人都不应该如此匆忙,以至于连一个安全的舷梯都不先放，这是不好的做法。如果拖船或其他船舶通过港口，被结构挤碰的风险是非常高的。

就在你以为情况不会更糟的时候，你站在街角等出租车，目睹了这个应急方法。你看不到的是梯子上的人把石板扔给他的同事，很幸运他一只手抓住了石板，另一只手抓住了屋顶，但这是一种糟糕的做法。这事发生在 2013 年英国的一个公共场所。

安全性和良好做法并非不言自明，这可以从给出的例子中看出。图 8.4 显示的是工程质量低劣，缺乏对工作的控制；图 8.5 和图 8.6 显示的是工人们对自身安全的漠视，这都是不可接受的。借口有很多，通常是工作人员赶时间；有时借口是没有其他方法来完成这项任务；或者认为合适的解决方案需要很高的成本。成本和 HSE 并不是齐头并进的。在开始现场工作之前，以适当的方式规划和执行工作，可以自动降低整个工作范围的成本。通常是因为某些岗位的某人疏忽考虑正确的配套设备而导致成本上升。

8.2.4 管理声明

如我所述，我的关注点是切实可行的解决办法和安全措施，这有利于从事这项工作的人的安全。即使我们为自己的安全谨慎感到自豪，我们仍然会犯错误，虽然没有人能完全消除失误或错误，但我们可以不断努力改进，尽量减少错误。

管理层往往在了解问题的本源之前就发表声明，或者他们倾向于治标不治本。下面列举几个我个人经历的例子。

石油和天然气公司的许多员工都接到指示，要把车倒进停车位。为什么？因为很久以前，在某个地方，一个行人被一辆未倒入停车位的汽车撞了。问题看似解决了，但如果某天有人被倒车进车位的汽车撞倒，会发生什么呢？那我们怎么停车呢？在停车场把行人和车辆分开不是更明智吗？在我看来，根本原因是人们在停车的地方走动。所以在我看来，把两者分开是合乎逻辑的。

我遇到的另一个例子是一家大公司，HSE 主管决定把所有的杯子都从瓷杯换成纸杯。他的理由呢？因为人们把咖啡杯放在一楼阳台的栏杆上，他不希望有人被掉下来的杯子弄伤。这种做法充其量是愚蠢的，但也可能适得其反。因为使用纸杯时，热水温度高，有人会因为烫手而坠落纸杯。这种类型的管理思维是学术

的、理论的，而不是基于员工犯错的真实原因。当然，人们不被掉落的杯子伤害是很重要的，但根本原因是不同的。可以制订管理条例不允许员工在阳台上喝咖啡，而是在提供的桌旁享用咖啡。

在走访世界各地的许多公司时，我目睹了许多可以改进或应该放弃的做法，或者根本没有按照预期执行。这些从小事到重要事件都有：从冬天处理钢结构时不戴手套，到从平台上直接走到空地上。最让我担心的是，管理层的声明中遗漏了合理的措施，或者人们工作不力，或者无视自己和同事的安全。当我们进行海上作业时，HSE 是我们议事过程中最重要的一项。并不是 HSE 措施的成本使项目变得昂贵，造成项目成本昂贵的是缺乏适当的 HSE 计划和执行计划。

8.3 HSE 和国家管理机构

今天，欧洲许多国家都在安装海上风电场。项目安装承包商和服务供应商，当然还有组件生产商都来自欧洲。这就产生了一些问题，由于各国的 HSE 规定各不相同，某个国家的 HSE 规定对一个利益相关方是有效的，但对另一个却是无效的。

另外，根据一个国家的相关 HSE 规定，某个工作流程可能是安全的，而在另一个国家的另一项目中，这个流程可能被认定是不安全的。每个项目的施工方案和作业指导都不相同，这就造成了更多问题。所以必须采用一套适用于所有项目的 HSE 文档。可惜，这个过程需要耗费很多人力，因为必须确认每个文件都符合不同国家的各种规章制度。

举一个例子，在许多国家，使用两台起重机来竖立安装材料是非常常见的做法，但在英国却不是。如果你从丹麦或德国垂直运输了一些组件到英国，然后需要把它们水平卸载到英国的码头上。那么，在这种情况下，为了满足两个港口的不同要求，你必须使用两套施工方案完成同一项工作。在找到更加简便、更加经济的方法前，只能这么做，这无疑将给项目增加更多时间和成本。

相关图片

工作船上总是堆满了装载的货物，充分利用了所有空间(见图 8.7)，但是这可能给操作带来危险。所以需要不断进行风险评估，了解各项工作和船舶装载情况，减少安全隐患。

图 8.7　工作船上总是堆满了货物

工人正在把基础塔架的一部分放置到确认的位置上(见图 8.8)。

图 8.8　工人把基础塔架放置到确认的位置上

在北海公路作业进行时,工人可以借助舷梯安全、有效地把小型工具从安装船上运输到风力涡轮机上。如果发生意外,舷梯也可作为安全疏散口,帮助工人逃离安装现场(见图 8.9)。

图 8.9 安全舷梯的运输和疏散作用

离开港口和/或安装工地前，需要捆绑起重机吊钩(见图 8.10)，确保安全。

图 8.10 捆绑起重机吊钩

9 协调工作船

海上工地空间有限，要管理海上交通，就要协调各类船舶，设立一个任务小组来负责运输各类材料、机械设备和人员。为什么要这么做呢？下面我们来探讨一下。

在地图上找一块海域，然后在设想安装海上风电场的区域周围画一条界线，这时人们会发现，表面上看来有很多空间，甚至在安装完风力涡轮机后，海上的空间仍然很大。那究竟为什么还要进行交通管制，控制工作船的数量和位置呢？看起来这个空间很大，足以容纳多艘工作船执行各自的工作，甚至根本不可能妨碍别的船。可这是事实吗？或者说执行一系列规定来管理海上交通，规范现场船舶的活动，规定船舶往返港口的线路，这么做是否有必要？答案当然是有必要。

为了说明其必要性，最好的办法就是在地图上画出施工工地的界线，并在这个范围内部署不同的工作船，这时你马上会意识到船舶抛锚后，它的锚和锚链要在海底延伸数英里。即使海上作业空间看起来很大，但也很快就会感觉到拥挤。也就是说，当一些船舶停泊时，就会妨碍另一些船舶的航行能力。例如，敷设电缆就需要穿越运输线路或穿越该区域其他工作船的系泊路线。为此，一些专家组成了一个小型的专门部门——船舶交通协调中心（VTCC）。

9.1 部门设置和职能

船舶交通协调中心是一个实际部门，包括船长、领航员或其他能够调查海上风电场安装区域整体交通情况的专业人员。

海上风电场安装和维修时，专家们会监控进出中转港口所有船舶的通行情况，判断这些船舶是否与安装工作有关（安装结束后的维修阶段），或只是经过海上风电场，不参与该区域或海上风电场的任何活动。

船舶交通协调中心通常由 2～3 名专家组成。项目安装和维修期间，该部门需

要全天候工作,特别是白天进行施工和维护的时候。船舶交通协调中心配备了最先进的监控设备,包括雷达、船舶自动识别系统和高端复杂的软件程序等,这些设备可以追踪并实时监控施工现场及进出港口的所有船舶的活动。

船舶交通协调中心利用电脑规划所有的日常交通,记录运输和进出港口的路线,这样就可以确定船舶的活动是否会相互影响。这么做非常重要,如以下情况不得敷设电缆:其他船舶在该区域抛锚,或正在执行水下任务,如倾倒石块进行冲刷防护,或者该区域同时正在开展潜水作业。

船舶交通协调中心还必须知道工地现场有多少人。所以进出港口的船舶都必须汇报登船人员的数量(POB),因为这样做,船舶交通协调中心的工作人员就可以知道工地上、进港或离港途中分别有多少人,甚至可以统计失踪人数。必须有这样一套系统,就可以追踪海上的每一位工作人员。

如果发生紧急事件,船舶交通协调中心的工作人员应该知道谁在哪里做什么。如果要开展救援行动寻找失踪人员,那么失踪者是谁,在哪里失踪,以及他最后出现时正在干什么,这些都是救援人员需要知道的。

应对紧急事件最糟糕的情况就是救援队伍花了很长时间寻找可能失踪的人员,但是他根本不在海上。这样不仅浪费了宝贵的资源,还浪费了时间。

这里需要强调的是,船舶交通协调中心的工作人员必须有一套登船人员追踪系统,掌握船上的准确人数和人员名单。我们有几个不错的人员追踪系统,从过去几年的海上项目一直使用至今,效果很好。

国际海事组织(IMO)制定了一份全球公约和一系列海上交通管理规则——船舶交通协调中心规则,规定所有船舶都必须遵守。这是几百年航海经验总结而来的,IMO 大会还在不断修订这些规则,为各种船舶制定与其类型、工作和海域交通密度相匹配的航行规则。

9.2 操作中心和开展的工作

船舶交通协调中心就是一间连接雷达和其他导航辅助设备的办公室,它的作用就是观察建筑工地和港口、航道等附近海域的交通情况。此外,船舶交通协调中心的另一个主要工作就是规划如下程序。

（1）未来的24小时、48小时和72小时中，港口、运输通道和工地现场将有哪些作业活动？

（2）将出动哪些船舶？

（3）这些船舶将进行哪些活动？

（4）海上风电场将安装什么？会有多少艘船参与作业？

（5）这些船舶将在风电场的哪些区域内作业？

（6）工作船是否会互相影响？

操作中心负责规划并协调所有这些活动。活动还应与天气预报相匹配，如果天气不适合某项作业（例如，与基础安装相比，通常敷设电缆受天气因素影响较小），就应该在计划中考虑到这个问题。

如果电缆敷设船停在了风力涡轮机安装位置的附近，而且安装船正在抛锚定位，操作中心应该观察到这一情况并做出相应计划。但是，如果天气不适合电缆敷设船作业，那就应该考虑到船舶无法工作的可能性，给安装船更多的作业自由。此外，如果天气状况改变，电缆敷设船可能恢复工作，那么安装船就要受到原来的工作限制，需要调整计划程序。

9.2.1 交通协调

像海上风电场这样的大型项目，工地现场往往会有很多工作船同时作业。所以，必须采用一个完善的交通协调策略，确保正确的人员和设备出现在正确的地点，最重要的是避免船舶发生碰撞。

为此，必须与所有参与方一起协商并确立一个交通策略和一条交通控制通道。通道可以划分两条航线，或单独的进港和出港航线，且必须在海上风电场位置汇合。这样就能安全控制交通，而且在施工阶段可以将该区域划为禁区，这样，就可以确保交通区域安全。

施工区域的交通规则必须为无法自行移动的船舶提供专门的通行保障。对承包商来说这可能会造成额外的成本，所以在谈判时必须考虑这一点。同时，还意味着更长的等待时间，造成承包商计划延误。

9.2.2 交通控制

必须由一个船舶交通协调中心来控制和监管港口、途中和海上工地的交通状况。整个项目施工期间，每天 24 小时，每周 7 天，船舶交通协调中心将负责协调所有人员、船舶和设备的运输工作。

船舶交通协调中心还必须负责协调港口的建造交通和正常交通，因为基础或风力涡轮机运离港口时，其他船舶就无法进入港口。当运输船无法移动时，所有其他船舶必须给运输船让路。

船舶交通协调中心必须配有雷达监控设备，还要有甚高频(VHF)通信系统，方便中心与所有船舶取得联系，获取船上人员的数量。因为 VHF 可使用的范围有限，如果控制中心距离施工工地很远，那就还需要一个卫星通信系统。如果发生事故，通信系统可能激活警卫队和预警服务系统，调动足够的船舶、直升机或其他交通工具待命。

这样一来，一旦发生漏油等事故，就可以立即通知船舶交通协调中心，船舶交通协调中心的工作人员可以知道工地有多少艘船，然后立即联系相应的政府部门，确保施工工地安全，并将事故的风险降至最低。

这些情况也适用于搜寻工作和应急服务。船舶交通协调中心必须知道失踪者是谁，原本应该在哪里。这样不仅减少了搜寻的时间，而且找到失踪者的可能性也更高。

9.2.3 警卫船

交通控制的最后一项内容是警卫船。在德国实施项目必须要配备警卫船，而且警卫船不负责项目的其他工作，只负责监控可能撞击海上风电场的船舶和/或在禁区内和禁区周围航行的船舶。警卫船必须全天候不停地巡逻，确保项目区域内的安全。

9.3 监控的部门

监控工作可以由一个协调中心负责，通常设置在中转港口，由一名经理和六名员工组成。考虑到与施工工地的距离,监控中心必须靠近中转区域。因为监控中心与项目管理部每天有很多工作需要接触,还要共同协调海上工作和进出港口的船舶情况,所以中心位置必须接近项目管理办公室。

通常会建议港口的主要监控中心由三名工作人员组成,他们需要24小时在现场值班,对海上分承包商的工作人员进行监控。所以,为了船舶的安全,控制中心必须配备专业人员和一定数量的操作设备。

相关图片

船员一直在安装船上做“空中换腿”(见图9.1),也就是船员和货物一起被运到工作船之外。这样做能节省时间,因为陆上/海上协调工作受到严密监控和管理,所以才可能这么做。

图9.1　船员在安装船上做“空中换腿”

驾驶室桥楼人员在航行的船舶上工作(见图9.2)。所有工作人员都应该在轻松的环境中开展协作。

一艘自升式驳船正从码头拖运至工地,船上装有一根单桩(见图9.3)。这一过程进行缓慢。与自主推进设备相比,这种船对天气的要求更高。

图 9.2 驾驶室桥楼人员在航行的船舶上工作

图 9.3 从码头拖运一艘自升式驳船至工地

10 物流解决方案

什么是物流，为什么物流很重要？到网上搜索“物流”这个词，得到的是以下定义：

物流是为了满足客户的需要，对商品、信息以及其他资源从产地到消费地的高效、低成本流动和存储，进行规划、实施和控制的过程。

也就是说，从产地到消费地，对商品和服务的需求、供给和运输，这三者之间存在着一种最优关系。同时，也要避免物流链中的任一环节出现任何一种商品或服务供应过剩。

用外行话来说，去菜场买了最后一个番茄，这时候地里的新番茄已经发芽了，这就是物流。也就是说，不浪费任何资源，所需的材料恰好在合适的时间出现在需要的地方。人们通常称之为“及时性原则”，即将一个部件运送到物流链的下一个刚好空出来的环节上。但是这种物流操作方式对海上风电场而言过于简单。原因有很多，主要是因为基础、风力涡轮机和电缆的运输数量不确定，无法使用及时性原则。

事实上，物流过程结束时，问题就出现了。受到天气和使用设备性能的影响，海上安装项目有效工作时间范围受到限制。这也就是之前所说的天气标准，一年中的不同天气决定了在特定施工工地、设备和工作人员的实际操作范围。

如果由于操作范围的限制，安装船舶能在春、夏、秋三季作业，且安装部件的时间只有 5～6 个月，那么整个项目建设都要集中在这个时间段内。如果要在这段时间中安装 100 台风力涡轮机、100 个基础和 100 条电缆，那每个部件只有几天的安装时间。所以，在安装前或安装中，所有部件必须运到卸货港口。显然，这样时间很紧张。假设安装一台风力涡轮机总共需要一天时间，那么卸货和安装风力涡轮机总共需要 100 天。而此时所有基础，或者其中的大部分必须已经运达，因为风力涡轮机安装速度比基础安装速度要快。但是制造商无法在 100 天内运送 100 台风力涡轮机。运输、卸货准备的时间远远超过 100 天。也就是说安装时间和制造、准

备时间不相符，这就需要储存这些部件，所以无法运用及时性原则，而物流的挑战变得更加严峻。

下面的例子说明了在项目管理中，会遇到的一些问题。假设所有部件的尺寸都很大，而且很重，同时港口的设施无法同时容纳这么多部件。理想情况下，80 台风力涡轮机的项目需要 65 000～70 000 平方米的储存空间，而且要求港口地面铺设平坦、承重能力强。

港口的所有客户都期望有一块符合以上条件的区域，所以这也是港口租赁中最珍贵的资源。通常只有长期租赁人才有资格获得这种区域。能否直接通向码头也是一个问题，因为对港口的客户来说，这决定了工作船或货船的留港时间。对风电行业来说，这意味着为了装卸部件上船而不得不长途跋涉地运输。

此外，转子、塔架和机舱预组装完成后，或准备卸载时，往往占据很大的空间。也就是说，风力涡轮机卸载的同时几乎不能开展其他活动。所以，作为短期合同客户，项目经理要说服港口提供这些服务并不容易。这也是项目执行团队将面临的第一个物流难题。

这就意味着港口要在靠近码头的地方保留很大一块地面平坦的区域，储存风力涡轮机组件。但是，港口方并不愿意为海上风电行业提供符合要求的区域。事实上，很多港口根本不欢迎海上风电行业，更不要说为此保留这么大的一块区域了。

2001 年，一个客户的项目经理差点因此被赶出港口办公室。她坚持认为自己的项目是这个港口有史以来最大的客户。此时港口上有一艘船正在为近海油田装运石油和天然气补给，港口负责人指向这艘船，对项目经理大吼道，如果哪一天她能带来这种规模的生意，并签订 20 年的合约，他就会考虑把码头给她，但现在她只能得到被划定的那块区域。他说："如果你不喜欢，就去别的地方。"

同时，还应该知道大多港口并没有现成的区域符合这些要求。适合海上风电行业的地区往往仅有几个港口符合要求，所以会有众多项目买家和项目经理前去谈生意。这也是港口不愿意碰到的另一个问题。

所以，必须在距离海上施工工地较近的港口，设计并租借一块适当的中转区。这项工作非常重要，通常也是项目投标文件中的一部分。海上风电场业主会指定一个或几个他认为适合作为项目中转区的港口，但是承包商和/或项目经理必须与投标小组一起决定选择哪个港口,还要决定如何向施工工地运输,如何储存部件,如何预先组装、装载并运输到海上工地等。图 10.1 所示是港口上的一块中转区,曾用于海上风电项目。

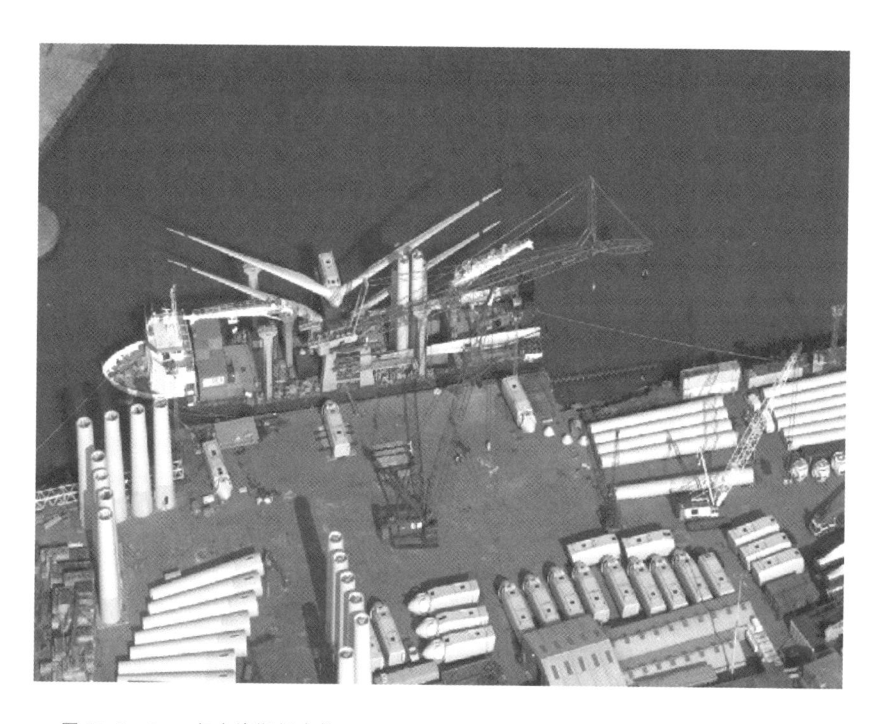

图 10.1 2004 年在洛斯托夫特(Lowestoft)码头的 Scroby Sands(英国)项目的装载和储存情况,注意空间很狭小

(资料来源:丹麦 A2SEA 公司提供)

相关图片

现场将一片 Vestas 叶片安装到正确位置。这是安装过程中最关键的吊装环节,因为叶片很精细,而且安装的空间有限(见图 10.2)。

操作绳索和起重机需要巨大的设备,操作对象很重而且可能有危险(见图 10.3),所以对工作人员进行培训和选用经验丰富的操作员都很重要。

港口的一些安装船如图 10.4 所示。

图 10.2 叶片安装

图 10.3 操作绳索和起重机

图 10.4　港口的安装船

11 常用的安装方法

基础和风力涡轮机两者的安装方法会影响到中转港的布局、大小以及与海上风电场施工工地的相对位置。制造商和承包商为所有不同类型的基础和风力涡轮机制订了具体的策略和工作程序。因此，显而易见，根据选好的基础和风力涡轮机，可以通过不同的安装方法开展单项工程。下文探讨各种安装方法的主要特点和可能的发展趋势。

11.1 基础

一般来说，该行业通常倾向于使用四种类型的基础：重力式基础、单桩基础、导管架基础和三脚桩基础。

11.1.1 重力式基础

重力式基础利用自身重量竖立于海床上。超过 2 500 吨的这类基础在该行业中是很常见的。大量制造重力式基础是不可能的，因为它需要使用预制模具，用钢筋混凝土浇筑而成。由于预制模具体积很大，而且基础的制造需要很长时间准备钢筋和浇筑模具，因此，承包商通常需提前准备好 6～8 副模具，至少在海上安装之前 9～12 个月开始制造基础。

然而，这意味着需要搬运和存储大量基础。此外，还须解决两个与港口设施有关的障碍。图 11.1 显示了重力式基础的浇筑和存储状况——用于制造和存储的面积非常大。

此外，重力式基础几乎是整体式的，但是，基础的自重要求地面有巨大的承载能力，以便能承受整个基础的压力。因此，常见的方式是在施工工地附近的海上存储基础，从而减轻中转港的压力。

图 11.1　浇筑重力式基础需要大量陆上港口空间

11.1.2　安装重力式基础

重力式基础的安装主要采用三套设备。

(1) 大型浮吊。其起重能力应超过 2 500 吨,以便能吊起基础并将其放置在海床上。

(2) 一艘可运输并可在船上存放大量基础的大型驳船。

(3) 一艘拖船或一组拖船,它们能将载有基础或起重机和基础的驳船牵引到施工工地的正确位置。

当然,除了这些设备外,还需要数艘船舶,从事不同的海底准备作业。这包括挖泥船,它能平整海底,便于水下抛石船在海床上铺设石头垫料,从而,基础可沉降到牢固而平坦的海床上。此外,还需铺设防冲保护材料的作业船舶,以防基础被海流破坏,因为往往在基础安装之后,这类海流会冲刷走基础外围的材料。

正如刚才所说的,为了不出现因基础短缺而空等的现象,重力式基础必须在安装之前开始制造。通常情况下,需在海上安装开始前一年开始制造。安装前四到六个月左右,应开始准备海床处理与电缆槽挖掘工作。安装季通常在一年的三月

或四月开始,此时,应具备足够的基础用于安装。在最后一个基础浇筑之后的几周内,整个基础安装过程应该结束。

海床准备工作也应在基础安装之前提早进行,以便马上开始电缆铺设。这是一项组织严密的工作计划,迄今非常成功。在位于丹麦和瑞典之间的厄勒海峡以及位于洛兰岛(Nysted 1 和 Nysted 2)周围波罗的海西南部丹麦地界的海上风电场均采用这种已充分证明行之有效的方法安装。

面临的挑战不多,波罗的海的海上风电项目遇到的主要问题是,由于寒冷的天气,在浇筑基础的港口(例如,波兰希维诺乌伊希切严寒的冬天)出现结冰的现象。

11.1.3 单桩基础

单桩基础基本上是利用一台特大型液压锤将一根长管打入海床。该管为钢制,与桶状物焊接在一起。其桶状物是由不同尺寸的钢板卷成圆形,并用特殊机器焊接而成。

鉴于以下几种原因,单桩基础是海上风电业中最常用的基础形式:

(1) 对设计师而言,定义相对简单。

(2) 制造成本相对便宜。

(3) 搬运和存储相当方便。

(4) 安装和维护简单。

图 11.2 所示为分两层装载在驳船上的单桩基础。顶层单桩基础已经吊走进行安装了,但是,在顶层仍可看到两根单桩的托架。

如图 11.2 所示,利用这种方式可以提高安装效率,通常会使用缓慢的驳船运输,但成本效益较高。从图中可以看到,单桩基础的装船固定既昂贵且工程量浩大。

使用单桩基础还有很多好处,但上述原因已足以说服海上风电场业主尽量使用单桩基础。这是制造、安装和维护海上风电场基础时最简单、最快捷、定义最明确的一种方法。

如果设备、施工方法、施工工地准备和土壤数据等能取得恰当的定义和选择,单桩基础的确便于安装。令人惊讶的是在过去,单桩基础的安装是在大量努力实践后才获得成功的。这并不一定是因为单桩基础难以安装,而是因为面临的挑战

图 11.2 运输驳船上单桩基础的装船固定

未引起足够的重视。

然而,单桩基础并不等于最终的基础。打桩过程实际上是用桩锤不断重击桩的顶部,在这种情况下,这将导致金属变脆,从而不能承受任何负载。因此,常用的解决方法是安装一个过渡连接件,它是位于单桩基础顶端的另一种较大尺寸的桩头,单桩基础可插入过渡连接件内 6～8 米。然后,将过渡连接件调节到真正的垂直状态,单桩和过渡连接件的环形空间内充满通常称为水泥砂浆的高密度混凝土。

这是一个建造风力涡轮机的很好的解决方案,风力涡轮机随后安装在过渡连接件上。所有的通道平台、电缆管路及其他附件均设置在此连接件上,为风力涡轮机创建了一个功能完备的通道平台。如下为安装单桩基础时所用的主要设备。

(1) 安装船舶(在第 12 章中将做更详细的讨论),首选类型应是自升式平台安装船,它可以利用甲板装运单桩基础和过渡连接件。

(2) 打桩过程采用大型液压锤,成套桩锤装置配有电源部件和监测打桩操作的控制室。

(3) 单桩搬运工具,它用于打桩前和打桩期间保持单桩处于垂直位置。

(4) 将单桩和过渡件浇筑在一起时需用的灌浆设备。

(5) 如果需要的话，还有钻机，如果桩的下方为大型巨砾或岩石底部就需要使用。钻机采用反循环钻探系统，置于桩的顶部，大直径钻头通过钻探使岩石发生破碎并及时把碎石排出孔外，再将单桩埋入孔内。

对于单桩基础而言，其原理与重力式基础相同。有多种其他船舶和大量其他类型的设备用于基础工程。有一种基于重力式基础的带有防冲刷保护装置的船舶，它可布设一层由10～20厘米小石块组成的过滤层，该过滤层覆盖在海床上单桩的周围形成一层坚实表面，防止海流的冲刷。

与重力式基础不同的是，单桩基础不需海床处理。除了铺设过滤层之外，一般什么准备工作也不需要做。相比之下，无论是时间还是费用均可显著减少。因此，这成为采用单桩基础的另一个理由。

单桩基础需穿过过滤层，一旦将电缆通过一个称为J形管的特殊管道安装后，由30～60厘米厚的石头组成的覆盖层将倾倒在过滤层上，以便把单桩牢牢地锁定到海床上(见图11.3)。

图11.3 单桩基础已准备就绪，可安装塔体

(资料来源:丹麦A2SEA公司提供)

现今，单桩基础已用于绝大多数海上风电场，有趣的是，按照三四年前取得的共识，对于水深25米以上的风电项目，使用单桩基础无法获得良好的成本效益。可现在看来，水深达30米的项目也正在考虑使用单桩基础。此外，简便的安装和维护也使风电场项目业主对其趋之若鹜；即使在深海中使用单桩基础，其增加的材料成本与安装成本相比，也是一种合理的投入。这意味着，在今后许多年中，在海上风电场的建造方面，单桩基础仍将是一种极具竞争力的选择。

11.1.4 导管架基础

导管架基础采用与电视无线电传输所用的塔架结构一样的桁架结构。含有结构构件的四方形截面嵌合在位于四角的管件中，以建立一个自重轻、承载力强的坚固轻型结构。

对于海上导管架基础而言，其想法是以较小的横截面抗击浪溅区，从而可减少波浪通过基础时的影响力。与重力式基础、单桩基础和三脚桩基础相反，由于导管架基础是由小直径的钢管组成的，因而，受到波浪冲击的面积较小。所有其他类型的基础都是由突出水面的大直径钢管组成的，因而它们的浪溅区横截面积较大。这意味着，建造的导管架基础自重较轻，但成本较高。

虽然建造的导管架基础坚固而轻，但是其采用钢管焊合的节点却非常难以制造，高强度钢铸造的节点是非常昂贵的。此外，导管架基础的所有焊接工作均为手工完成。使用焊接机器人和其他类型的自动化方式来建造导管架基础的效率尚未得到证明。它与单桩基础的情况不同，单桩基础可使用焊接机器人和自动化程度较高的方式大量制造。

导管架基础所以获得业主的青睐主要是遇到小波浪荷载时，支撑风力涡轮机的能力高，而且能安设在较深的水中；当然，美中不足之处是其高昂的价格和复杂的制造工艺。

同样重要的是，也需注意导管架基础以及三脚桩基础的制备原则与重力式基础一样，它们必须事先制造，并占用了大量的陆上仓储空间。导管架基础的生产时间可能需要4～6周。这意味着及时性生产是不可行的。此外，为了使细长的格架结构竖立，导管架的占地面积变得非常之大，通常达到576平方米(24米×24米)。

考虑到这类基础必须设置在深水海底以及需要足够大的存储区域，不得采用

水平存储超过50米长的导管架基础。你必须能够水平移动这些基础，以便将它们装载到运输/安装船上。因此，一个显而易见的解决方法是，尽可能长时间地将基础竖直放置。然而，风是竖放的制约因素。

当然，风的存在可能会使导管架基础倾倒。那么，首先考虑在何处存储基础就成了一条主要准则。由于之前导管架基础在海上风电场项目中比较少见，因此在运输和安装方面，关于面临的问题和挑战的文字记录不多。Alpha Ventus项目，有6个导管架基础和6个三脚桩基础，它们存储在有超强仓储能力的大型船厂和石油钻塔场。然而，有趣的是，当一个项目需要存储60件基础时，看看会发生什么。

鉴于基础的尺寸，它们可能会在船厂里建造，这将有助于在港口安排存储区。例如，如果向德国项目提供基础，就可由当地制造商建造。例如，北海海岸的WeserWind船厂。单个基础占地面积为576平方米(24米×24米)，因此即使是几个基础也将占用超过6 000平方米的存储区。这个区域必须在码头防波堤的正前方，因为基础的运输非常困难，虽然可以使用诸如自行式模块运输车(SPMT)之类的超大型设备(见图11.4)。

图11.4　导管架基础的港口运输

例如，如果选用80台德国瑞能的风力涡轮机建造海上风电场，则必须使用SPMT来应对运输挑战，原因是基础和风力涡轮机装置所需的存储空间远远超过通常所需的 40 000～60 000 平方米。此外,还要为此安排提早建造至少 40 个导管架基础,并且极有可能需要两个或更多制造场所分别建造这类基础。

11.1.5 导管架基础的安装

导管架基础的安装其实是相当简单的。其工作原理是:在海底固定安装四根锚桩;将导管架四根主腿末端和四根桩套管分别固定连接;把支撑导管架的这四根桩套管插入锚桩顶部内腔;最后通过使用高压混凝土灌浆完成导管架与锚桩的连接(见图 11.5)。

图 11.5 三脚桩基础上的桩套管。原理与导管架相同,只是支撑结构不同

(资料来源:renewable energy sources. com)

然而,实际施工过程稍显复杂,因为我们并未提及如何将锚桩固定在海底等问题,而且具体工作细节总是最容易出错的地方。

11.2 三脚桩基础

三脚桩基础是一种不同类型的适用于深水的基础。与导管架相比，三脚桩基础只有一根大型管，因而，在浪溅区的横截面积相对较小，三脚桩基础也使用多根锚桩固定(见图 11.6)。

图 11.6 用于 Alpha Ventus 项目的三脚桩基础

(资料来源：renewable energy sources. com)

11.2.1 基础的安装

绝大部分项目可采用 11.1 节所述的四种基础中的一种或多种。单桩基础适用于不超过 25 米的浅海。这类项目的实例有 Horns Rev、Kentish Flats、Rhyl Flats、Barrow 和 Greater Gabbard。与导管架、三脚桩和重力式基础相比，单桩基础安装方法简便，施工期短。

鉴于基础的尺寸大小，海上风电场业主应考虑供应商是否有可能直接在海上施工工地交货(见图 11.7)。当然，这与供应商是否邻近项目地有特别关系。譬如，供应商来自丹麦的 Bladt Industries 公司，而项目是在英国。这样，就不能在施工工地交货了。

图 11.7 海上发货

(资料来源:丹麦 A2SEA 公司)

在这种情况下，如果将基础运输到英国的陆上港口存储，然后重新装载到安装船上，再运到工地现场进行安装，这样做毫无意义。直接通过海运把基础从丹麦运到英国的海上施工工地将更简单、更划算。

无论从时间角度还是从经济角度，在制造场所存储通常比在商业港口存储更为经济实惠。可以将供应商提供的基础直接装载到驳船上，将驳船直接拖到海上安装施工工地。这些基础由安装船竖立放置。单桩基础的竖立操作是一项复杂和危险的工作。实际上，经验不足的承建商已损失了一些单桩。但是，对于这种情况，A2SEA 船员已能掌控一切(见图 11.8)。

图 11.8 在 Sea Worker 甲板上竖立单桩基础

所有四种类型的基础均十分坚固，因而，它们可用浮吊安装。这方面技术已应用于近海石油和天然气行业，单桩基础的最近应用是 2010 年波罗的海项目。因此，此方法是适用于基础竖立的一种既有效又安全，并经得起测试验证的方式。

考虑到有些基础可用垂直或水平形式安放在驳船上运输，尤其是导管架和三脚桩基础，可据此决定基础生产在离施工工地多远的地方进行。

因为驳船运输既便宜又可靠，所以海上风电场业主应考虑在生产成本较低的地方制造。而在资格预审阶段，就应该把此地点列入考量，即，是否可以在诸如波罗的海地区、西班牙、葡萄牙，甚至更远的地方制造基础，然后将它们直接运送到海上施工工地安装。

11.2.2 基础的运输

基础可采用两种不同的运输方案。方案一是利用驳船和拖船，可轻易地将基础从制造场所直接运到海上施工现场(见图 11.9)。然后，利用安装船将基础安装到海床上。这种方法被认为是可行、安全和可靠的，并早已应用于石油和天然气行业。方案二是使用专门配备的起重船，就可直接在制造场所吊运基础。这意味着制造场所到施工现场之间有更短的距离。最好的方法是直接从制造场所吊运基础至施工现场，这样，起重船的租用时间不必过长。

图 11.9 导管架基础的海上运输

(资料来源：Talisman)

必须在最短的时间内将基础装运到施工现场。抵达现场位置后，从起重船或驳船上吊起基础，将其定位，并与海床中的锚桩固定连接。这也是一个有效和可靠的方法，但却是一个更为昂贵的方法，因为起重船比驳船、拖船或人字吊臂起重船更昂贵。因此，为了省钱，安装过程必须迅速进行。

这两种方法都应当予以考虑，在项目开始之前，应尽可能获得更多的信息。选择最佳的运输和安装方案可节省大量成本和时间。如果选择 Vestas 风力涡轮机，就可大大改变项目的物流。其有利之处是，可将大批基础直接从制造场所运到施工现场,并在不来梅港保证桩的存储量。

第二种方案在供应商的选择方面余地非常有限,尽管由于设备质量一般很好,但也应该调查从低成本地区选择供应商的可能性。欧洲北部的浮吊极为优质,而且价格可以协商。此外,经验表明,安装可以又快又好地完成(见图 11.10)。

图 11.10 可用的一台或多台浮吊装置

(资料来源:Talisman)

此外,在德国和其他欧洲国家拖船和驳船可以组合。不同承包商之间的竞争可使价格计算更加透明,海上风电场业主可获得公平的省钱机会。

11.2.3 固定已安装的基础

导管架基础竖立时,它必须与锚固定连接。此项工作必须与基础的定位同时完成,鉴于锚桩长达 30 多米,这意味着需要一艘相当大的驳船,所有的锚桩必须同时运输,并在固定基础之前用桩锤打入海底。在锚桩与导管架末端的装套管之间的灌浆连接完全固化前,不得安装风力涡轮机。

由于锚桩直径较小,可在海上几个分包商之间做选择。通常,应由海上分包商提供锚桩和无缝安装程序。锚桩打入海床后,必须调平基础。这项工作需通过预装在桩套管上的液压千斤顶完成。然后,锚桩和套桩管之间的环形空间须填充高密度的硅酸盐混凝土,并使其固化。灌浆固化后,可拆除液压千斤顶,将其用于下一个基础的安装。与单桩基础相比，导管架或三脚桩基础的安装比较麻烦，当然要持续更长的时间。在制订时间表时，必须考虑到这一点。但是，如选择 Vestas 风力涡轮机，其基础就需用大直径的单桩。

在欧洲，可找到的制造商十分有限，因为需由专业制造厂承担厚板卷轧和管材焊接工作。其中，最有经验的一家是荷兰的 Smulders 集团，它能够大量制造单桩基础，而且已为数个海上风电场提供此类服务。

打桩工作简便易行。桩管要打到所需的深度，过渡件的安装和调平方法与导管架相同——环形空间需用水泥浆填充，并使其固化。

11.3 着重考虑的事项

总而言之，在运输和安装任何基础时，必须考虑下列因素。

11.3.1 海港

基础的制造地必须尽可能接近码头岸边，或供应商能毫无阻碍地运输基础到码头边，或用驳船或起重船从其他制造地将基础直接运送到海上施工工地。

11.3.2 装载

在港口，应能够采用吊运或滚装方式将基础送上船。使用驳船时，最好的方式是滚装，运输成本较低。使用起重船时，成本可能会更高。必须确定下列各项。

（1）装载到船舶或驳船的方法和准则。

（2）装船固定的步骤和设备。

（3）装船固定的批准条件。

11.3.3 运输

可用拖船和驳船将基础运送到施工现场或装载到起重船上。应该注意的是，不来梅港的 Nordschleuse 船闸宽度仅为 32 米。这意味着，至少前面提到的两三家承包商将被排除在外，因为他们的设备无法通过船闸。非常重要的一点是，选择不来梅港作为施工港口的项目投标人必须清楚这一点。

11.3.4 出发时和出发后

必须充分注意到下文描述的项目。

11.3.5 海上安装

安装程序至少应包含涉及船舶和船员的各种手册和说明的详细摘要。它为能否在无风险条件下和具有足够能力和资源的条件下顺利开展工作提供依据。

安装部件时，必须注意到对所选设备的天气限制，在离开港口之前，必须掌握最近时期的天气预报。

一些实战表明，取得长期和准确的天气预测的重要性。例如，当行驶距离超过100千米，行驶速度最多为6～8节时，行驶时间长达10小时(见图11.11)。

图11.11 这是一张不寻常的北海照片，是在安装比阿特丽斯(Beatrice)风力涡轮机时拍摄的。照片中显示的并不是该地区常见的天气
(资料来源：Talisman)

如果船舶长时间闲置在港口或现场而无法工作，也不能返回到港口，这种情景对于工作进度而言是一种灾难。因此，海上风电场的承包商和业主必须共同选定一个天气预报的提供方，天气预报必须包括72小时时间内的天气，而且至少每隔6小时更新一次。

11.3.6 船舶的定位以及海浪和海流的状况

制订自升降的措施时,应关注海浪高度和海浪周期处于什么样的状况下可允许船舶正常操作?如何预测插桩深度、预压载时间和压力?为此,必须为项目制订判定方法及具体说明。

在考虑吊运方法和吊运程序时,必须确定设备的能力和类型。吊运时能承受的风力是多大?为确保起重机和部件不会过载,不超出限制要求,工作多久必须停工?工作过程中,谁做什么?谁负责起重设备的正确选用,以及打桩工作的开展?(见图 11.12)。此外,针对具体项目,还需制定工作程序和指令,因为某个项目采用的工作方法不一定适用另一个项目。

图 11.12 这张照片展示了北海典型的一天,风急浪高,即使不是非常之高,也不算低

(资料来源:Talisman)

11.3.7 不同方法的利弊

那么,为什么一种方法的效果比另一种的好呢?原因是多方面的,而且值得探讨。

如果你选择了单桩,并采用浮式安装船进行安装时,那么整个安装的时机是至关重要的。与自升式平台的海上作业比较,适宜于此类安装船海上作业的好天气一定比较少。但是,浮式安装船的成本较低。不管如何,正如我们将在后面看到,

海上风电场安装的辅助设备(BOP)将增加,原因是此类安装船的作业需要更多的设备,停留在施工工地现场的时间更长。

如果你选择了不同类型的基础,譬如三脚桩基础,不论浮式安装船还是自升式平台,都将因不同的原因而无法搬运基础。下面是一些实例。

(1) 起重能力超过 8 000 吨的 Svanen。

(2) 起重能力达 600 吨的 Resolution。

(3) 起重能力达 1 200 吨的 Sea Jack。

(4) 起重能力达 1 500 吨的 Swire Orca。

为何一艘或多艘船舶能够搬运三脚桩基础,而不是其他基础呢? 原因有以下几条。

Svanen 不能吊运基础的原因是,三脚桩基础的底面积太大,已超过安装船浮筒之间的宽度。即使船舶拥有刚才所列的最大起重能力,可是基础过大而组件不宜用此起重机的吊钩吊运和放置。

即使最近 Resolution 的起重能力已由 300 吨增至 600 吨,但它仍处于临界状态。而且,其起重机靠近船尾位置,鉴于基础的底面积尺寸,在船尾卸载基础将受到限制。在任何情况下,须在租用船舶前仔细调研。

来自 A2SEA 的 Sea Jack 也许能安装三脚桩基础,但是需将基础转向右侧,靠向船舶。但是,它不会像 Svanen 一样能将其运到施工工地,因此,需要一艘运输驳船。

Swire Orca 的设计目的是能够运输此类基础,而且能安全运输和安装这类基础。但 Swire Orca 已不再使用,所以我们必须另找解决方案。因此,选择船舶的权衡点在于成本、可用性和能力。为了完成任务,承包商可以选择更便宜的安装船,但可能没有其他替代方案可选。因而,与最佳方案相比,天气要求必须降低。此外,拖船、驳船和其他辅助船的成本最终将高于理想状态,但是这是承包商必须面对的现实。

这意味着,在安装设备市场涌现第二代和第三代船舶之前,该行业须在现行市场中不断寻找最佳可用吨位的船舶。当然,其代价也是高昂的。

11.3.8 选择的方法如何工作?

当然,选择的每个方案的工作模式是完全不同的。为了便于讨论,让我们以 Sea Jack,一艘运输驳船以及两艘或三艘拖船为例来贯穿整个运作顺序。

第一个任务是将三脚桩装载到运输驳船上。该项工作须在制造三脚桩的港口完成,这里会面临一些问题。某些制造三脚桩基础的港口有航行限制。如有桥梁,高度就是一个问题。例如,英国的洛斯托夫特,在此港口区,安装船被限制在桥体打开前的区域。如有船闸或是狭窄的航道,就需关注到宽度问题,例如在不来梅,因基础制造厂位于船闸闸门的后方,因而受到 32 米闸梁宽度的限制。

首先,驳船必须有足够的宽度来支撑三脚桩基础。其底面积为 625 平方米(25 米×25 米),应是相当大的。然后调动相当大的驳船来运输。此外,三脚架又高又沉重,这意味着其重心位置远高于驳船甲板,在预订运输驳船时必须考虑到这一点。

造船技师或船长将能够根据驳船特性计算出稳性。根据经验猜测,选择使用的驳船尺寸最好为 28 米×(75～90)米。然需指出是,具体尺寸只能通过计算后确定。

一旦选定了驳船,下一项就是装载。这项工作可由港口内的人字吊臂浮吊完成,或者,如有可能的话,依赖重型挂车,亦称为 SPMT 转出。两种方法均可用于加载工作。人字吊臂浮吊可将三脚桩基础从码头吊起,将其定位在驳船的前部,然后,将其卸载到甲板上。

三脚桩基础在甲板上定位后,应利用焊接在甲板上的支架和弯头管做装船固定,最后用重型链条加固。船舶保险检验人员将负责监督整个操作过程,如对整个进程满意,检验员将签署运输许可。

驳船由两艘拖船在港内拖动,并穿过进出港航道。一系列挑战又再次摆在面前。如果航道很窄,驳船将难于驾驶。该地区的其他船舶必须让路,或者重新计划运输时间,使拖引工作不至干扰其他交通运输。否则,其他船舶必须避让拖引驳船。

运输海上风电场部件时经常发生类似情况。在好几个项目中,A2SEA 运输了三四套含有转子的成套风力涡轮机,这意味着安装船的宽度约为 70 米。通过波罗的海的主要航道丹麦的 Storebaelt 时，安装船舶会严重影响到其他交通。因而，需精心规划运输，整个过程需小心谨慎。更为复杂的是，当时正在举办有 2 000 多艘帆船参加的帆船比赛。

图 11.13 显示了船舶通过 Storebaelt 航道时露在外面的巨大的叶片尖端，但即使是这样，也没有发生任何事故，这是因为有详细的规划和有效的 HSE 运输计划。因此，在运输这样大尺寸的部件时，规划和执行都是困难的。但是在仔细审核必须考虑的所有参数后，即使这种类型的货物也可以安全地长距离运输。

图 11.13　注意悬垂的巨大转子叶片，离海平面的高度只有 6～8 米。如果帆船失控，很容易与它相撞

（资料来源：丹麦 A2SEA 公司提供）

一旦到达海上施工点，驳船必须先靠近其入口，以便到达正确的位置，然后拖船需把驳船安置在正确的位置上。在正常情况下，将它紧靠在安装船旁边或停在安装船附近。大部分安装船无法承受驳船的撞击，如果海流或波浪使驳船与安装船相撞，其重量可能会危及结构的完整性，因此，常规的方式是系住运输船或驳船，停在安装船附近，而不是紧挨着。

这是困难的，并且天气限制可降低安装船的最大能力。这是由于拖船可能存在失控或失电的危险,因而可认为天气限制将会降低安装船自身的基础承载能力。如果是这样的话,最佳作业期考量中的一项重要因素应该可以定义为:权衡船舶的承载能力和由于浮力引起的基础对吊运的最大动态影响之间的关系。

动态影响是下一个必须考虑的问题。安装船吊起基础时,两个浮式船舶之间或自升式安装船和驳船之间的移动差异将会引起载荷的加速力。这就是有重要意义的动态影响。因此,海上起重机的设计与陆上起重机不同。海上起重机已在设计起重机时在钢结构、绞车、吊索和所有其他构件中加上动态影响。这说明了起重机至少在一定程度上要承担起吊负荷时的动态力。在海面上起吊任何载荷时,这一点必须经过严谨的计算。

因而,海上吊运是所有操作中最为关键的一项。面对海上风险,应详细确定、计算和描述有关的计划和准备工作。基础装载到驳船上前,船舶保险检验人员会要求提供此类文件。所有这些文件必须在装载之前由安装承包商和基础制造商预先准备好,因为船舶保险检验人员到达后,将决定载荷是否可运出港口。如果可能的话,详细的提升计划,包括三维动画形式(一些软件程序可以模拟基础的海上运输、吊装和放置)将确定实际情况是否如此。但是,此时还需打住!Sea Jack 船上还有一台 Manitowoc M1200 起重机。这是一台陆用的起重机,在设计时未考虑到动升力。因此,海面上的动态吊装如果从倾斜位置或从艉部吊装时会降低这类起重机的使用性能,因为陆用起重机设计仅用于水平位置的吊装工作[倾斜(listing)是一个技术名词,适用于有纵向或横向倾斜的船舶,主要是波浪活动的缘故]。因而,倾斜最多可使起重机的起重能力降低一半。

故而,吊装操作[海上吊运(offboard):指从船舶侧边吊装载荷的技术名词,此时的载荷自身或载荷和运输船舶均处于浮动状态]必须考虑海面的波动为零,或波高不大于 0.5 米。只有如此,才不会使起重机结构的完整性面临考验。一旦吊离运输驳船,拖船就可将它拖走。安装船——此时为 Sea Jack,已将负载荷自在地悬挂在吊钩上,并开始将基础降向海床。

在下降的基础穿过浪溅区并放置到海床的过程中,海上吊运工作将再次面临考验。如果三脚桩下降太快,由管状结构形成的封闭腔室会使基础产生浮力。以前的项目中发生过此类现象,当时,起重机操作员在操作时下降过快。如果出现这样的情况,基础会出现短暂的浮动现象,从而,波浪载荷会冲击基础和起重机。这是十分危险的，尤其在使用陆用起重机时。因此，在出港之前，必须非常详细地制订应对措施。一旦放置到海床上后，运输和吊装过程就结束了，就可将基础打入海床了。

上述例子不应作为标准样板，但应视为考虑各种因素。希望它们已展现出数个需要权衡的因素，对于一个尚未成熟的行业，在规划阶段，须将这些因素纳入决策程序之中。此外，还有几个问题应予考虑，这里仅作简要讨论。这些问题包括工地现场冲刷问题，这涉及海流是属于潮汐类型，还是其他类型。

当某个实心体浸没在水中，竖立在海床上或插入海床之中时，冲刷现象就会发生。流经的水将不得不改变方向，并绕过实体流动。但是，由于无孔，流经实体的水流会加速，以便在实体的另一侧汇合。这就会导致在水流中出现湍流，并产生冲刷效果，冲蚀实体后方的海床。

当自升式平台的桩腿固定在海床上时，这意味着水会侵蚀桩腿后方的海床。随着时间的推移，它会导致支撑桩腿的坚实地基逐渐消失，桩腿将失去支撑。这样，就会产生一种危险，首先自升式平台将开始倾向被侵蚀的一侧海床，如果没有事先检测到，它可能倾覆。

当然，应不惜一切代价避免出现这种危险，正常的方式应确保这种冲刷现象不会影响到自升式平台，故而，自升式平台应深深插入海床之中。总之，海流通过海床上层对桩腿不断地冲刷，其深度要比整个自升式平台定位和顶升期间预测的冲刷影响大得多。这是一种减轻海流冲刷影响的常规方式，应始终遵循。

相关图片

把塔架的底部安放在基础上，如图 11.14 所示。

图 11.15 所示为 Lillgrund 风电场 2007 年 8 月 4 日在安装 M/S Sea Power 载运的风力涡轮机时吊运的第 2 和第 3 节塔身，它们在载运之前已在港内预装，以节省海上工作时间。

图 11.16 所示为 Lillgrund 风电场 2007 年 8 月 4 日在安装 M/S Sea Power 载运的风力涡轮机时，用螺栓将塔节连接在一起后，将机舱吊装到位。

图 11.14　将塔架的底部安放在基础上

图 11.17 所示为 Lillgrund 风电场 2007 年 8 月 4 日在安装 M/S Sea Power 载运的风力涡轮机时,用起重机处理塔顶，并安装转子。此项工作一旦完成，“机械安装”工作就结束。该涡轮机可固定和交付,然后船员移到下一个作业点。

单桩基础已装妥(见图 11.18),接下来可安装风力涡轮机。

图 11.15 吊运塔身

将单桩基础吊放到桩钳中(见图 11.19)。这个过程被称为“刺入”,这里的挑战是当用液压锤打桩前，桩体必须完全垂直。如果第一次就不顺利，有可能需用一段时间来解决。然后,须将桩体略微提起,并再次打入,直到它完美地安置在最终位置上。

图 11.16　用螺栓将塔节连接在一起后将机舱吊装到位

图 11.17　用起重机处理塔顶并安装转子

图 11.18 单桩基础装妥

图 11.19 将单桩基础吊放到桩钳中

图 11.20 所示为在海面上安装一个 2 兆瓦的 Vestas 机舱。Horns Rev 1 项目是第一个开展的大型项目。虽有良好的天气，安装工作也早就完成了，但启动和熟练过程仍是十分困难，令作者脱发不少。

图 11.20　在海面上安装一个 2 兆瓦的 Vestas 机舱

在工地现场周围移动安装船时可能需要拖轮的帮助；尤其是机动性能较低的船，如有问题，就需要支援(见图 11.21)。当你距离基础只有 20～30 米时，反应时间是非常短的。当有 50～80 台风力涡轮机准备安装时，安装船失去转向动力或操作房断电将是一场灾难。因此，现在有越来越多的船舶采用动力定位，但安装成本在不断增加。

图 11.21 拖轮协助移动安装船

12 安装和运输船舶

2007—2010 年,海上风电产业发展十分迅速。这说明,许多用来安装海上风力发电机组的新船已在计划之中,其中有一些已经在建。原来的情况不是这样的。

12.1 船舶类型

第一批海上风电项目在安装时,就临时使用当时可利用的低成本设备。因为项目规模小,只在遮蔽水域安装几台风力涡轮机,所以,事实上还是可行的。最后一个这种类型的项目就是本书开头提到的米德尔格伦登。

该项目成为大型风电场安装的切入点。该项目利用德国 Muhibbah Marine 公司的自升式平台驳船 JB-1 安装,解决的办法是尽可能少地安装风力涡轮机。米德尔格伦登海上风电场的安装区距离哥本哈根的 Burmeister & Wain 旧船坞只有 2 千米左右,因而,由 Pihl & Son 制造和安装的基础,就可以在此干船坞完成,并利用在挪威 Eide Barge 改装的驳船吊运。

该系统能工作,但有一些小问题,如在很浅的水域搁浅,以及因天气原因造成的一些延误。但到最后,一共安装了 20 台风力涡轮机,项目获得成功。但是,通过该项目,行业的利益相关者认为,这类临时设备无法在"真正的"海上开阔场地工作,不仅是因其有限的吊运能力,而且还存在施工期间无法通过公海。

对于更佳船舶的研究工作已经展开,并已涌现了一些公司,如 A2SEA 和 Mayflower Energy 等。他们对海上风力涡轮机的安装持有不同的见解,一家公司(A2SEA)采用半自升式船舶,另一家(Mayflower Energy)采用自航自升式平台,后被称为风力涡轮机安装船。今后未来十年内,这两家公司将在海上风电场安装方面占据主导地位。

基础和风力涡轮机的海上安装船有三种主要类型。这三种类型已被广泛使用,在许多情况下,能适应海上风力涡轮机组的安装工作,完成最复杂的操作任务。

将在下文中具体介绍。

12.1.1 自航自升式平台船

自航自升式平台船能利用自身的吊车吊装基础和风力涡轮机，并依赖自身的动力将它们运到海上施工工地，自升式平台升到距离海面安全的工作高度，然后使用起重机及各种船载索具和起重设备安装基础或风力涡轮机。

因此，完全独立配套是这种船舶的主要特点。它不依赖于其他船舶协助任何操作。这种类型的船舶的安装费用最昂贵，但也有数种理由可以证明它是所有类型中最具成本效益的一种。今后，自航自升式平台船仍将受到客户青睐，现已有多艘准备建造或已开始投入使用。

当然，也有其他新建的、对业内人士有很大吸引力的非自航船舶。这类安装船可以自行定位，如非自航自升式平台或非自航自升式平台驳船。但此类安装船需要一艘或多艘拖船将其牵引移位。

12.1.2 需要牵引帮助的自定位自升式驳船

自定位自升式平台驳船和自航自升式平台船的主要区别在于尺寸和机动性的不同。自定位自升式平台驳船具有在某些特定天气条件下在施工工地周围自行移动的能力。但是，在往返港口时，它们需要拖轮帮助它们移动。

驳船本身小于自航自升式平台船，因为它们实际上就是用于在工地现场安装部件(例如基础或风力涡轮机)。此外，一艘或多艘被牵引的自升式平台驳船为负责安装的自升式平台提供所需部件，因此无须移动。

当然，至少在表面上其逻辑颇为醒目，我们将在后文中讨论这种方法的利弊，以及是否有意义。采用自定位的自升式平台和非自航自升式平台驳船(需要牵引的自升式平台驳船)的主要原因可归纳如下。

(1) 自航平台的建造成本明显高于非自航平台。

(2) 自升式平台可以留在施工现场吊运其他驳船转运的部件。

(3) 气候条件较好时，可使用成本较低的驳船运输，因为用安装船进出港口将会浪费宝贵的时间。

(4) 安装船一般可以更小，因为负载能力已经超过实际需要，所需的动力仅占一到两成;现场通常集中运输风力涡轮机,而其余部分可交由支线驳船分担。支线驳船的任务是运输除风力涡轮机以外的部件。

这种体系的作用已毋庸置疑。A2SEA已在Robin Rigg项目的风力涡轮机组安装期间通过测试,这种安装理念的效果甚好。

12.1.3 漂浮型设备

漂浮型设备早在21世纪初就已成为该行业的一部分。这种类型的设备适宜于基础方面的安装。20世纪90年代中期,Vestas和Bugsier已在丹麦的聪岛附近海面上安装了10台小型风力涡轮机。

对于在海上和开阔水域安装风力涡轮机而言,至今浮动设备仍无法令人满意。但是,对于单桩基础的安装,浮动设备则表现良好,各类设备已在北海和爱尔兰海多个海上风电场得到应用,但还有一些问题须加以关注。

(1) 驳船和驳船之间基础的运送非常麻烦,并且耗时多。

(2) 这类设备操作的安全性不像安装船一样高。

因此,今后的船舶应是机动式的,能够自行运输基础。对于繁重的海上作业,起重船(例如,Magnificent和Stanislav Yudin)以及下一节中所讨论的船舶将成为在北海附近海域安装大型复杂基础的主要竞争者。较小的自升式平台并不适合这种类型的作业。

12.2 选择特定船舶时的权衡因素

在选择安装船时,海上风电场业主或主要承包商需要在数种标准之间进行权衡。海上风电场的成本(COP)对任何项目都具有至关重要的意义。当平均每日成本超过125 000欧元时,就要考虑为项目的辅助设备所花费用是否值得。没有什么可比陆上作业用错设备更糟的了,但是,如果同样的错误发生在海上,就需要付出10倍的代价。所以,就逻辑而言,辅助设备的租赁或招标工作必须非常谨慎,必须由熟练和富有经验的人员制订详细的相关说明。但是,往往情况并非如此,主要是由于从事海上风电行业的人数较少。

COP是至关重要的。通常,业主的海上风电场运营模式仅保持较低的回报

率。海上风电产业与那些近海石油和天然气行业不同，它并不拥有巨大的市场，风力涡轮机的发电量不高，利润空间也不大。海上风电场的收益率主要取决于其整个使用寿命。如果能知道其使用寿命，就能很容易地计算出业主能够承受的风电场安装和运行费用是多少。

一般情况下，内部回报率为7%～10%，取决于市场状况和海上风电场的资金(和安装)状况。因而，海上风电场业主想寻求最具成本效益的最佳方案来安装和经营海上风电场，但辅助设备所起的决定性作用往往比最佳方案更大。这看起来需要花费更多，但从长远角度来看很可能更加具有良好的成本效益。这样，增加了非自航自升式平台船和较便宜的漂浮型设备租用的机会，但是正如我们之前所说的，在选择单个低成本的安装设备时，就需要依靠更多的其他设备来进行工作。

让我们用80台风力涡轮机的海上风电项目为例进行船舶实际成本计算。这也有助于我们了解最佳解决方案是采用自航自升式安装船还是非自航安装船、支线驳船和拖船。这是目前正在进行中的项目的实际费用。

(1) 到施工工地的距离为100海里。

(2) 非自航自升式平台船的牵引行驶速度为6节。这是可以获得的最佳牵引速度。在这个例子中，为简单起见，无论天气如何，牵引速度始终为6节。

(3) 牵引需要一艘拖船，现场定位需要两艘拖船。因此，除了两艘支线驳船之外，还需三艘拖船。

(4) 自航式安装船的航速为9节。天气允许的话，它的航速为9～12节，为简单起见，我们始终选择9节航速。

(5) 支线船舶需要两艘支线驳船。如果支线驳船行驶到施工工地的时间长于它完成满载所需的时间(周转时间)，就要求有两艘或更多的驳船来维持安装型自升式平台的运行。本实例中，我们选择两艘驳船。

(6) 自航式安装船每趟可携带8台风力涡轮机。这应该是近两年来新投入运行船舶的合理均值。

(7) 支线驳船每趟能携带两台风力涡轮机。考虑到驳船需要运送尽可能多的风力涡轮机，所以这是一个合理的数字。

(8) 单件设备的成本依据当今的市场均值计算如下。

(a) 自航式自升式安装船舶每天花费125 000欧元。

（b）非自航自升式平台每天花费 80 000 欧元。

（c）支线驳船每天花费 75 000 欧元。

（d）40 英尺[①]的系缆拉力的拖船每天花费 8 000 欧元。

这里需要说明，支线驳船必须可自升，以便安装型自升式平台能将部件吊离驳船甲板。HSE 规则和海上保险细则均要求达到这一点。在这一实例中，除起吊功能外，安装型自升式平台和支线驳船是一样的。否则，支线驳船将决定安装的进程，因为它的操作范围低于安装型自升式平台。

然而，当你购买一台 500 英尺高的海上起重机时，你将支付约 800 万欧元。如果自升式平台的使用寿命为 20 年，等于每天花费 1 200 欧元。按 8%的利率计算，可能稍高一点，就是 1 400 欧元。为方便起见，我们取整数，海上起重机每天的成本大约为 5 000 欧元。

我们已排除了燃料成本，但很显然，拖船将使用更多的燃料，加上安装型自升式平台，总花费应高于自航式船舶。在本例中，我们假设它们使用的燃料消耗量相等。无论采用何种运输方法，风力涡轮机的安装将花费同样的时间。

因此，在此运用中，它仅涉及辅助设备和涡轮机的安装天数。

我们已考虑到每天使用供料驳船和一艘牵引拖船的成本，从而可给出下列每日运输成本。

（1）一艘支线驳船每天花费 75 000 欧元 。

（2）一艘拖船每天花费 8 000 欧元。

每日总共需要花费 83 000 欧元。在表 12.1 中，此金额用浅灰色标注。

这里，我们考虑到每天使用一艘支线驳船，一个安装型自升式平台并配备两艘拖船的情况下，预计每天花费为：

（1）一艘支线驳船每天 75 000 欧元；

（2）一个安装型自升式平台每天 80 000 欧元；

（3）两艘拖船每天 16 000 欧元。

综上每天总共需要花费 171 000 欧元。可通过表 12.1 所示的数据了解这项计划的具体费用。这笔费用用深灰色的阴影标注。

---

① 译者注：1 英尺 $=3.048\times10^{-1}$ 米。

表 12.1 船舶实例的成本数据

船型		自航式安装船			支线驳船		
项目	单位	数量	每单位成本/欧元	小计项目成本/欧元	数量	每单位成本/欧元	小计项目成本/欧元
到达安装位的距离	海里	100			100		
转运航速	节	9			6		
安装船数	艘	1	125 000		1	80 000	
拖船数	艘	0			3	8 000	
支线驳船数	艘	0			2	75 000	
每航次运输风力涡轮机数	台	8			2		
载荷	总数	10	125 000.00	1 250 000.00	40	75 000.00	3 000 000.00
转运时间	天	0.50	125 000.00	62 500.00	0.75	83 000.00	62 250.00
转运次数	次	10	62 500.00	625 000.00	40	68 250.00	2 730 000.00
风力涡轮机安装时间	天	80.00	125 000.00	10 000 000.00	80.00	189 000.00	15 120 000.00
总成本	欧元			11 875 000.00			20 850 000.00

在这种情况下，结论是明确的。自航式安装船的工作速度快。在成本比较方面，如将风力涡轮机集中在港内，即使我们允许港内的装载时间可以加倍，但成本方面差异将达近 900 万欧元。因此，支线驳船比较昂贵是毫无疑问的，而且，并未带来明显的好处。

所以，我们就要问，为何要采用区间支线驳船？原因很简单：因为市场上没有足够的自航式安装船可以处理所需的工作量。此外，如果认为 8 台或 10 台风力涡轮机是一个大数目，有些船舶还不能够携带这么多部件。当然，这就需要拿出一个解决方案，并按照各个项目的要求逐个解决。

该解决方案是使用两艘或多艘船舶，其中一艘或多艘不是自航式的，但有能力输送整体部件的一部分。一艘船舶可以运输和自升降，但不能吊运物件，而另一艘可以将物件吊运到现场，但不是很适合运输。

非自航式设备需部署的量较大，以便能与自航式船舶同步。海上安装时，这是必要的，以免等候。对客户而言，这样做的价格可能不会便宜，但最终，它可能是建造海上风电场的必经之路。

12.3 评估设备

当你想包租或购买安装设备时，有几个因素必须考虑。以下是一些需要重点考虑的问题：

(1) 对物流方案的影响；

(2) 装载量与距离的关系；

(3) 装载量与周转时间的关系；

(4) 是否供给部件；

(5) 对项目施工进度的影响；

(6) 风力涡轮机整体安装是否可行?

(7) 不同类型船舶的规格，以及它们对项目的影响；

(8) 根据典型安装船的性能，计算项目的成本和时间。

讨论当然是有趣的，但我们需要对此过程做一些工作理顺问题。重要的是需了解各种因素在此过程中的作用，以便能评估出哪种解决方案是最好的，也许不一定适用于所有案例，但它适用于我们正在讨论的具体情况。

为此，我们建立了表 12.2，它提供了会影响到我们选择的诸多参数。表中的注解将在后文中详细阐述。该表可以看作为一个快速指南，在那里你可填写船舶规格，如果需要的话，还可以提出，为顺利完成正在进行的安装项目所需要的船舶的特性要求。

表 12.2 项目参数可在与此相同的船舶评定表中显示,或可用另一种提供必要资料的格式

分类		参数	说明	备注
第一部分	基本资料	船舶类型		
		船舶所有人		
		船籍		
		业主		
		船舶长度/米		
		船舶宽度/米		
		航舶高度/米		
		最大吃水深度/米		
第二部分	作业/租赁	建造方		
		租赁成本/(千欧/天)		
		最低租船期/天		
		启用成本/千欧		
		采购成本/百万欧		
		预期租赁		
第三部分	装载能力	最大有效载荷/吨		
		最大甲板面积/米^2		
		最大单位承载能力/(吨/米^2)		
		甲板区的形状和布局		
		露天甲板和封闭式甲板的有效利用率		
第四部分	升降系统	系统		
		最大水深/米		
		升降速度/(米/分)		
		承载能力(每支腿)/吨		
		支腿数		
		桩靴		
		最大穿透深度/米		

（续表）

分类		参数	说明	备注
第五部分	推进系统和动力定位系统	推进系统		
		规格		
		制造商		
		性能/千米		
		服务航速/节		
第六部分	起重机	类型		
		最大起吊能力/吨		
		吊装半径/米		
		吊装高度/米		
		吊钩高度/米		
		最大吊装半径/米		
		有效载荷/吨		
		起升速度/(米/分)		
		最大风速/(米/秒)		
		有义波高/米		
		在船上的位置		
		移动补偿系统		
		辅起重机的可用性和规格		
作业模式	迁移模式	有义波高/米		
		最大波浪峰值周期/秒		
		风速/(米/秒)		
		能见度要求		
		运输航速/节		
	升降	有义波高/米		
		最大波浪峰值周期/秒		
		风速/(米/秒)		
		海流流速/节		
		能见度要求		
		自升降速度(米/分)		
		海床类型		

(续表)

分类		参数	说明	备注
作业模式	等待期	有义波高/米		
		最大波浪峰值周期/秒		
		风速/(米/秒)		
		海流流速/节		
		能见度要求		
		最大波高/米		
		等待期的风速限值/(米/秒)		
	升降/风力涡轮机安装模式	有义波高/米		
		最大波浪峰值周期/秒		
		风速/(米/秒)		
		海流流速/节		
		能见度要求		
	人员转运和膳宿	船舶的风力涡轮机接入系统		
		登船		
		移动补偿系统		
		住宿		
		船员		
		乘客		
		直升机甲板		

12.3.1 基本资料

基本资料应是安装的先决条件。我们谈论的是哪一种船舶？是否可利用？船舶的业主是谁？自升式平台、运输船、铺缆船等的主要功能是什么？如果已获得这类信息，我们就可在项目管理计划中对这类船舶做出工作安排。

1）船舶的类型

在签订所需类型的船舶时，你必须首先确定选择哪些类型。正如下面提到的，有各种不同的选择,但它们各有利弊,而且会影响你的选择,如价格、能力,以及是否适合新的工作。当然,这一点是重要的,并且正如前面提到的,项目的有效性和特殊性可能会决定哪种选择适用于项目的哪种特定范围。

2)选项

在自升式平台、自航自升式平台、自升式平台驳船、自航半自升式平台和漂浮型安装船之中,你倾向使用哪一种?每一种船舶都有在航行和吊运方面特有的功能。总的来讲船舶能做什么?它是自升降式或半自升降式?这些对安装流程都是重要的,当然,船舶的成本是由自身承载能力和特性决定的,如自航自升式平台驳船较贵,但更高效。

浮式平台或驳船比较便宜,但不够灵活,只能在平静的水域运送或顶升低容量的货物。此外,正如我们已经说过的,是否能使用指定的特种船舶在一定程度上甚至可以决定建造海上风电场的方法。

3)船舶所有人:合同合伙人,船舶经营人

船舶所有人通常还是安装承包商。他们可以根据客户的要求提供船舶。如果没有特定的喜好,经验丰富的安装承包商通常能确定适合项目或适合安装的工作范围。但是在此时,还是需要提出一些忠告。由于该行业发展至今仍只有10年左右,真正有经验的公司还是很少的。因此,你可能会收到不可行的海上风电项目报价和工作范围,往往它们比预期花费更多的时间和金钱,这可能归咎于承建商和项目业主的经验不足。

各个风电场业主有不同的工作范畴要求,根据承包商/船舶所有人的船舶和常规能力,他们一般能或多或少地提供安装范围。此外,各船舶所有人不必提供整个辅助设备或SOW,仅需部分提供即可,而且仅仅在某个合同协议下提供。请记住,这一点在启动获得辅助设备的过程中是非常重要的。

4)使用

船舶用于何处?当然,在接触船舶所有人/运营商前,这是最重要的问题。在安装风力涡轮机报价时,有一点要向公司弄清,该船舶是否能自升降。船舶的使用和能力将决定为了运输和安装风力涡轮机，你的辅助设备要用多少。

5）船舶长度

船舶长度是表示船舶的航海能力的一项重要参数。船舶越长，就越能应付来自艏部方向的涌浪和波浪。

船舶长度重要性体现在其远洋适航性，当然，依据甲板空间的大小，船长代表一般参数。但是，如前所述，船舶越长，应破巨大波浪的能力越强。

6）船舶宽度

船舶宽度是一个非常重要的参数，因为船宽决定了能够承受来自侧向的倾覆波作用力的能力。船舶宽度和水深之间的关系是至关重要的。如果船体宽度窄，可以升降船舶的水深就较小。如果船宽较大，船舶就可以在更深的水域升降。我们需要长而宽的船舶。船长和船宽这两个参数是设计中的首选准则。

7）船舶高度

船舶高度可从两方面考虑。就船体而言，高度是极其重要的。船体的刚度来自船体板的高度。船体板的刚度则决定了支撑腿之间可实现的最大距离。船体板越薄，支撑腿之间的距离越短。如果你希望选用较薄的船体板，你可以选择六条支腿而不是四条支腿的船舶。

此外，船舶的干舷可能会有问题。国际海事组织的规则规定了当船摇晃到一边时，船舶应有的干舷高度。你必须避免干舷损失，从而防止露天甲板浸没在水中。因而，干舷必须有足够的高度来达到该项准则。此外，船体的刚度是很重要的，尤其是对船体的弯曲惯性矩而言，它关系到船舶的承载量。

另一个与高度有关的问题是船舶航行时的最大高度。但这是次要的一点。可是，在选择港口和航行路线时，应加以考虑。航道中应无悬垂的缆线、桥梁或电线等。

8）最大吃水深度

最大吃水深度对于在任何深度的水域中都是至关重要的。在很浅的水域中，船舶有可能搁浅，或者，更严重的是，无法用螺旋桨定位。在深水中，非超大功率船舶低速行驶时，吃水浅，并且船舶宽大，其航向稳定度就会降低。

船舶在海上风电场以低速或零速情况下定位时，航向稳定性具有决定性作用。这类作业最好有 4.5～7 米的吃水深度。十分有趣的是，新的第二代船舶似乎很难符合该项要求。为使船舶获得经济效益，船舶上可装载的风力涡轮机数量将决定其自身的大小。

前文有关船体刚度的叙述就变得有根有据了，因为，当船体尺寸转为大容量时，为维持船体的刚度，对钢材的要求就显著增加，可这将导致船舶的吃水深度提到更高的层次，如需在水中托起增加的重量，就要求支腿的剖面模数增大。故而，你可以看到，设计实际上是一个迭代过程，通过权衡多种因素来获得可接受的设计，最终能在船舶长度、船舶宽度、最大吃水深度、船体刚度、货运能力等方面达到要求。一旦要做到这一点，船舶的建造成本就必须处于合理的预算范围内，以使它在租赁市场中具有吸引力。

12.3.2 作业和租赁

下述章节描述了表 12.2 所示的表格中第二部分的一些参数。

1）租赁成本

每日租船成本为船舶租用一天的价格。租船有数种不同的方式。他们通常一致采用波罗的海国际海运理事会(BIMCO)的格式表术语。波罗的海国际海运理事会已制订了一系列格式表，用于确定租船形式、船舶的预定用途、租用成本，以及持续时间等。

有几份格式不同的表也在使用。对于海上风电行业，一般使用定期租船业中运用最广的“Supplytime”合同 2005 版。它是航运业者遵守并熟知的标准文件合同。然而，除 BIMCO 格式表以外，海上风电产业还有许多要求。比如，在出于天气原因导致的停工期和延误的情况下，租船人有一些强加到船舶所有人身上的特殊要求。因此，包租费为每日租金，通常适用于在定期租船合同下，一艘可全面运行的船舶。它包括了船舶所有的花费：保险、运行和维护、船员费用和他们的日常供应。

添加到日租金的开销还有运行船舶的燃料和发动机的润滑油成本。这些项目需要另行收费,并加上 15%的手续费。通常情况下,如果租船人和工作人员也在船上,他们的饮食、住宿费也需收费,但通常会在回签书信或实际安装合同中分别商定并将其列在格式表之外。

2）最低租船期

通常情况下,租船期需在填写格式表时确定。重要的原因是租用的长短将影响最终签订的租船合同,甚至是安装合同的价格、条款和条件。

大多数业主,即使不是全部,均要求获得尽可能长的租船期,其原因是为了确保船舶所需的业务收入。因此,租船期通常固定在至少 30 天,或以单次往返为基础。对于短期租船，业主设定了高价,而对于 6 个月、12 个月、24 个月甚至更长的租期，每日租金将显著降低。原因很简单,较长租期的船舶收入能得到保证。

3）调动费

这些是安装工作中船舶定位和准备工作的成本。此外,也需包含工程完成后,拆卸工作和将船交还给船舶所有人的成本。对于安装海上风电场的实际成本,这也是一项重要的参数。船舶被订时，通常还在另一个项目中工作。调动费将是从它目前所在的位置重新定位到租船人指定的施工港口的成本。

此外,调动费可覆盖的项目包括调查船舶,即起租检验和完成所有专用装船固定和脚手架装配工作,这些均是将不同风力涡轮机部件装载和运输到海上风电场所必需的。显然,这需要一定的时间和在此期间的船舶成本。然而,为了便于理解,调动费可以看作为船舶定位的所需成本。

12.3.3　装载能力

下述章节描述了表 12.2 所示的其第三部分的一些参数。

1）最大有效载荷

这是可以加载到船舶的风力涡轮部件的实际重量,包括装船固定设备。对于租船人而言，这是必要的信息。其重要性不仅是要了解承载能力,而且，有必要将它分解成各个组成部分。

通常情况下，船舶有载重量、空载排水量和承载能力三项说明，但三者间的关系并不总是清楚的。载重量是指船舶的总重量，包括货物、压舱物、燃料、润滑油、供应品、人员、装船固定设备等。载重量可使船舶达到所允许的最大吃水深度。空载排水量是指完全空载的船舶，船上无压舱物或燃料，它完全是空船的重量。

承载能力是指可装载在船上，并可四处移动的载荷重量。但是，它包含燃料、润滑油、供应品和必要的压舱物。因此，承载能力将取决于船上负载的重量、体积、放置和分布情况。

重要的一点是，负载放置到船上后，重心要低，从而使船舶具有良好的平衡性。船舶具有六个自由运动方向：升沉、纵摇、横摇、纵荡、横荡和艏摇。对此，我们将考虑横摇运动，因为这通常是最关键的一项。当船舶在海浪中时，重心垂向位置将移向摇晃的一边。这意味着内部的重量分布将出现偏侧——相对于垂直方向而言，船舶自身必须在相反的方向具备同样大或更大的阻力矩——复原力臂。这两者之间的关系被称为稳性高度。

通常情况下，船舶和货物重心与复原力臂之间的关系，应该具有合理的稳性高度，它能提供 6～8 秒的船舶横摇周期。低于该数值时，会感到非常不舒服，高于该数值则会导致船舶恢复常态时非常缓慢。这是在开敞水域不希望看到的，特别是在天气不佳时的海上。

为了更深入解释船舶的航海行为，可以查阅海洋工程和船舶设计方面的浩大知识库，它开辟了一个全新的世界，能不断发现问题和解决问题。但承载能力的主要问题还有其另外一面，即安装程序的执行。操作和执行程序的规划部分取决于每航次运输和安装的部件数量。

显然，前面提到的每个航次的载运数量当然是指风电场所需的风力涡轮机的数量或安装风力涡轮机所需的基础件数量。在权衡船舶尺寸、成本和船上可装载的部件数时，也会受到其他因素的影响，包括海上风电场规模，到装货港的距离和海上风电场地区可能预期的季节变化特征等。所以，当你准备对安装海上风电场用的船舶下订单时，了解项目的顺序是非常重要的。

每次运载较少的部件（风力涡轮机或基础）将意味着转送时出入港口的航次数更高。如果海上风电场的风力涡轮机数为 30 台，而你一次可以运送 3 台，安排用于运输的天数将至少为 10 天。如果该船舶成本较低,这不成问题;但如果运输船舶的成本较高,则会影响到项目的经济成本,如果用于风力涡轮机安装的给定持续时间为 1 天,转运时间成本将占成本的 25%。

如果海上风电场所需的风力涡轮机的数量增加,问题还会更大。因此,90 台风力涡轮机的风电场将按比例需要 30 天的运输时间,但项目持续时间将增加。项目进程较长时,还存在更恶劣的天气问题。由于项目从盛夏延续到春秋两季,船舶的有效工作日将会随之减少。这反过来又意味着非工作日的数量将增加,从而增加成本。因此,在任何给定时间内,船舶可以运输基础或风力涡轮机的数量必须尽可能高。

2) 最大甲板面积和最大单位承载能力

最大甲板面积是甲板上可以提供的装载空间。装载空间仅计算可用的甲板面积,因此,对于船上支脚之后或两个障碍物之间的区域,只要有办法利用来存放物品,就可计入面积。其重要性在于能对装载到船舶甲板上的部件布局进行规划,其原因是显而易见的。

如果该区域是空闲的,而且便于存取,可以同时充分利用其最大容量。但是,该区域必须能适合部件的安放。以后,我们还将进一步讨论甲板的承载能力,其重要性在于,有些甲板虽可存取,但无法承受载荷,故而,它也是无用的。因此,对于给定的船舶而言,可自由装载的甲板面积不但要尽可能大,而且需具备较高的承载能力。

3) 甲板区的形状和布局

露天甲板是何形状?正如刚才提到的,该区应能便于船员进出,最重要的是,可用船上的起重机吊装。该甲板应能在无须移动部件的情况下,就可在海面上进行装载和吊运。甲板面积可以很大,但如设计不当,就会出现死角或障碍,妨碍部件在船上吊运和存储。

此外,某些自升式平台驳船虽然相较于自身尺寸具有大面积的甲板,但是安装起重机却占据了一大块甲板空间。外行人看来,这个数字的确很大,但实际利用率是非常低的。在一些情况下,通过使用船身外的固有装船设施,部件被装载到船上。可是，无论从实际效果，还是从稳定性的角度来看，这种方法特别不可取。虽然过去一直在使用此方法，但是单是这种方式是没有成本效益的，而且船员在部件上攀爬引起的安全问题更为复杂。

4）预装配

哪种类型的风力涡轮机需要考虑预装配问题呢？需要哪种类型的固定装船设备？预装配阶段会派生出哪一种安装方法？如何运输到现场和在何种环境下运输？相匹配的天气条件应该是怎么样？

如果各类部件，如叶片、塔架节段、机舱、轮毂等，作为单品装载到船上时，它们需占用一定的仓位。无论在港口，还是在工地现场的海面上均需要一定量的吊运工作。鉴于船舶的承载能力和甲板区可利用的空间，预装配工作可以决定能装载的部件数目。此外，还需在此时确定安装风力涡轮机所需的海上起重机的数量。预装配数量越少，海上的吊运量越多，从而，安装风力涡轮机的耗时越长。对设计不良的甲板区，预装配还有助于优化其用途。

但是，预装配可达的程度主要取决于风力涡轮机的设计。如果风力涡轮机机舱未配备盘车装置，即可以旋转轮毂的一种装置，每次旋转 120°，水平安装一片风叶，直到所有三片叶片均已嵌合。那么，在此情况下，唯一可采用的转子安装方法是在陆上预装轮毂和三片叶片。但是，这样将显著减少可以装载的转子数量。而且，鉴于船舶和转子的最大宽度，也会对运输模式、可作业期、港口和航道的通行均产生影响。

我们已经再次证明，各种权衡因素可严重影响到海上风电场的安装方式、速度和成本。

5）露天甲板和封闭式甲板的有效利用率

船舶的构造如何？船舶上是否有货舱和舱口盖，以便将部件叠放存储？这是我最喜欢的一项讨论：为什么我设计和建造的船舶看起来就像他们做的那样的原因。

大部分安装船具有顶面敞开式甲板，这意味着部件装载在甲板上。所见即所得，装载计划的执行也很简单，那是因为一旦用到一个区域，只能在高度上加以优

化，其手段无非是将组件放置到非常昂贵的脚手架或塔架或其他形式的货架上。

因此，在顶面敞开式安装船上，无论是否是机动式，要么纳入量(或装载量)较低，要么建造庞大的货架容积来增加装载量。如果货舱上有舱口盖覆盖，可以分几层叠放存储部件。其优势是，同一面积可以翻几倍利用。但这项工作将如何做？因为与相对扁平的货舱相比，需要建造更为昂贵、更为复杂的船体，并含有可开启的舱口盖和空的货舱。

基于下述一些理由，建造这种货舱还有一些好处。当然，还可以讨论更多，但要点就是这些。

(1) 船体板高度。船舶侧面越高，刚性越好，从而可增加桩腿之间的距离。船体板的上下结构件之间的空间可免费作为一个货舱使用。

(2) 船体越高越坚硬，就越有可能无须用六条桩腿代替四条。但是，这也意味着与通常建有六条桩腿的扁平箱体的船体相比，可显著节约成本，而且长度不受限制。

(3) 将最重的部件(通常是机舱)安放在船体底部会显著增加船的稳定性。如果能设法将塔架置于船的内底板上(货舱内的底板通常是双层底舱的顶板，或称为船的内底)，就有可能运输完全组装好的塔架。海上吊装时，它能明显节省时间。如果仅需用螺栓将完整的塔架固定到基础上，而不是将分段的塔节用螺栓固定在一起，就可以节省时间和金钱。此外，电缆可以完全安装在塔架内，这意味着机械安装后的调试时间更少。

12.3.4 吊装(自升式平台)系统

下述章节描述了表 12.2 所示的表格中第四部分的一些参数。

1) 系统

自升降系统有数种类型。当然，其中最昂贵但最快速的一种是齿轮齿条式系统。该系统出自石油和天然气行业，几乎所有的钻机操作均采用这类系统；此外，价格比较低廉的有液压操作系统，譬如，来自各类厂家的双手交替操作系统，它的速度较慢，但肯定可以节省资金。

系统的选择是很重要的，因为齿轮齿条式系统需要付出高成本，但如果客户租赁配备有液压系统的船舶就会便宜得多。到目前为止,多数船舶采用液压操作系统。例如,双手交替操作系统,液压传动装置是通过液压鞘连接到桩腿上或用加强横梁连接到桩腿上的齿条。新的建设项目一直在使用齿轮齿条式系统,我们在关注今后会用哪一种系统。

2)升降速度

升降速度是指桩腿上升和下降的速度,此信息分为两种情况。

(1)船舶中无载荷时,支腿降低或升高。

(2)支腿与海床接触后,船舶升起或下降。

齿轮齿条式系统能做到满负荷运行,在负载之下,支腿的升降速度通常是船舶升降速度的两倍。

液压操作系统速度较慢,而且,还有更复杂的系统。但速度是很重要的。因为,波浪比较高时,船舶的自升降是至关重要的。因此,必须对自升降速度有所了解。

在选择齿轮齿条式系统时,你有两种选择:电动式或液压式驱动系统。电动式驱动系统非常环保,因为没有液压油或其他液体会意外渗出,但船舶的装机功率不得不比液压式驱动系统高,增加功率也意味着增加船舶的成本。

3)承载能力

运载量以每个桩腿的吨位计算,即操作过程中每个桩腿的最高负荷。在操作过程中,每个桩腿可承受的最大有效负载当然是至关重要的。不仅要考虑船舶的重量,而且要考虑船舶越大,系统也要越大。

之前,我们已肯定,较大的船舶具有更大的承载能力,而当未在提升支腿时,它们当然会延伸到地面,你必须能够升起船舶,必要时,包括货物和压舱物。因此,该系统必须能够应付所施加的载荷,系统设计必须满足在船舶的整个使用寿命期间,支腿和升降系统能承受所需的最大负荷。

此外,它还为你提供了与船舶相关的地面压力和船舶的自升降能力。你需要确切了解所施加的地面压力是多少,否则,就会出现严重的风险。可能会碰到穿刺现象,即桩腿下方的地面会被桩腿穿刺,形成一个洞。这很可能会导致船舶倾覆,

船舶和船员将面临危险。

这一点必须避免,处理方法是在预定时间内对海床增加 50%的压力,通常采用被动压力来施加预压载;反过来,也可通过将船体顶升到一定的高度,使其不再淹没或刚好淹没在水中和抬升两个对角向的支腿,以增加其两条或四条支腿的压力。

支腿压力也与负载是否均匀有关。例如,将主安装起重机安装在某条支腿周围时,该台起重机和支腿就需要比其他支腿高出 50%以上的对海床的压力。这必须在设计过程中解决,更高的负载意味着更大的支腿和更大尺寸的桩靴。在实际操作中,较高的负载意味着更高的预压载力。

4)支腿数

那么,理想的支腿数应是多少?可以是三条、四条、六条或八条支腿,但自升式平台或驳船上最常见的设置为四条或六条。自升降系统的承载能力乘以支腿数等于整个可自升降的载重量。你需要减去摩擦损失等,但总的来说,这是它的计算方式。

此外,支腿的数量也在一定程度上给出了防穿刺方面的安全性,这是因为含有六条支腿的船舶失去一条支腿的严重性要低于含有四条支腿的船舶失去一条支腿的严重性。至于三腿式自升式平台失去一条支腿,我们可对其逐一计算。

但在这里,应着重说明的是,在安装部件时,支腿数量和它们在船舶上所处的位置可能会妨碍起重机的运作。因此,除了自升降能力外,还存在许多其他理由要求我们关注支腿的数量。

5)桩靴

桩靴是一种箱式或八角形的底脚,与海床接触时,它能增加支腿脚的底面积。其在两个方面起作用:

(1)降低地面压强,加强抗穿刺现象的安全系数;

(2)由于底脚面积增大,穿入海床的程度降低。

有些自升式平台不用桩靴。它的支腿深深穿透到较软的海底沉积物中,从而,它不是站在海床上,而是利用支腿对其周围土壤的摩擦力。这种方式不太可取,因为支腿的长度必须与此相关,而且，支腿在沉积物中被卡住的可能性较高。

此外,桩靴的设计目的是在一定程度上穿透到海床中,避免支腿存在下冲现象,从而发生穿刺现象。这是桩靴的一个非常重要的特点。但是，在再次收回支腿时，又会出现另一个问题。因此,桩靴在设计时也应含有冲洗系统,以便通过冲洗方式使它沉入海床,在收回支腿时，能冲走泥沙或淤泥。

6）最大穿透深度

支腿和桩靴(如有的话)的穿透深度是一个重要的变量,但它也取决于土壤类型。海底的穿透量受限于该船所在位置的最大冲刷程度。然而,如是软海床,支腿必须充分穿透到稳固的立足点。因而,该参数不是固定的,而是一个工程设计参数。

海底穿透的操作和计算规划是安装手册的关键部分，在进入海上安装位前，必须制订出具体的工程手册。该手册必须经过船级社的复核，并获得客户/租船人和船舶所有人/船舶操作人员的保险公司的批准。

12.3.5 推进系统和动力定位系统

下述章节描述了表12.2所示表格中第五部分的一些参数。

1）推进系统

大家对安装船引擎盖下方是什么这一主题当然是感兴趣的,但它比预期的内容要少。由于一些船舶不是自航式的,所以,实际上,安装船引擎盖下方有没有东西都不一定。

如果有的话，应检查推进船舶的类型,以确定在某个安装位时，该船舶有何种能力。只有当你对此有所了解时，方能对项目所需的时间有良好的掌控。它不单与给定的海洋气象信息相关,而且可将船舶能力与实际预定期限做比较，以便了解它们之间是否相配。

如果船舶是自航式的,对推进系统的描述应可令人了解和确定其功率和能力。为此，如果船舶具备动力定位系统,就需了解其能力如何。

动力定位(DP)是指船舶的推进和控制系统可以抵御船舶定位处的大风、波浪和海流等环境影响，而且，该系统能检测、监控、并调整船舶，使其能长期保持位置和方向，或至少在系统能力范围内做到这一点。这是为什么要有动力定位配置图，因为，它可显示系统的能力。

2）规格

安装了哪种类型的发动机和推进系统？选项有 MDO 或 MGO tier 2 柴油发动机。鉴于污染方面的要求，对于 2010 年后建造的船舶，所有船用发动机应该为 tier2。MGO tier 2 是指系统发动机效率和发动机工作时船舶的废气排放量。

虽然旧船不需要 MGO tier 2，但应该指出的是，我们所工作的行业被认为是对环境友好的，并且，与现有的碳水化合物燃料系统相比，我们不能被视为污染者。因此，所有船舶必须贯彻和遵守 MGO tier 2 的要求。

3）性能

当然，我们也关注其工作性能，或系统有多少千瓦的能力。通常情况下，它属于船舶设计的内容，唯一与此相关的是，它是否可以操作船舶，将其顶升，是否采用合理的方式工作。例如，按照船舶的大小，它是否具备船舶制造商指定的 DP 标准。

4）服务航速

当然，船舶的速度也是有关的，尤其是转运。不管如何，应尽量考虑较短的运输距离。因为，速度与货运能力两者之间也需权衡。涡轮机装载越多，船舶的速度越慢。当然，如前面所讨论的，最坏的组合是，船舶小而慢，承载能力有限。转运速度变得越来越重要，特别是英国 Round 3 项目和德国项目的安装工地，距离德国海岸相当遥远，安装船运输时间十分漫长。

12.3.6 起重机

下述章节描述了表 12.2 所示表格中第六部分的一些参数。

1）类型

起重机的类型可能是最重要的问题。采用可自升降船舶或平台的主要原因是为了起重机。船舶或平台的作用不仅是为起重机的工作提供坚实的基础,而且为所需的安装船员提供操作时的安全性。因而，起重机的类型和尺寸是极其重要的。

对于一台具有 500 吨以上起吊能力，并可达到安装机舱所需的高度和半径的起重机而言，所谓可伸缩式起重机实际上已不再实用。伸缩式起重机能够将吊臂伸出和缩回到所需的长度。其成本主要在于吊臂的承重，而其规格在某些地方已不切实际。

此外,许多机械部件在海上施工工地的含盐环境下无法良好地工作。因此,应选择安装在底座上的桁架吊臂起重机或其他类型的桁架吊臂起重机。桁架臂俯仰起重机的起重能力高达 7 000 吨以上,并可在海上的安装船上工作。所以,它应是安装在支座上的俯仰式起重机。

然而,规模较小的安装船配备了履带式起重机,当然,它们是具有吊装能力高达 1 200 吨的起重机，但履带式起重机并不十分适宜在船上工作,原始的用途是在陆上工作。为此，应避免履带式起重机在甲板上自由运行。

2）最大起吊能力

对于租船人而言,起重机的起吊能力当然是非常重要的。起重机必须能够将所有的部件吊装到船上。要做到这一点，就需要较高的准确度和较高的安全系数。因此,重要的是在包租船舶之前,应事先确定最重部件的吊装高度以及起重机所需的吊装半径。

对于多数机舱而言，起吊能力需达到 350 吨左右，并符合所需吊装高度和半径要求。吊装的重量、高度和半径必须在设计期间确定。

3）吊装半径

将部件顶升或吊装到位时，以米为单位的吊装半径决定了船舶与基础的间距，这是船舶必须遵循的。船舶到基础的正常间距约为 25 米，以便起重机操作，这也是起重机和涡轮机之间的合理间距。

起重机工必须能四周转动和回转，并且驾驶员可在起重机前方操作。如果风力涡轮机和起重机之间没有足够的间隙，起重机需在最高角度始终用吊臂操作。如果部件不合适，就会出现问题。此时，吊车工必须来回移动，以便获得吊装部件的最佳位置。

4）有效载荷

起重机的有效载荷可用如下两种方式定义。

（1）负载最重的起重机在最小半径内的最大起吊能力。

（2）起重机可以达到的最大起重力矩，即载荷 x 到起重机回转中心的距离。其中，一个例子是600吨的基础，要将它安设在距离起重机回转中心25米半径的海床上。这是起重机可以吊装的最大载荷和最大距离。因此，起重机的有效载荷为 600×25＝15 000(吨·米)。但是，一片叶片的重量可能为10吨，所以，同样的起重机应该可以在1 500米外的半径起吊该载荷。无论如何，从技术角度上看是可行的。此外，在增加吊臂长度时，吊臂本身的重量会迅速降低起重机的起重能力。然而，起吊半径为70米的叶片所需的起重力矩为700(吨·米)，当然，它还是在该起重机技术性能的可达范围内。

基本上来说，起重机的起重力矩是重要的，但是，此行业中半径相对较短的起重能力决定了起重机的能力。因此，具有600～1 000吨起重能力的起重机可用于基础和风力涡轮机的吊装，应成为主要的选择目标。

如仅用于吊装风力涡轮机，容量可以减少至400吨，吊装半径为25米，提升高度为120米，提升高度应是最后一个要素。如前所述，吊臂的长度应是起重机的折减因素，起吊能力随吊臂长度的增加而迅速下降。

5）最大风速

最大风速是指无法操作起重机的风速。这是一个安装难点，因为起重机能够在更大的风力下工作，但在此风速下，无法安装风力涡轮机。但是，在一般情况，如果起重机可以在12～15米/秒的风速下工作，则已足矣，因为风速会限制起重机的工作或限制部件的安装工作。两种情况均需等待好天气。

6）运输标准

运输标准中的浪高极限是指运输船无法从一个位置迁移到另一个位置的限制点。通常适用于港口和安装现场之间的运输。H_s 运输标准通常与自升降的标准相匹配。这意味着，当 H_s 比顶升标准稍高 0.5～1 米，并有下降趋势时，我们应该开始向现场运输。

通过这种方式，我们可以利用这种天气标准来完成装船固定工作，启动从港口到安装现场的运输。这实际上是更好利用了工地现场的最佳作业期。然而，运输标准也有一定的限制，每当达到或超过该标准时，就需等待好天气。

7）最大波浪峰值周期

装船固定需达到何种强度？船舶的海上工作是用何种方式进行的？正如已经描述的那样，必须配置装船固定设备以应对正在进行中的与最大运输量对应的 H_s 标准，对于运输标准而言，这是重要的一点。如果标准制定较低，那么装船固定的操作范围就窄了。因此，设计人员通常是造船技师，应设法寻找可令风力涡轮机部件在任何方向都允许的最大惯性，这就是装船固定的控制参数。对部件的操作范围和最大惯性力则由船舶运动和相对应的海况最大值所决定。于是，就形成了装船固定的操作范围和设计参数。

8）能见度要求

航行时，即使有雷达和全球定位系统（GPS），我们仍然需要一定的能见度。然而，在这种情况下，我们可能需要针对其他方面的能见度，尤其是当组件超出船舶周界时的情况下。海上航行时，我们是将转子安装在甲板上，在很大程度上超出该船舶的船宽。如果对方通过的船舶太靠近，那么很容易发生事故。因此，重要的是，不单要在我们的船上看到别人，也要让他们看到我们。

如果组件的宽度大于船舶，在通过狭窄的进港航道时也存在安全问题。我们可能需要为部件的装船固定在甲板上配置大型装置，以便让部件通过港口入口处的灯塔、天线、天线杆等。从选择安装方法和船舶那一刻起，就需对此进行规划。

当然，另一个问题是，能否通过雾、雨、雪等看清。为此，我们需要来预先制订实施对策,在哪种情况下我们需停止工作。正如前面提到的,我们有雷达和 GPS,但在任何情况下,应将重点放在避免潜在的事故发生。

9）运输航速

船舶的航程有多长？当你开始考虑这个问题时,这一点或许并不重要,因为这不是历时数天的航程。如果距离为 50 海里,你的航速为 10 节或 12 节，也不算太快。但如果你只能以 6 节速度航行,如拖驳的速度,运输时间就会成为一个问题。

运输航速可相应看出最佳作业期有多长。船速越慢，作业期越长。这是相当合乎逻辑的。正如刚才提到的,虽然,运输标准略高于安装标准,然而,如果航速慢,运输作业期必然加长。

10）传输到有效载荷的惯性力

装船固定需达到何种强度,船舶在海上的工作是用何种方式？我们已经讨论过这一点,但这里又回到这个问题。我们谈到载荷能承担的惯性力是多少,但它与船舶施加给载荷的力的大小不同。如果载荷在有节奏的起伏和突然的上下运动中,最多可承担 $0.5g$ 的惯性力,并且运输船舶非常坚硬宽大,那么鉴于船体起伏移动的距离相对较短,其加速力应更大。

从而,即使在较低的浪高下,加速力也极其大。这一点决定了最佳操作期可能大大低于最佳安装期。因此,我们必须从两个角度注意出现的问题。但是，作为底线,这是非常重要的运输标准。如果标准低，那么操作范围也低。

11）自升和自降

自升和自降问题当然是为什么我们在这里讨论的原因。因此,标准应与环境数据相符，以便尽可能地取得最佳的安装位置。以下就升降中的具体问题加以说明。

12）升降中的最大波高

安装船在哪种波高限制下是无法顶升或顶降的？在接洽船舶所有人时,这是客户会问的第一个问题。标准越高,客户可获得的最佳作业期越多。最终，客户能在有效时间范围内安全完成安装项目。由于海上风电场正建造在越来越远的海洋中，有义波高（H_s）已成为一个日益重要的议题。陈旧的第一代船舶已经达到它们的使用上限了。因此，由于它们曾经在近海安装工程中表现良好，虽然在1.2～1.5米之间的H_s标准下无法充分利用船舶，但你还是可持有较高的期望值，可是，对以后的施工工地，就必须有更高的环境标准。简单的原因是，1.5米的H_s标准所提供的作业时间会低于全年作业时间的50%。

对于安全和及时安装拥有80～160个风力涡轮机组的海上风电场来说，这是不够的。如将H_s增加至2.0米，作业时间或多或少将达到全年作业时间的70%，而这正是我们所需的。但是，这将带来较高的成本，要害就是自升能力，因为，它不单要承担高负荷，而且，由于安装船要受到支腿或桩靴和海床的高负荷冲击，还需具备较长的疲劳寿命。

13）升降中的最大波浪峰周期

波峰周期限制是重要的，因为几乎在所有情况下，长峰波（海涌）会限制自升式平台的作业。出现这种情况的原因是，长峰波波列传递的能量要高于相同高度的短峰波，移动的水量越高，倾覆力矩也越大。此外，波峰周期会对船舶造成影响，例如对已自升的船舶来说，支腿的稳定度会受到影响。这意味着，流经的波浪会摇动支腿。如果波浪周期接近平台或船舶的固有频率，它可能会损坏支腿或整个结构。

此外，对于自升和自降而言，长峰波可使整个船舶升起或降下，尤其是当波长与船长相等或超过船长时。这意味着，该船的整个载重量将被置于固定在海底的支腿上。发生这种情况时，该船的整个重量均加载到一条支腿上。如果它也移动，该船舶的重量和定向运动将使支腿承受极大的变矩，而且它也必须能承受。

如果现将波浪的负载H_s从1.5米线性地增加到2.0米，计算过程很简单。但是，由于负载增加，弯曲力矩成指数级增加。为应付增加的负载和弯曲力矩，支腿的横截面也需急剧增加。因此，H_s从1.5米增加到2.0米相对应的成本是非常高的。而且由于风力涡轮机的功率仍然如铭牌所示那样不变，安装成本仅增加项目的资本支出，而无任何显著的收益，可能的益处仅是安装周期更短，更安全。这就是多年来安装成本急剧上升的原因之一。

14）升降中的风速

到现在为止，为了正常操作起重机，以及更重要的海上装配部件，风速限制为10～12 米/秒。不过，远海域的安装和安装设备的成本将驱使该界限进一步提高，从而会引出一个问题。对于起重机和船舶而言，风并不是太大的限制因素。只有在船舶自升降之前以及离开自升降位置前的定位过程中，风才是需要真正考虑的问题。

非常强的风可使船舶难以定位。但是，新一代的安装船已配备了更强的推力设备，从而使这一问题得到了改善。可是在安装风力涡轮机时，安装操作范围也不得变动。叶片特别善于捕捉风，当风力增加时，危险随之而来，此时就需考虑起重机的操作能力问题和吊装叶片时安装人员的安全问题。因此，在选择船舶时，风是一个非常需要关注的重要因素。

15）升降中的海流流速

在靠近和离开自升船舶的工作位置时，关注海流流速是十分重要的一点。允许的最大流速通常是 2 节，在多数情况下，这似乎是合理的。如果必须增加该参数，那么第二代和第三代船舶肯定需要有非常大的功率。船舶要获得更大的功率，代价是非常昂贵的。

如果船舶的长度为 140 米，宽度为 40 米，那么来自风和海流的自然条件下的载荷将是巨大的，尤其是在满载风力涡轮机的情况下。迎风面是一项重要的因素，将迎风面始终对向风、海流和波浪，推进器的功率必须非常高。了解到许多施工工地具有较高的潮汐流，因此，流速通常选为 2 节。这就引入了一个时间方面的限制，因为在自升之前，你可能需要等待潮流放慢。

16）升降中的能见度要求

这属于安全问题，但为什么呢？当你已定位到自升位时，能见度是否还重要呢？如果存在你想靠近一个基础而需顶升船舶，重要的是，你能在靠近过程中适当的距离内看到它。在放置舷梯时，最好能够看清它延伸到哪里。所以，在这种情况下，首先也是最重要的规则是，你需要能够看到海上所有的安装操作。

17）自升降速度

一般的经验法则是，平台升降速度应高于潮汐的速度，以便能安全地自升降。已经有自升式平台驳船缓慢作垂直移动的例子，结果，它赶上了潮流，并再次被升离海底。当然，这不是我们所希望的。因此，自升降速度是最关键的因素之一，并且，它还能确定操作范围。如果操作区的潮汐变化大，比方说在6～8米之间，所用设备的速度必须比它更快，以便能完成升降操作。平台升降速度不宜过低，因为它将限制安装船的工作区域。

18）升降中的最大水深

最大水深是指根据最大的环境标准确定船舶可以安全自升降的水深。因为它们会安装在波涛汹涌的深海水域，所以在深水中的工作能力是衡量未来海上风电场发展情况的一个指标。

19）海床类型

海床的类型需要谨慎地观察研究。柔软的粉质海底受压时，粉质物会从支腿和桩靴处大量渗出。这意味着，在自升降时，支腿会沉到海底深处。要控制这一点，重要的是要知道风电场所处海床的承载能力和类型。

正常的程序是为客户开展海底调查，以确定土壤特性。船舶所有人可通过海床调查报告预测支腿和桩靴的穿透状况，尤其需获得回收桩靴和将其压住的重型材料基础的有关资料，从而制订出一套配置和回收支腿的方案。

20）等待天时

当为基础或风力涡轮机服务的船舶或安装方法所要求的天气情况超出限制条件时，就需要等待天时（WOW）。通常发生在下列其中之一的事件中。

（1）浪高参数超标，所以无工作可做——通常H_s为1.5米。

（2）风速参数超标，所以无工作可做——通常为12米/秒左右。

（3）在工作或自升降之前定位船舶时，海流速度超过2节。

重要的是，在工作时，应能够看到风力涡轮机的顶部和整个甲板区。此外，如

果不能清楚地看到其顶部，应停止工作。所有这些事件均会触发 WOW。当发生这种情况时，应停止工作，并且做一份事实记录。记录描述所有观察到的情况，当天日志和各类正在执行的中间工作的状态。

此外，非常重要的一点是，应注意不要对海上船舶的停工状态是否合适和正确加以评论。所有讨论须由有关各方的代表在陆上进行。这样，就可避免争吵。暂停工作，无论正确与否，不应该引起讨论，例如是否会引起延误或应由谁负责赔偿此类延迟造成的损失等。这可能会使员工不专心工作，从而导致意外情况的发生。这种现象始终不应该发生在海上船舶这种场合。

21）人员调动和膳宿

除其他一些与人员调动有关的问题外，下述章节描述了表 12.2 所示表格中最后一个主要部分的一些项目。

22）接触风力涡轮机的栈桥

接触风力涡轮机是重大安全问题之一。为使风力涡轮机能快速、有效和安全地安装，建立安全和方便的通道尤为重要。迄今为止，已在海面上安装风力涡轮机的所有国家中，HSE 要求均规定在安装船和风力涡轮机基础之间要采用固定的连接通道。

这样做的原因是，海上风电场的安装工作被视为是一种建筑工程，而非海上作业。这意味着，必须坚持遵守所有陆上建筑规范和制度。栈桥是昂贵的，但是，它是从船舶接触风力涡轮机所必需的。

该栈桥必须能随船舶现场定位的变化而伸展，尤其是在恶劣的天气条件下，以及经常在能见度相对较低和夜间时需要做的。这意味着，该栈桥应该是可扩展的，它必须能够上下左右四面转动，以便安装到基础上。

如果安装栈桥的船舶和通向风力涡轮机的底座之间出现较大的高度差时，可在通道中设置过渡位置或在舷梯甲板上设置第二个或更高的位置。然而，在同意租用之前，这一点必须澄清，因为费用很高。

此外，栈桥须有类似的节点供安装涡轮机时所需的所有电缆、液压系统、空气软管等连接。如有必要，栈桥应含电缆和软管盘，不必将它们铺设在甲板上。

23）安装速度

在一般情况下，运输和安装一台风力涡轮机所花费的时间被称为安装速度或周转时间。然而，周转时间前面的参数组成并相结合后会形成一个程序或一个序列，从而给出详细的时间表。

应当指出，即使当使用相同的船舶时，安装速度也可以依照所涉及的海上风电场而有所不同，原因在于它是各种因素的组合，包括距离、天气和海洋气象条件、风力涡轮机的大小和制造工艺等。上述应用于各单项工程船舶的各项参数的组合实际上已开始发挥作用了。

24）每年安装期

船舶的操作范围是什么？这实际上意味着，一年中，哪些时段我们可以期待使用船舶进行安装，哪些时段被视为停工期。在一般情况下，我们应尽可能获得更多的可工作天数，但是，它仍取决于项目的地点、规模和海洋气象条件等。

相同的船舶在某一个领域，比方说波罗的海，适宜于全年安装，因而，成本效益很高。但是，同样的船舶如果到爱尔兰海安装，每年停工期很可能达到 40%～50%。因此，古话说"不同的马适合不同的跑道"是有道理的。正确的设备用在正确的地方和正确的工作中是十分必要的。

这就是项目的海上风电场业主、安装承包商、金融机构必须谨慎对待的主要技术问题，以便能正确评估安装方法的可行性。

12.4 有关港口的基本资料

海上风电场的安装当然依赖于港口是否有适当的装备。港口和物流中心的开发必须以快速、安全、有效的方式，并基于最低的成本花费，在逐一审查核实各个方面后开展各项专业工作。

由于风力涡轮机、基础、电缆和其他主要部件不能"按需及时制造"，因此，港口区必须非常广阔。通常情况下，存储区域的面积要求达到 60 000～70 000 平方米，从而，可以为一个拥有 80 台风力涡轮机的风电场存储和准备所有部件。

2000 年以来，已顺利安装了首批数个项目。这些项目中，特别是英国的 Round 3 项目的工程量十分浩大。德国的项目一般采用较大的风力涡轮机和基础。这样就会对码头区的规模提出更高的要求。因为部件的重量在不断增加，所以港口和码头区以及搬运设备的质量要求也在不断提升。这显然会限制可以用于安装海上风电场的港口数量。

12.4.1　理想港口的特征

港口必须能以快速和有效的方式接收所有部件，所以，装卸是唯一的工作。因此，港口的可使用区必须重新铺设，并加上围栏，用于部件的接收和存储，以及为最后的卸载工作做好准备。

12.4.2　项目港口及其工作内容

项目港口的理想位置应靠近风力涡轮机部件的生产地。在过去，情况不是这样的。原因是以前风力涡轮机部件是由卡车运输(即在陆上，风力涡轮机是从制造产地运输到安装工地的)。因此，风力涡轮机部件的生产和整机装配在同一个地方。可是，海上风力涡轮机无论在容量上还是在实际尺寸上均大得多。实际上，这就要求在深水港的码头区制造它们。5 兆瓦或以上的风力涡轮机机型无法在道路上整体运输，因而，风力涡轮机制造商需在港口区附近安置自己的生产设施以便于风力涡轮机的制造。

然而，理想的港口需要有深水条件和大面积平地，才可以进行风力涡轮机的制造和许多部件的存储。但是，部件必须可以随时卸载，在出厂后不需任何陆上装配工作。如果项目在海外，部件应该存储于便于转运到码头，并装载到安装船或运输船上。

12.4.3　往返于港口的运输

正如我们刚才说的，出厂部件无须通过公路或铁路运输。无论是基础还是风力涡轮机，这些部件只能从港口附近转运到码头被卸载。这可以通过 MAFI 拖车实现(适用于重型货物运输的特殊港口装卸设备，可用 MAFI 拖车拖动，控制舱可以转动 180°，驾驶员可以完全控制各个方向)；SPMT 或轴线拖车也可用于道路上的拖运。但是,再强调一次,唯一需要转运的是从存储区到码头前这一段距离,以便能够卸载。

12.4.4 港口对项目的影响

港口的好坏对项目有明显的影响。如果港口布局和进出通道很理想,安装周期的周转时间会很短。然而,与此相反,它将约束项目的所有部分。下面是一个例子:通道不畅的小港口(包括陆地和海上)将意味着缓慢和复杂的部件供应。如果在港口上的部件准备卸载之前,其他部件才不得不离开港口腾出空间的话,那么物流操作将会更复杂。

试想一下,由于天气恶劣,安装船不得不留在港口,但零部件供应不能中断。这意味着装卸用的码头已被堆叠的部件所占用。用于存储部件的腹地运输会崩溃,因为安装船不能工作,存储的部件就无法卸载。许多方案在制订过程中均需仔细推敲避免在项目执行过程中出现项目管理问题。

12.4.5 理想集散中心的规模和布局

考虑到上述信息,理想的港口须有便捷的交通。这意味着进入港口的入口和航道必须宽敞和笔直,不太拥挤。这样的话,按照制订好的项目执行方案,部件可以比较容易地进出港口。

此外,港口区必须配有深水码头区,以容纳多艘运输船,这些船舶满载时的吃水深度一般高达 9 米。安装船通常吃水较浅,因此,他们能够越过 6 米或更深的水域。

但是,安装船需要硬表面海床,以便能在码头处安全自升降。如果可以做到这一点,在采用自升降模式时,船舶的稳定性更理想、能更快和更安全地进行装载。码头区须有坚硬表面的原因有两个。

(1) 地表的承载能力必须足够高,以适应 SPMT 的负载,它最多可以提供 34 吨轴荷载。因此,常规的沥青路面是不够的。它必须要坚硬得多,以便在搬运部件时,地面不会被压毁。

(2) 混凝土或沥青的表面可防止灰尘和石子的划痕损伤风力涡轮机部件的表面。这是很重要的,特别是因为所有风力涡轮机部件已涂覆油漆或包上玻璃纤维。

MWS 和安装承包商会非常谨慎地对待这种类型的损伤,因为可能会将其当作装载或安装部件时的划痕处理。

最后,该港口应有良好的存储区域,可直接通往码头岸边,从而在存储、预装配或装载期间,部件的运输路途不会太长或时间不会太久。如前所述,"按需及时制造"原则不适用于这种类型的基础结构项目。理想区域应大约为 65 000~75 000 平方米,可以储存足够多的部件。在项目启动之前, 50%~70% 的部件应该送达中转港的存储区域。

12.4.6 船舶和港口的结合

目前,在欧洲仍然很难找到完美的港口用于安装。如果是邻近的港口,它们规模小,或者布局不好。如果是布局良好的港口,距离却很远,成本效益差。但是,德国正在重金打造基础设施,所以在未来,德国的项目将受益于新码头和基础设施。英国的 Round 3 项目也已激发风力涡轮机制造商努力寻找港口,并在港口附近兴建新的生产设施,期待能为英国 Round 3 远海项目提供非常大型的风力涡轮机。所以一旦有理想的港口,对于现有的或几年后的安装船将意味着什么?目前,现行率是安装船可承载大约 6 台风力涡轮机,至少在 Esbjerg 是可行的。数年来,Siemens 和 Vestas 一直在这里为项目转运和卸货。但在英国的港口,仍有点麻烦,这是因为这些港口并不适合于这类业务。

然而,不久的将来,安装船每个航程将装卸 8~12 台涡轮机,这将给中转港更多的压力。存放在码头上的风力涡轮机数量将增加 30%~50% 以上,以便能跟上安装船的运输能力。但是,只有少数几个港口已考虑到这一点。因此,为了不使船舶和港口之间脱节,欧洲的港口必须做出他们是否要参与这项业务的决定。

如果他们想在海上风电产业立足,他们将不得不在基础设施上投入大量资金,以便在 Round 3 和德国的项目中跟上安装船的发展节拍。到目前为止,只有德国的港口显示出某些迹象,准备对此行业投资,并将其作为重点业务对待。

12.4.7 结束语

安装一台风力涡轮机,包括装运到现场所需的时间可用于计算项目的持续时间。这意味着,单台风力涡轮机或基础的净安装时间被计算后,列入整体工作进度和顺序表,从而使装载到船舶上的风力涡轮机数目与安装方法相匹配。

我们已经讨论了各类海上操作的天气停工期,正确的时间表将在每个适当的阶段分配天气停工时间。这一点很重要,因为许多时间表仅在表格的最后加上30%或40%的天气停工期作为最终时限使用。然而,这种做法是不对的,因为,在6月分配停工期与在12月分配停工期是不同的。

此外,海面上六套装置的打桩工作可能需要延迟到下一个月才能完成,而下一个月的停工率有可能不同。如果停工期安排得当,你会得到一张更正确的时间表和结束日期,如将停工期放置在最后则不然。

最后,完成安装一台风力涡轮机的正常速度是24小时,这是你应该实现的目标。由于风力涡轮机变得更大,实现这个目标将越来越困难,但是,这仍然是安装每台风力涡轮机应该力争达到的有效时间范围。

相关图片

运输单桩基础的运输驳船如图12.1所示。

图12.1 装载在运输驳船上,准备运往安装现场的单桩基础

安装船海上进行的自升测试如图12.2所示。

图 12.2　安装工作开始之前在海上进行的自升测试

安装单桩基础和过渡连接件后离开现场的安装船如图 12.3 所示。

图 12.3　安装单桩基础和过渡连接件后离开安装现场

安装船在港内装载部件和耗材,准备出发到海上安装现场(见图 12.4)。

图 12.4　安装船在港内装载部件和耗材,准备出发到海上安装现场

安装船的每英寸[①]均要用到。有时将货物伸出,以便取得最佳的装载效果(见图 12.5)。这是罕见的,它展示了设计师和规划师的技巧和智慧,创建了与此项目相宜的安装程序。

确实发生安装船仅装载一半风力涡轮机就驶往安装现场的情况(见图 12.6),但应避免。

① 译者注:1 英寸 $=2.54\times10^{-2}$ 米。

图 12.5 安装船的装载效果

图 12.6 仅装载一半风力涡轮机的安装船

13 运营和维护

13.1 介绍

本章的主要目的是介绍决定海上风电场整体管理的运行和维护(O & M)策略及其后续实施和监测时应考虑的主要特征。这将包括讨论与陆上作业的关键区别,并向读者介绍所需的物理和系统工具,以及达成正确解决方案所需的战略思维。

因此,本章将不讨论具体的风力涡轮机或辅助设备故障的细节,除非将它们放在运维的主要需求的背景下,这些要求包括如下几方面。

(1) 计划或定期维护:以风力发电机的年度“服务”为主。对于一个典型的海上 3～5 兆瓦机组,一个最多 6 人的团队通常需要 3～5 天的运维时间。除风力涡轮机的年度服务外,还应考虑其他计划之维护,包括例行检查。例如,安全设备应列入计划维护的范畴;然而,这些经常被忽视。

(2) 计划外或意外维护:以意外风力涡轮机错误、故障或缺陷为主,需要根据以下标准之一进行如下干预。

(a) SCADA 系统不允许远程进行风力发电机控制系统复位处的监视控制和数据采集。

(b) 其中,电气或风力发电机 SCADA 系统不允许远程进行风力发电机电气开关,或这种能力并不是设计中固有的。

(c) 在 SCADA 或其他信息管理系统尚不清楚故障原因时进行故障调查。

(d) 除了船员转运船(CTV)提供的设备外,不需要其他设备的小修。

(e) CTV 不足且需要起重机驳船的大修。

(f) 其他辅助设备不定期维护活动。

本节提出了如下三个关键点。

(1) 运营阶段不应与开发和施工同时开始，而应在开发或准许过程的最早阶段开始，并在施工过程中保持积极参与。毕竟，海上风电场的设计和建造的重点不仅仅在于海上风电场的运行，而在于海上风电场在资产的生命周期内能够安全有效地运行。这一点经常被忽视，尤其是在基建预算面临巨大压力的时候，只有在这些早期阶段有操作专业人员和经慎重考虑，才能确保可操作性。

(2) 要知道海上风电场并不是由风力涡轮机原始设备制造商(OEM)管理的风力发电机的集合，而是包括一系列设备和设施，即风力涡轮机、地基、海底和陆地电缆、变电站、换流站、陆上设施、船舶、直升机等，所有这些都与业主管理和控制的大量承包商和管理系统相互作用。

(3) 从 2 点出发，管理承包商和管理系统方面的业主是海上风电场的运营商，或需要指定一名“运营商”[①]。该“运营商”在职责上与合同服务提供商(包括风力涡轮机运维承包商)非常不同。

因此，本章试图概述可能对海上风电场性能产生重大影响的各种因素，而不仅仅是我们熟悉的风力涡轮机。

运维阶段的目标

当一个项目被提出并实现资金到位或项目批准(即建造的绿灯)时，各种度量标准或关键绩效指标(KPI)被用于体现对项目的期望。这些指标包括利润或内部回报率等财务指标，有效性或产量等运营指标，或健康和安全目标等其他指标。所有这些都是适当的，但它们在本质上是个体指标。战略文件中有时提到的另一个目标是通过适当分配或实施控制措施来管理风险。

运维策略的要求是交付所有这些 KPI 指标，甚至更多。因此，运维目标的一个有用描述是实现“最佳安全收益”，其中最佳安全收益等于最大的产量，没有过度的风险。风险被定义为健康、安全和环境、技术、商业及财务风险。

在这个定义中，生产和收入是直接相关的，而且无论如何都一样重要。

在这种情况下，由于英国海上风电场的平均电费收入约为 130 英镑/(兆瓦·时)(电功率加上两个可再生能源义务许可证)，一个典型的 500 兆瓦海上风电场以

① “运营”或“运营商”是指资产运营的法律和伪法律责任，包括遵守法规和与利益相关者进行正式沟通，以确保合规、系统安全以及对员工和承包商的安全。当术语与小写“o”一起使用时，它们具有更一般的含义。

40%的容量系数运行,每年可获得 2.227 亿英镑的收入,或每小时 2.6 万英镑。电网产量每增加 1%,每年就能多赚 300 万英镑,而产量减少 5%,每年就要损失 1 500 万英镑。

13.2 回顾过去:我们学到了什么?

13.2.1 发展历程

图 13.1 提供了一个典型公用事业风电场的运维策略模型的摘要,这提供了对成功管理海上风电场所需的各个管理层的深入了解,其在本质和传承上都相当成熟,并且源自陆上风电运维管理实践。

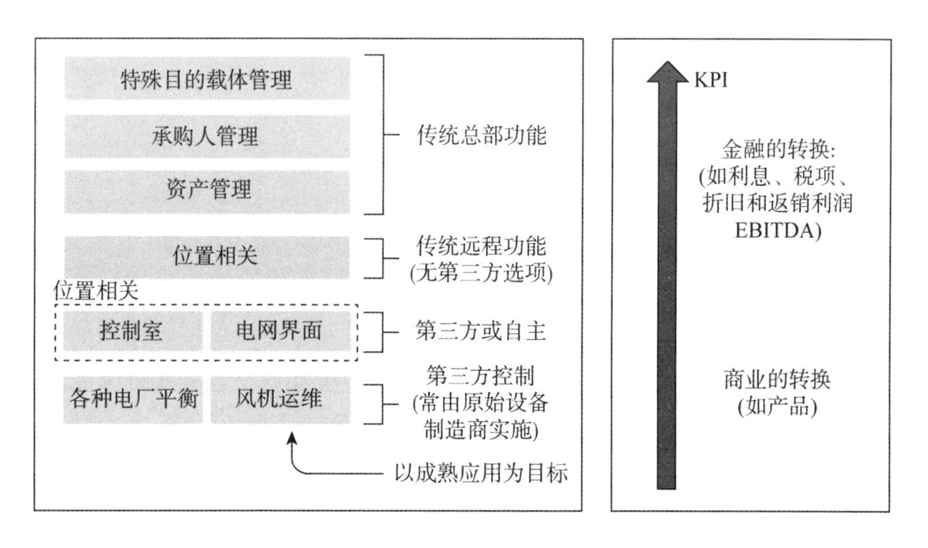

图 13.1 风电场管理的传统"效用"模型

该模型的最新发展是增加了资产管理(AM)功能,并在较小程度上增加了特殊目的载体(SPV)管理和承购人管理。AM 功能的任务是确保资产不仅从一个技术角度(传统上是运维功能的主要关注点)进行管理,而且也要从历史上缺乏的商业角度进行管理。如果执行得当,这一职能应该负责资产的长期战略和性能表现,而不是日常的运维任务。最近引入了国际标准 ISO 5500,以指导资产管理。

SPV 管理层反映了这样一个事实:即使资产管理和运维管理仍由原来的所有者负责,但许多资产现在至少有部分由幕后的投资者拥有。最后,承购管理属于项目依赖型,需要与电力承购方、幕后的投资者等各种与项目有关联的利益相关者进行博弈,从而获得自身的利益。

随着成熟的资产运维模型的发展,开发了一套用于衡量和监控绩效的 KPI。尽管这些在历史上都是技术性措施,但现在有多种可用的措施,包括效用性、发电量/产量,以及利息、税项、折旧和摊销前利润(EBITDA)等财务措施。所有这些都有更集中的 KPI 作为支持,如 HSE 措施。

13.2.2 为什么需要改变?

案例研究:技术有效性 KPI

传统有效性 KPI 是衡量风电场的标准。对于陆上设施,这些历史上被划分为技术、风力涡轮机可用性或系统、商业有效性。技术有效性指的是孤立的风力涡轮机系统,是其可用和准备发电的时间百分比,忽略了不受风力涡轮机制造商控制的任何不可用时间。这一措施可能会引起误导,因为对停机时间的处理,例如分配给计划维修的停机时间,可以包括在内,也可以不包括在内,取决于具体的合同。尽管如此,这通常是附加财务保证或罚款的唯一措施,因此传统上这对运营商或所有者至关重要。遗憾的是,由于生产与有效性没有直接关联,因此它很容易出现故意的或其他的不准确性。

如图 13.2 所示,强调了当风电场从陆上移到海上时高度简化的技术有效性公式的关键变化。在这个简化公式中没有显示的是项目规模的影响。当一个项目由数百台风力涡轮机组成时,在调试完成时交接,从而保证开始不是在海上风电场完成时,而是在单个或组风力涡轮机完成调试时。这在总有效性公式的开头和结尾具有瀑布效应。

此外,系统或商业有效性是海上风电场系统有效性的更准确衡量,包括所有事件,其中风力涡轮机在理论上应该能够运行时却被阻止发电。同样,在海上环境中它受到更多变量的影响。然而,商业有效性保证并不适用于任何一方(所有者除外),因此它往往是一种内部性能度量,没有相关的或可执行的保证。

$$陆上技术有效性 = \frac{TT-(GD+OD)}{总时间}$$

$$海上技术有效性 = \frac{TT-(GD+CD+OD)}{总时间}$$

式中，TT为总时间；GD为电网停机时间；CD为由于波浪流和风而无法进入的气候停机时间；OD为其他不受风力涡轮机制造商控制的停机时间。如果风力涡轮机制造商负责提供接入设备，则可能超出某一套标准，例如波浪、电流和风的单独限制。

图 13.2　陆上和海上简化技术有效性公式的比较

从相对不干涉的技术模式向更复杂的技术和商业模式的转变是必要的，原因有几个。如果我们回顾该模型所基于的早期陆上风电场，我们可以明白这样一种观念，即只有一个真正影响场地性能的因素，或者换句话说，只有一个风险领域，那就是风力涡轮机的运营和维护。其余场址需求性质上相当温和，因此被认为风险较低，或难以在适当的成本因素基础上产生影响(例如电力系统或道路网络)。这种影响或风险被简单且方便地传递给风力涡轮机原始设备制造商，毕竟他们是相关专家。如果风力涡轮机原始设备制造商设法达到或更好的可用性保证，则被视为成功；同样地，如果他没有达到KPI要求，则导致的违约金可以补偿业主到相同的要求。

在这种策略下，目标被简单地定义为项目目标的有效性，更糟糕的是，这通常被设定在保证水平。为了改善这种情况，制订了其他关键KPI绩效指标，或至少衡量和使用了其他标准，如健康和安全目标。

然而，随着时间的推移，人们逐渐得出结论，这是不够的，主要有两个原因。

(1) 根据英国法律，业主作为运营商对一个可能尚没有得到解决的工地现场或项目负有各种责任，因此，操作风险并没有成功地传递或委托给其他人。

(2) 有效性并不等于产量，风力涡轮机原始设备制造商出于合同原因对有效性的优化实际上可能会对产量产生负面影响，从而影响项目的收入。例如，可以在不考虑大风期的情况下安排维护，而不是集中在弱风期。类似地，备件策略和有效性保证可以基于远程备件和运输时间的精细安排，以节省风力涡轮机原始设备制造商的资金。这不会对有效性产生影响，但会对生产产生重大影响。总之，优化生

产的责任并没有像预期的那样传递给风力涡轮机原始设备制造商，但维持控制的责任已经传递到了类似于操作风险方面的位置。

因此，所采用的方法并不是优化现场，也不是像想象的那样把风险从业主那里转移出去。最优安全收益根本没有实现，甚至没有目标。实际上，该模型导致了一个表现不佳的资产，这给业主带来了风险，有效性的 KPI 管理很容易被滥用。

13.2.3 资产完整性管理

历史实践使许多业主得出结论，需要以真正理解风险分配的商业和技术方式积极管理风电场。这意味着，海上风电场的管理战略正在转向其他资产数十年来一直处于的位置，这一切都是因为对有缺陷的 KPI——有效性的无知信任，以及认为运营责任可以传递给服务承包商。

在这种新模式下，以下三个方面成为业主的目标：

(1) 现场控制；

(2) 性能分析与保证；

(3) 知识猎取。

管理好这三个方面是获得最佳安全收益的关键所在。

这导致了一个非常不同的所有者组织，除了有现场运营经理之外，还有一系列人力、物理和系统资源来控制整个海上风电场及其利益相关者。正是这种资源的组合，寻求优化海上风电场，而不是基于一个简单的月度有效性 KPI，而是基于每个小时、每天、每周、每月、每年和整个生命周期基础的一系列 KPI 指标。

总之，发展大图景已经告诉行业，除了风力涡轮机的维护和维修之外，还有更多的运维内容。不如说，我们正在管理一个完整的资产，通常是一个独立的经营业务，有很多风险，很多影响因素，很多利益相关方，以及许多对于成功的定义。正是出于这个原因，运维和资产管理的复合技能开始被称为资产绩效和/或资产完整性管理(AIM)。

在 AIM 下，正确的功能、技能、权限和资源范围被整合到一个唯一的聚焦点和一套 KPI 中，用于资产的短期、中期和长期管理，以达到最佳的绩效标准。只有具备这样的理念、策略和实施，运维方法才能满足项目的原始需求。如果从一开始就不是驱动框架(这种情况很少)，那么这种方法很容易与资产管理的 ISO 5500 标准保持一致。

这种方法侧重于在实时到整个生命周期的基础上实现最优安全收益的目标,而不仅仅是以月度为有效性 KPI 基础。

13.3 移动至海上

当我们重点转向更专注的运营阶段管理时,我们将海上风电场视为我们的新基地。我们有必要从海上风电场和陆上风电场设施的对比开始。表 13.1 总结说明了这些差异。在任何运维战略、实施和监控中,这些都是需要放在首位考虑的问题。就其影响而言,其中一些(但并非全部)是明显的。

表 13.1 陆上风电场和海上风电场在运维方面的主要区别

主要区别	说明	影响
风电场的规模大小	典型的陆上风电场在 20～100 兆瓦范围内,而海上风电场目前为 500 兆瓦,并有潜力进一步扩大到多种 1 000 兆瓦的典型项目规模	所需人力或物资的数量;码头方和福利支持设施及系统
遥远程度	虽然陆上风电场项目通常很遥远,但海上风电场项目提供了一个更大的距离障碍,在一定程度上,从岸上或陆地的角度来看,作业或正在进行的活动成为盲点	所需物资类型;可用工作时间;人力资源福利;应急响应情景和响应
波浪	当转移到海上风电场时,最明显的区别是波浪(或膨胀)对作业以及相关结构和设备的影响。可以立即与风发生关联或延迟约 1 小时	所需物资类型;对人力资源的影响;人力资源福利;对结构和运营资产的影响
洋流	洋流的潜在影响不应被低估,就像海浪对作业和建筑物的影响一样	所需物资类型;对人力资源的影响;人力资源福利,特别是潜水员;对结构的影响
风	海上风电场往往会带来更高、更一致的风速廓线,从而影响运营阶段	工作时间;部件耐久性
范围	海上风电场突出需要有一个全面考虑资产范围的运维战略,包括基础、电缆、变电站、码头设施、桅杆、直升机停机坪等	所需人力或物资的数量;物资种类;码头方和福利支持设施及系统。

(续表)

主要区别	说明	影响
立法	随着向海上风电场转移和资产范围的增加,新的立法已经出台或正在计划中,例如海底环境立法	所需人力或物资的数量;物质资源种类
设施与设备	随着向海上转移,需要考虑一系列新的设施和设备。这些包括码头设施和设备,从陆地到海洋运送涡轮机的设备,包括船舶、驳船、直升机等	所需人力或物资的数量;码头方和福利支持设施及系统;物资种类

从表13.1中可以看出,这些变化是显著的,特别是在资源的数量和类型方面。因此,结论是海上风电场的运维不仅仅是成熟的陆上风电场的延伸,它本身是一个新的学科领域,需要采用新的和全面彻底的方法。

与陆上风电场所描述的情况以及如何避免运营风险不同,海上风电场有许多影响因素(或风险),根本无法从业主转移到单个甚至一系列承包商身上。这就要求海上风电场的业主承担其运营商的责任,并将资产完整性战略以及系统、资源、控制和监测实践落实到位,以实现最优的安全收益。这一战略从根本上是关于确保整个系统的完整性,这意味着对风力涡轮机的管理,以及对所有其他组件和资源(物质、系统和人力)的管理,以保护和优化项目安全发电的能力。

13.3.1 操作与维护:门禁才是关键

陆上风电场和海上风电场设施之间的差异以及这些差异对可用性公式的影响证明,需要确保任何运维策略都得到正确的工具和设备的支持。工具和设备的定义有所扩展,除了明显的进出船舶之外,还包括码头资产和人力资源。考虑到工具和设备的范围,以及影响它们的变量,如果非必要,强烈建议将建模作为策略设计工具。

进入海上风电场后,风力涡轮机和工厂平衡是至关重要的。通过了解访问权限,陆上系统管理人员可以计划和安排访问权限。这包括各种可以安排的维护活动(主动的和被动的),并且可以在最佳安全收益的原则下实现生产最大化。准入不仅适用于风力涡轮机,还适用于更具体的海上风电场的所有方面。例如,要完成调查工作,海上风电场区域必须在允许远程操作运载器(ROV)进入水中并完成检查的条件下一次性进入。

13.3.2 超越性和持久性

理解可及性的关键在于理解支配可及性的两个要素：超越性和持久性。

每件设备的进出限制由如图 13.3 所示的超越表确定。在这种情况下，它是波浪条件的超越表，因此只适用于船舶。如果给一艘船有义波高（H_s）2 米高的限制，这个例子中的超越图让我们知道，因此模型，大约 18%的时间是不可用的。

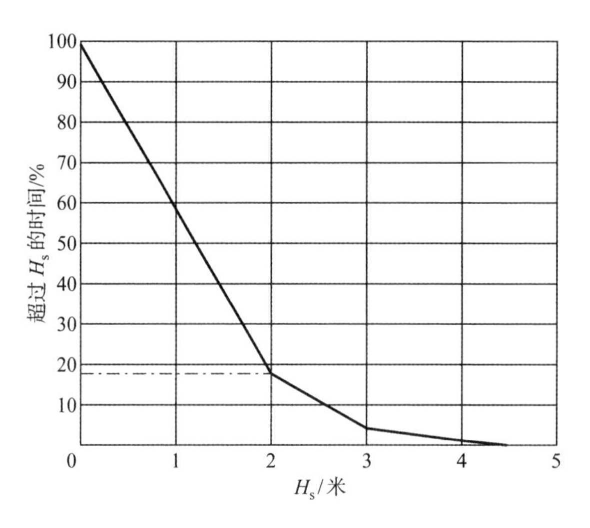

阈值百分比持续时间：H_s<1.5 米

持续时间/小时	1 月	2 月	3 月	4 月	5 月	6 月	7 月	8 月	9 月	10 月	11 月	12 月
6	49	57	68	76	82	89	92	89	77	61	58	52
12	45	53	64	73	80	87	90	87	74	58	54	48
24	38	46	59	68	75	85	87	84	69	50	45	42
48	29	33	49	58	65	79	81	77	57	36	31	31
72	23	26	43	53	57	72	77	73	51	32	25	25

图 13.3　2 米有义波高限制的船舶标记的超越图和海上风电场一个示例位置的持续图

持续性增加了更多的信息，可以在给定的波浪条件下，在一段较长时间内根据在现场或附近收集的波浪数据来计算。持续性图表提供了在测量位置每月可预期的最小持续时间窗口的时间百分比。举例说明，如果你需要 1.5 米 H_s 的波动条

件和1月6小时的最低窗口,这个月的49%可操作时间将可实现,7月上升到92%可操作时间,12月回落到52%可操作时间。然而,如果你需要至少72小时的窗口,1月的23%可操作时间才可用,7月上升到77%可操作时间,12月回落到25%可操作时间。

13.3.3 有义波高

有义波高(H_s)是一个术语,用于引入一个精确定义和标准化的统计量,以表示海况中随机波的特征高度。它的定义或多或少地符合水手在目测平均浪高时所观察到的情况。关键的是要理解,当经历2米的显著浪高时,这是一个平均值,并且可以预期会出现接近这个高度两倍的浪,尽管不频繁。由于这是设备(船舶)性能和相关保证的关键度量值,海上风电场通常配备波浪测量设备。它们通常采用波浪浮标或固定雷达的形式。波浪浮标的优点是它可以位于远离任何建筑物的自由水域;然而,它可能容易损坏甚至被盗。固定雷达系统位于海底,需要物理和电气连接的结构,如电磁桅杆,这可能会影响读数。

13.3.4 进入风力涡轮机:风力涡轮机结构

在为任何海上风电场的建设进行初始商业案例时,都将制订并同意商业有效性假设。这将低于风力涡轮机维护和保修协议中保证的技术有效性水平。这两种有效性计算之间的差异包括对阻止风力涡轮机发挥作用的气候问题的考虑;主要因素是影响风力涡轮机的能力,这是由波浪条件控制的。因此,选择正确的解决方案,使机组人员及其设备安全转移到涡轮机基础上,是任何战略的关键考虑因素。在现实中,由于控制个体方法的限制,可能需要各种方法来实现恰当的有效性目标。如果要正确地完成,就需要大量的建模和分析。然而,现在至关重要的一些事情在第一代海上风电场上并没有发生,这将在下文中进一步讨论。

传统的基础结构进入系统是梯级和爬升进入系统。一个早期的例子如图13.4所示。

借助梯级和爬升进入系统是主要的进入方法,旨在对风力涡轮机进行维护、检查或实施其他干预措施。它的设计允许船员转运船接近结构,并对凹梯两侧的两个“船缓冲器”施加强大的正力。一旦船被认为趋于稳定,船长就会指示,转移工人

图 13.4 Njord Offshore Kittiwake 采用典型的单桩梯级和爬升接入系统

(资料来源:Njord Offshore 公司汤姆·梅休提供)

就会跨过船和梯子之间的缝隙进入安全笼,爬上 4～5 级梯子,然后转移工人将他的吊具连接到安装在风力涡轮机上的自缩收线系统(通常称为溜溜球系统),然后爬到休息平台,在那里他们可以将完整的防坠吊具连接到梯子轨道安全系统上。这一核心设计和方法有各种微小的变化,包括要求在下船前安装溜溜球系统。

该系统的安全性通过多种方式予以保持。首先,安全笼确保一旦个人从船上转移到云梯上,即使船随着海浪上下移动,技术人员也不会受到伤害。其次,结构设计每隔 10～20 米设置休息平台。第一个是在最短的可感知距离上,在这个位置上,技术人员可以避开任何波浪或潮汐,并可以将他的攀爬安全带与梯子上的对应装置连接起来,这实际上相当于是第三个系统。

13.3.5 基础接入系统定位

这种主要方法的设计和安装的关键是它与潮流和波浪的协调,它们并不总是并行运行。在这一点上,更详细地定义波浪是值得的。波浪实际上是短波峰的海洋,波浪周期小于 4.5 秒。周期超过 4.5 秒的波浪被称为涌浪,相对于波浪,它们通过基础的时间更长,方向更单向。因此,虽然这里使用的术语"波浪"是指在结构上定位进入系统，但通常指的是涌浪，因为它对可达性有更大的影响。此外，波浪通常会在相对于风和风切变的许多不同方向通过。

经验表明，入口系统应与主涌浪方向协调，只有当潮流是双极端（例如2节以上）且又接近垂直于波浪时，才应考虑与潮流协调的第二个系统。如果潮流偏于极端，而波浪不是主要特征，则可能需要接入系统与潮流保持一致。这是因为船长更希望他们的船被水流推到结构上，而不是被推离，从而导致问题是否需要一个或两个这样的系统。如果需要两个系统，这将对项目资本支出（CAPEX）产生重大影响，如果没有适当的证据和有力的辩护，就很容易削减资本支出。早在运行阶段之前，就需要进一步的证据来证明运营能力和运营战略的建模。

13.3.6　进入风力涡轮机：船员转运船

由于风力涡轮机往往具有相当相似的、尽管不是标准的、基本的进入方式，如图13.4所示。这不是一个伟大的启示，即基本的进入方式要求船舶具备合适的大小规模来应对海上结构。这种类型的船通常被称为船员转运船（CTV）。CTV从2001年或2002年的第一代开始，经过多次迭代和概念变化，发展到今天。然而，真正没有进展的是它们的载客能力和最大尺寸。船舶设计规范在很大程度上限制了这些船舶的载客量为12人，水线最大不超过24米，尽管许多人试图挑战该规范。以下部分将按照部署的大致时间顺序介绍主要船舶类型及其目标和限制。

1）15～18米铝制或玻璃纤维船员转运双体船

这是早期专门为海上风电场设计的两个设计之一。这些船舶以16～20节的速度航行。它们有一个固定的座位，没有与船员分开。早期的船舶在与风力涡轮机的接触区域布置简单的挡板，这些挡板通常包括布置一个橡胶系统，以产生一个“乳头”效应，帮助船舶在结构基础和船保险杠之间接碰和固定。有趣的是，这种乳头效应减少了从船舶到梯子的距离，并被用于在数种设计中设置所需的最佳400毫米实践间隙——当站在梯子上时，这种间隙提供了从船舶侧舷到转移人员的脚或脚跟的合适距离。早期，很少有额外的功能被安置在船上；然而，随着时间的推移，人们吸取了教训。从技术角度来看，这导致了功率的增加。从改善福利的角度来看提高了前沿技术人员的视野，引入了现行标准的悬挂座椅，并在一些设计中引入了机组人员和乘客之间分开处理。此外，一些挡板技术的发展明显见诸于带有乳形变化的早期版本以及作为第一批案例的结合了更高摩擦作用的橡胶平艏系统。这种变平的艏部最初有一个副作用，因为增加了任何人从船到梯子的距离。这些设计的进化使船成功地打破了早期 1.2～1.5 米 H_s 的限制，实现了将技术人员转移到风力涡轮机处的目标。建船成本为 100 万～150 万欧元，租船费为每天 1 500～2 000 欧元。

2）20～30 米钢制单体船

这些船舶原是丹麦相关部门的一个特点，是由现有的用于各种目的的船舶改装而来的，包括捕鱼和测量。他们需要对船头进行重大修改，以使其与风力涡轮机有一个合适的接口。在 1.2 米或更高的浪高中，这些船与最初的双体船一样成功。然而，人们担心对风力涡轮机基础界面的物理完整性的影响，以及如何均匀地将力施加到两个船缓冲器上。目前还不清楚，这种力不是直接推到结构上，而是通过对船保险杠的内边缘施加一个力来试图扩展或拓宽船保险杠。船和风力涡轮机基础界面都接到了结构损坏的报告。随着时间的推移，人们吸取了经验教训，建造了更大的单体船，并取得了更大的成功。这些后来的结构部分更适合基础接合，它们率先使用了传感设备来监测施加在结构上的压力。这种设备现在被应用在各种船舶上，特别是随着推力的增加。这些结构部分在浪高达 1.5 米的海况条件下取得了成功。

3）18～21 米具有轻型载货能力的船员转运双体船

与 15～18 米的双体船非常相似，18～20 米的双体船(见图 13.5 和图 13.6)采用了铝制材料，增强了机组人员的舒适度，包括增加了船长度，并专注于机组人员与乘客的分离。其他变化包括增加装载轻型货物的能力，包括一些设计 5 英尺标准的国际标准化组织(ISO)的集装箱或至少几个水密立方米的存储集装箱。这些船成功地实现了在高达 1.5 米高的波浪条件下转移技术人员的目标。它们可以容纳起重机，用于起吊备件(通常是从码头到船舶，而不是从船舶到风力涡轮机)，燃料传输系统(使燃料和其他液体能够在风力涡轮机上发生改变)，以及用于清洗基础结构上的海洋生物(主要是出于健康和安全原因的梯子)。这些船今天仍在英国用于海上风力产业。最近，由于成本和建造时间的原因，某些制造商已经重新使用玻璃纤维材料，或者更准确地说，采用复合材料船体形式。一艘铝制船的建造成本约为175万欧元，租船费率为每天2 000～3 000欧元，复合材料船的建造成本和租船费约低25%。

图13.5　Njord Lapwing：Nigel Gee设计的21米BMT铝制双体船

（资料来源：Njord Offshore公司汤姆·梅休提供）

图13.6　C Truk/Cwind 20米复合材料CTV

（资料来源：Cwind）

4）16～20 米小水线面双体船

这是引用这项技术的主要设计者和创立者之一的阿伯金和拉斯穆森的话：

> SWATH 代表小水线面双船体，此系一种创新的船体概念，可在波涛汹涌的海面上平稳地运行。SWATH 船的浮力是由其水下的鱼雷状体提供的，该体由单支柱或双支柱连接到上层平台。海面上的横截面是最小的，因此只有船舶的最小部分暴露在波浪的升力中。SWATH 的想法来自半潜式海上钻井平台的原理，其设计目的是在公海上提供一个运动最小化的工作平台。

综上所述，SWATH 的概念在很大程度上是为了让船员在长途旅行中感到舒适。迄今，专为风力行业专门建造了一艘这样的船，如图 13.7 所示。尽管有报道称在 1.5～1.7 米 H_s 条件下成功转移乘客，但有三个与 SWATH 船相关的限制因素。首先是建造成本，大约为 800 万欧元，大约是同等长度双体船的四到五倍。其次是运营成本，因为这些船舶耗油较大；最后，它们几乎没有承载能力，因为船舶的设计非常仔细，以确保水线在某些点上只有细微误差。

图 13.7　巴德·纳塔利娅·贝克尔，阿伯金和拉斯穆森设计的风电场 SWATH 转运船

（资料来源：联合信贷银行）

5）21～24 米具有轻型货载能力和改进性能的船员转运双体船

21～24 米双体船是 18～21 米双体船的深化演变设计产物；值得一提的是，它有几个独特的好处。首先，长度的增加显然可以提供更多的甲板存储空间，有时可以容纳三个 10 英尺的 ISO 集装箱；其次，长度的增加可以通过减少运动以提供船员更好的舒适度；最后，该船能够使用更大的发动机提供动力，提供超过 25 节的有效航速或增加发动机数量至 4 台，而不是传统的 2 台，也在现场仅操作两台发动机以节省燃料。将上述优点组合在一起，这些新船型正成功地完成了约 1.75 米 H_s 的浪高转移。

6）其他船型

在现在已经超过 13 年海上风能的历史上，各种各样的船舶变体已经被使用，并在某种程度上继续使用。其中，包括相对近岸的第一代海上风电场用来转移轻型备件的快速刚性充气船。从安全和实用性的角度来看，这些被认为不是最优的，尽管已经演变到类似大小的快速刚性船舶。此外，已经建造了包括三体船在内的一些专用船舶，尽管很少重复，但随着节省燃料成为更关注的目标，这些设计理念已开始重新浮现。

7）案例研究：双体船 vs. 单体船

传统的英国海上风电场运维船是双体船，而在丹麦水域往往使用双体船和单体船的组合，但哪个是更好的选择呢？

双体船的设计，除其他原因外，是为了减少在中等海况下（海上风电场运维船预期工作条件）船舶的梁对梁（侧对侧）运动。它通过有两个宽间距的浅吃水船体来做到这一点，这使它有能力让波浪压力分别从每艘船的船体下面通过。结果是，当波浪从每艘船体下面经过时，只有很小的垂直运动。这与单体船大而深的船体形成对比，后者在压力波通过底部时会阻碍压力波，导致相当大的侧压力或施加到船舶上的力。因此，一般来说，双体船减少了梁对梁运动，特别是当波浪与船的方向不一致时，这对提高船员的舒适度很重要。然而，这一理论在大浪周期的恶劣海况下并不成立，因为船体更大的表面积导致了运动增加。然而，这样的海况超出了海上风电场双体船应该应对的情况。

8）案例研究:双体船 vs. 单体船延续

此外,双体船相对于相似长度的单体船,有其他几个操作上的好处,包括如下几方面。

(1) 它允许安装/携带更多数量的设备,非常适合配置携带标准 ISO 集装箱。这是一个更频繁地成为合同要求条款的功能,尽管该功能的使用存在问题。

(2) 与相似长度的单体船相比,在低速或零速时,总体上增加了稳定性,无论是将人员转移到风力涡轮机结构体上,还是在原地支持长达 6～8 小时的工作,都有积极的好处。同样,如果船舶设备包括起重机,就像海上风电场运维船舶一样,稳定性的增加拓展了起重机的操作范围。

(3) 双体船通常有两个(或多个)发动机,每个船体有一个发动机。这在冗余性和可操作性方面具有优势,这两者都是海上风电场用船舶的关键考虑因素。

然而,双体船设计也有缺点,包括以下几点。

(1) 双船体设计导致了波浪冲击或拍打的问题,这发生在波浪冲击两个船体之间的区域时。这可能会让船员感到不舒服,特别是在高海况下,当船舶和波浪方向平行时,这种撞击或拍打可以通过一个高的中壳设计来减轻,这可以在一些更现代化的双体船设计中看到。此外,撞击或拍打可以发生在艏部,导致埋艏。这与窄型单体船的穿浪特性形成了鲜明对比。

(2) 如果与相同长度的单体船相比,双体船由于其相对更大的表面积和材料消耗而成本更高。如果安装设备是关键考虑因素,并且充分利用双体船空间,那么常识表明,将需要更大的单体船来满足相同的设备运输要求。因此,双体船成本的任何潜在增加都将反映在增加单体船长度的要求上,以实现真正的对等基础。因此,单纯从长度上比较双体船和单体船并不总是合理的。

那么谁是正确的呢?

总之,双体船应该提供一个减少横浪到横摇的运动,并在海上风电场所需的大多数条件下,特别是在转移点,提供更好的船员舒适度。必须考虑到船舶的整体使用,其中包括研究主要波浪条件和往返海上风电场与在海上风电场内的相对持续时间。这样的研究实际上可能会发现,相对于在海上风电场内或转移位置上的任何不利因素，单体船在长时间内穿越波浪的改进能力对乘客的安康更重要。

总而言之，采用传统后轮驱动的宝马和采用前轮驱动的奥迪，哪个更好？实际上，这个问题并不那么具有相关性。一个更合适的问题是：二驱车还是四驱车，哪个更好？要回答这个问题，我们必须了解船舶的最终主导作用和运送通道。这决定了答案，尽管奥迪是作者的个人偏好，信不信由你，个人偏好是人类本性的一个强烈特征，这意味着它实际上可能是单体船相比双体船问题的真正答案！

9）船舶可达性增强手段

尽管海上风电行业已经开发了一种经过充分证明的基于船舶的主要通达系统，但在提高船舶通达能力和提高通达安全性方面还是进行了大量研究。这些系统在很大程度上是基于工人转移到风力涡轮机结构时一定程度的垂直运动补偿或减少。下面介绍其中两个系统。

（1）BMT/Houlder 涡轮机通达系统。该系统基于一个轻量化的运动补偿舷梯，采用阻尼滚轮系统，减小了涡轮的垂直运动。这种设计试图将控制带到船和风力涡轮机之间的联系上。理论上，船舶垂直运动的降低，实现了更安全的接通，消除了船舶与结构体脱离的机会，并在理论上使船舶能够比基于摩擦的系统在更高的波高中保持在风力涡轮机位置上。

（2）OSBIT MaXccess 系统。该系统不同于 BMT/Houlder 系统，在于它与其中一个风力涡轮机接入系统的船舶缓冲器有物理连接。该系统能够承受一定程度的与船舶无关的水平和垂直运动。

（3）案例研究：螺旋桨 vs. 喷射推进器。与单体船与双体船的争论相似的是喷射推进器与螺旋桨的争论。早期在英国，许多船舶很快就变为使用喷射推进器。那时，有解释说，风力涡轮机的可操作性是通过喷射推进器提高的。此外，过去关于乘客落水的各种描述是非正式的，且没有证据。没有采用丹麦的参考案例，因为螺旋桨驱动的单船体才是优选对象。在现实中，关于安全的争论一直是一个“红色”话题；然而，在一定程度上，喷射推进器可操作性的提高得到了一些验证。

综上所述，选择喷射推进器的原因是港口水域较浅，螺旋桨导致了更大的吃水深度，导致了在浅水港口使用的相关限制，包括完全无法进入某些港口。当东海岸的开发项目建立在典型的深水港口时，这一点得到了进一步的证明，并且可以进行真正的比较。在这种情况下,很明显,尽管喷射推进器的机动性得到了改善,但在某种程度上,偏好更多地基于船舶所有人或船长的观点,而不是任何确定的性能表现证明。然而,可以确定的是,在相同的基础上喷射推进器船的最高速度将降低约10%,燃油消耗将增加约25%,这在决定长期运营成本时可能是至关重要的,也可能是为什么在整体上已经回归螺旋桨的原因。随着螺旋桨技术的发展,即使变桨距螺旋桨的使用越来越普遍,这一举措也很可能得到加强。

13.3.7 通达风力涡轮机:直升机

直升机提供了从海岸到海上风电场的快速运输,几乎完全不受天气条件的影响。在过去的4年里,使用直升机通达风力涡轮机已经在丹麦的 Horns Rev 海上风电场和英国的 Greater Gabbard 海上风电场得到实施。在这两种情况下,欧洲直升机 EC135 是被选择和验证的机型,仅用于人员转移(即没有备件转移),最大的是 Siemens 公司的 3.6 风力涡轮机。这已被证明是一种安全有效的运送方法,成千上万次无事故发生(见图 13.8)。

图 13.8 Bond 航空服务公司,欧洲直升机 EC135,以及 Greater Gabbard 直升机

(资料来源:Bond 航空服务公司的截维·邦德提供)

最初,一些人认为直升机的推广使用是由于直升机工业界基于直升机与船舶

相比，具有距离和速度的优势观点，而不仅仅是不受海浪条件的影响。然而，现在人们普遍认为，直升机的价值在于它能够在船舶无法通达的情况下进入风力涡轮机。这就承认了直升机作为第二种通达手段的作用。

直升机的使用需要在风力涡轮机的机舱后部安装一个直升机绞车垫，这再次成为操作策略，即设计和建造考虑的一个原因。在实际操作中，经过专门训练的技术人员被绞车吊进和吊离直升机，直升机在位于机舱顶部或后部的绞车垫上方5～6米盘旋。在此之前，风力涡轮机叶片停止工作，使偏航和俯仰系统得以安全运行。限制直升机通达的主要天气条件倾向仅限于能见度低(雾和黑暗)，因为机舱风速的工作极限约为20米/秒，大大低于直升机的任何操作极限，包括当绞车运行时。

民航局是英国发布针对风电涡轮机的直升机绞车作业指南的主要机构，在其控制下，此被公认为安全可靠的通达进入方式。

然而，直升机的使用并非没有困难。在很大程度上，英国民航局在制定CAP 437时概述的海上风电场直升机之使用标准方面处于领先地位。引用CAP 437中的内容：

> 在任何一天，直升机的性能都是许多因素的函数，包括实际的总重量、环境温度、压力高度、有效风速分量，以及操作技术。

评估直升机使用的关键是发动机配置、旋翼尺寸、承载能力。两个关键因素驱动了机身的选择(注意机身分为轻型、中型和重型)。

(1) 隐含的要求是直升机必须是双引擎，并具有一个配置，以确保在悬停模式下以及满载燃料、机组人员和乘客时安全运行。如果只有一个发动机，若发生故障它将失去零高度。为了克服这个问题，一架更大的飞机将是一个合理的解决方案。

(2) 图13.9显示了直升机转子和风力涡轮机叶片之间所需的间距。分析目前的直升机技术和风力涡轮机技术，可以引出轻型机身成为唯一可以使用的类型。

综合以上两个因素，如果轻型机身是唯一可行的技术(例如欧洲直升机中的EC135)，那么问题又回到了第一个因素，即机身可以承载的重量，以确保它能够通过发动机故障测试。实际上，这是由飞行距离(也就是燃料负荷)和乘客数量决定

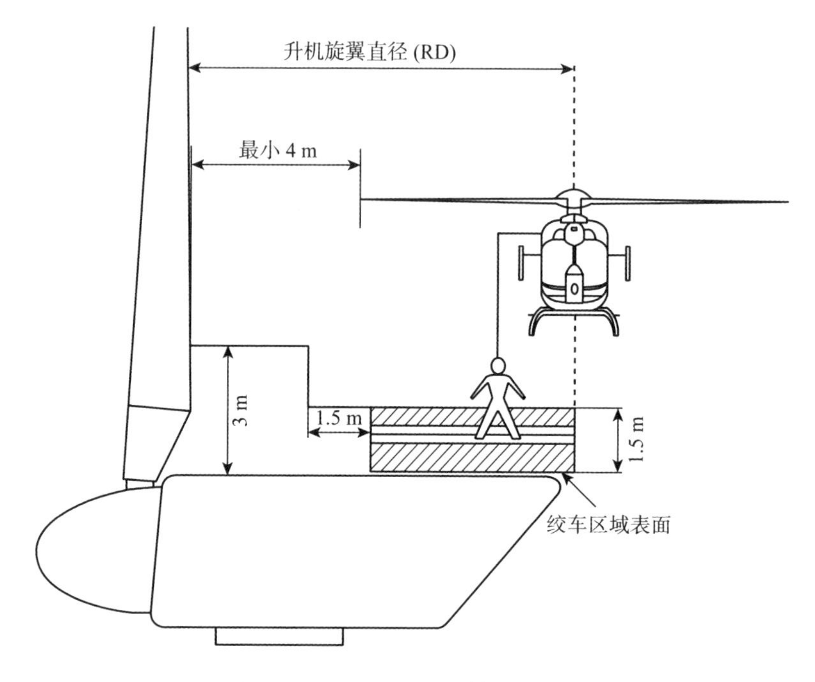

图 13.9 CAA CAP 437 的旋翼尺寸限制

的。总之,这意味着该机不适合远岸风电场,只能搭载四名左右的技术人员。当然,人们已经研究了各种各样的策略,试图提高这一状况。例如,在英国 Greater Gabbard 海上风电场,长期战略最初是受益于海上变电站及其相关的直升机停机坪,从那里可以实施"轮辐"方法。这意味着在充满燃料的直升机将技术人员从相对较短的距离从平台转移到风力涡轮机再返回之前,通过重复的直升机转移或船舶转移或组合形式将技术人员转移到海上平台。在这种模式下,必须确认固有的等待技术人员的停机时间。

13.3.8 案例研究:增加风力涡轮机的尺寸及其促进更大的直升机使用

虽然使用直升机通达风力涡轮机已经得到证实,但它还没有成为所有风电场的标准。这种情况与感知到的风险有很大关系,但也与现实中所能承载的负荷以及总体成本的限制有关。因此,问题是直升机的使用是会继续存在,抑或是会减少。

事实上,海上风电场正在向深远海推进,如英国 Round 3 和德国方面,这表明直升机的使用将会下降,因为目前使用的直升机类型不可能在不增加燃料负载的情况下飞这么远的距离,而这已是以限制乘客的数量为代价的。然而,实际上,风力涡轮机的发展和海上变电站的广泛使用,从长远来看很可能会促进直升机的使用。基于目前 5 兆瓦 + 风力涡轮机设计的中型机身,如 Agusta Westland 139 或 Sikorsky S-76,这两种机身都广泛应用于石油和天然气行业的海上配置,通过了 CAA CAP 437 测试。

机身尺寸的这一步被认为是解决距离问题的关键,重要的是实现了第二个好处,那就是将备件运输到海上风电场,并直接运达风力涡轮机的机舱。随着中型机身负载能力的整体增加,这可能是一个增加真正价值的选项。虽然没有案例研究被记录下来,但据了解,这已经在 REpower 5 兆瓦风力涡轮机上进行了评估。

对此需要注意的是,在无齿轮风力涡轮机的发展中,机舱相对较短,潜在地限制了大型直升机的使用,而不考虑显著的后悬挂绞车垫。当通用电气开发 4 兆瓦海上无齿轮装置时,情况就是如此。该装置尚未推向市场。

13.3.9 完成图片:起重机船/自升式船

我们只讨论了向风力涡轮机转移人员和轻型备件的问题,但我们还需要向风力涡轮机转移和移出大型和重型部件。为此,需要起重机船或自升式船舶。

这些船承担的任务不同,从经常讨论的变速箱或发电机更换到更复杂的任务,即需要轮毂组装或更糟糕的是移除整个机舱,这可能需要两艘这样的船。在极端情况下(即移除和更换轮毂或机舱),所需的船舶和起重机能力与安装时没有什么不同。在变速箱或发电机更换的情况下,可以预期起重机船的容量可能较低。实际上,所需作业任务的高度和范围意味着,唯一适合这些作业范围的船舶往往是安装自升式船舶,或者至少是第一代此类船。这些船舶往往是自升式驳船设计,每天的成本在 2 万～6 万欧元之间,再加上转移成本,如果有高需求的,建造船是唯一的选择,成本还会更高。

由于涉及成本,准备合适的起重机船是运维战略中最令人担心或需讨论的安排之一。下面详细介绍了部署或安排这种起重船时的一些注意点。

(1) 船舶、起重机和任何相关设备必须处于良好的适航状态,证明能够在海上风电场和相关港口区域安全有效地运行。

(2) 该船应配备有经验的船员,包括船长和起吊工程师。机组人员很可能需要每天操作 24 小时以减少对成本的影响;然而,运维通常仅限于白天。

(3) 在正常海况下,该船应具有大约 8 节的合适最低航速,同样,由于涉及成本,要考虑从港口转移到风力涡轮机所花费的时间。

(4) 船舶需要足够和适当的甲板空间和承载能力,以支持表 13.2 所列部件的运输和更换。请注意,这些重量数据是针对 Siemens 3.6 风力涡轮机,因此是非常小的。此外,根据升降计划,考虑到船舶可能需要保持表中组件的两倍负载和甲板空间,因为在移除和更换之间的一段时间,新旧组件可能都在甲板上。

(5) 单舱为至少 20 名非船上船员提供住宿和餐饮,这是海上风电行业目前设定的最低标准。

(6) 私人办公室和互联网接入。

(7) 船舶应配备适当的便携式舷梯,以便从自升式船舶进入风力涡轮机基地和港口码头。

表 13.2 典型 3～4 兆瓦风力涡轮机的部件重量 单位:吨

项目	重量
叶片(每片叶片的重量,包括叶片磁轭)	30
带主轴的齿轮总成	75
叶毂	50
变速箱整体	45
主轴和轴承	25
发动机	10
变压器	8

此外,起重机应满足以下标准。

(1) 主起重机的能力应至少能够装载、卸载和安装表中所列的部件。

(2) 起重机应配备合格的辅助提升机,供技术人员搭乘使用,需配备合适的个人工作篮/平台。

(3) 起重机应该能够在高达 12 米/秒的风速下运行。

由于这种起重机船的成本和不常见的要求,这些是承包海上风电场的主要考虑点。存在或已经尝试了各种替代办法，这些包括如下几方面。

(1) 现货市场租赁：迄今最常见的方法，可以说仍然是最经济的。在这种情况下，船舶直接或通过经纪人按所需的期限租用。这样做的不利方面是日薪较高，往往需要大量动员和遣散费用。从积极的方面来看，船舶在规定的期限内是固定有保障。

(2) 季节性时段预订：通常被认为是一种明智的风险缓解策略，无论是否与主动维护制度相一致。在这种情形下，会作出如此安排，即确定合适的船舶，并在每年的某一时刻订好一份有一定天数的固定船舶租约。通达有效性的获取，日趋完善，因为有数年保证的租约和这些安排的采取或支付性质。实际上，这可能是降低海上风电场风险的一种代价高昂的方法，而且实际上很难安排，尽管看起来对船舶公司有好处。任何商议的租船时间都相对较短，而且是在船舶的高峰租船时间，这可能会影响其赢得长期建造或建造支持工作的能力。为了使这种安排发挥作用，最好在协商要求时使其更符合船舶更广泛的业务，即在实际租船日期上提供相当大的灵活性，以换取承担更大比例的天气风险。

(3) 共享俱乐部：在欧洲水域已经进行了几次尝试，以安排一个运维特种起重船共享俱乐部。这种安排在石油和天然气市场得到了很好的证明，至少可以说，这种要求通常是1～3天，收入损失是巨大的。然而，出于种种原因，这些模式在海上风电行业并不成功。首先是总成本。即使是3～5家公司分摊，这种船的成本也会对任何运营成本预算产生重大影响。其次，对于每个涉及的公司来说，使用船舶的概率是相同的，在讨论几家公司同时要求使用船舶的情况下谁优先使用船舶时，会出现难以决策的情况。当讨论一系列缺陷问题和某一方可能长期使用船舶时，这种情况只会加剧。

最终，海上风电场运营商将回归现货市场，并认为供需关系将确保有足够的船舶可用。为了支持这一理论，在第一代安装项目中使用的起重船(2～4兆瓦)出于部件重量、高度和水深的原因，总的来说不再适合执行安装合同。因此，除了一些新的运维目标和设计的船舶之外，适合运维工作的旧船型新船是潜在可用的。

无论如何安排，关键要理解的是，在石油和天然气行业，当需要这样一艘船时，停机成本是巨大的(例如，来自生产平台的收入损失)，而在海上风电行业并非这样。对于一个平均3.6兆瓦的风力涡轮机来说，根据风力条件的不同，损失的收入最高可达5 000欧元，因此，与每天2万～6万欧元加上10万～20万欧元的现场费用相比，最佳的情况是等待多个涡轮机需要维修，并且船舶需要运维更长的时间。在这种“活动维修”场景下，起重机船要处理多个风力涡轮机，可以安排保险产品来减少天气风险导致延迟运维活动的影响。

基于这些结论，最优的解决方案是：①首先通过主动维护和状态监测来尝试和避免这一需求；②在不承担成本的情况下尽可能做好准备。主动维护和监测状态可以在缺陷发生之前或在缺陷破坏完整的主要部件之前识别缺陷。例如，使用CTV更换轴承可能就足够了，而不是需要起重机更换完整的变速箱。在准备方面，可以完成为这些运维活动做准备的重要工作，包括但不限于确定合适船舶的范围；为每一种潜在的船舶使用以及与船舶相关之内容准备施工方案和风险评估；并与船舶所有人或船舶经纪人进行初步讨论，以便在需要时最有效地安排船舶。

13.4 运行和维护：支持设施

陆上风电场和海上风电场运维之间的一个关键区别是支持运维阶段所需的设施。然而在陆上风电场，这些很大程度上局限于一个办公桌和一个小仓储内，这与海上风电场区别很大。

13.4.1 维修设施

当前，海上风电场的成功管理需要相当大的码头基础设施。这样的设施不仅服务人员需要使用，作为运营商的业主也需要使用，最佳解决方案是由业主控制的联合共用设施。这是因为各种各样的服务合同和承包商需要整合和控制，作为运维战略和业主运营责任的一部分。

设施的关键是它的位置。简单地说，这需要尽可能靠近海上风电场的位置。这种接近性减少了到海上风电场的运输时间，因此优化了通达进入海上风电场的可能性，但它也最大限度地提高了前往现场的技术人员的安康，以及他们在单班次工作中可用于处理风力涡轮机的时间。

虽然最近是最好的道理似乎很简单，但也需要基础设施，这可能意味着最近的

位置并不总是最佳位置。因此,必须考虑许多因素,并制订一个选择矩阵。这些因素包括如下几方面:

(1) 到现场的距离;

(2) 设施的水深;

(3) 码头墙/码头布置到位;

(4) 可用土地;

(5) 可用建筑;

(6) 附加要求的兼容性;

(7) 港口内存在的联盟规则;

(8) 本地提供的补充服务;

(9) 本地就业池;

(10) 其他风电场活动。

英国东海岸 Grimsby 基地和德国有关部门使用 Helgoland 的案例为选择适当的运维码头设施提供了独特的见解。

13.4.2 案例研究:Helgoland 提供多项目访问

长期以来,德国海上风电行业一直对海上风电场行业构成挑战,因为计划中的风电场距离海岸很远。这一距离导致了平均运输转运时间增加(基于超过 2 小时的大型 24 米船员转运船)。然而,对于几个项目,包括 RWE 的 Nord See Ost, Eon 的几个项目和 WindMW 公司 Meerwind 项目,德国海岸的旅游岛屿 Helgoland 给出了另一种选择。在对岛屿及其设施进行详细分析后,项目所有者和管理风力涡轮机维护合同的风力涡轮机原始设备制造商决定,通过开发岛上的基础设施来最好地服务于项目。

为此,RWE 建造了一座建筑面积约 1 200 平方米的服务大楼。楼面面积的一半将用作仓储室和工作间。建筑的另一半包括更衣室、休息室、办公室、娱乐和会议室,以及 Nordsee Ost 海上风电场的控制室。

对于 Meerwind 项目,WindMW 公司已经长期租用了约 3 800 平方米的土地,并正在建造一座建筑面积约 1 400 平方米的服务大楼。

除了服务大楼之外,码头边缘的重大升级将通过建造一个新的码头从而为船员转运船创建10个系泊泊位。

然而,单纯开发服务建筑和码头设施是不够的,此外,RWE和Repower(风力涡轮机原始设备制造商和维护商)已经建起了住宿区,因为依赖旅游酒店设施是不合适的。

13.4.3 管理系统

在控制大楼内,业主或资产总管理方需要将资产作为单个发电厂来控制,而不是作为风力涡轮机的集合。这就需要各种制度的落实。下面将讨论这些问题。

1) 海事管理和监督

由于海上风电场距离海岸较远,但需要有管理人员和设备在场,因此必须有一个管理系统来确保海上活动的安全,基地要为紧急情况做好准备。这就是海事管理和监督系统的作用。

这种系统传统上基于地理信息系统(GIS)平台,为海上风电场提供背景数据集。GIS的好处是可以以三平面的方式提供各个层次的海上风电场数据。这不仅包括风力涡轮机的位置,还包括电缆及其埋设深度,及其额外的特征,如之前的自升式船可能构成安全风险的足迹,可以添加为警告,甚至是禁区。

在此背景下,可以使用船舶自动识别系统,系统数据添加船舶位置的实时视图。先进的系统也可以使用雷达。这使得船舶的移动可以放在海上风电场的背景下,并将信息保存在GIS平台中。然后这些运动可以被监测和记录。如果有气象数据(实际数据和预测数据)作为补充,就可以使用智能数据库功能来确保船舶在未来几个小时的安全窗口期内作业。

在交付了一个将船舶置于海上风电场环境中的系统后,可以添加使用现成的技术来控制人员进出船舶,从而提供海上风电场中所有人员的位置。这一信息对紧急情况至关重要,但也可通过将培训和能力记录与待完成的工作结合起来,验证技术人员是否适合某项任务。

2）工程管理制度

第二个系统是海上风电场管理设施和策略的基本要求，属于工程管理系统。通常情况下，海上风电场只考虑风力涡轮机的维护，而实际上这只是所需维护和检查的一个子集。像 IBM Maximo 系统这样的工程管理系统提供了一系列功能，以确保可以交互式地考虑整个维护和检查范围。这样的系统可提供以下管理，甚至更多的管理：

（1）预防性维护制度；

（2）工作管理审批；

（3）采购和库存；

（4）通过人员和技能进行资源调度；

（5）安全和事故管理；

（6）分析问题、原因和采取补救措施；

（7）智能计量和状态监控；

（8）工具和资产校准。

13.5 配套设施和海底需求

13.5.1 介绍

正如我们所提到的，海上风电场不是简单的海上涡轮机的集合，而是一个复杂的设备配置阵列。其中，一个重要的经验教训是，运维阶段不能忽视配套设施，特别是针对海底环境，这在早些年是有争议的。

除了常识和曾经写过或讨论过的每一个运维策略之外，支持这一点的是，海上风电行业在海底环境下的现有海上风电场已经有很多故障案例。这些故障包括电缆脱埋、电缆故障、基础灌浆故障、阴极保护系统的倾向性侵蚀、油漆涂层故障等。直接的结果是，两家机构在运维阶段提出了海底检查的要求。这些机构是挪威船级社（DNV）和德国的联邦海事和水道测量局（BSH）。它们指出：

整个系统(涡轮和支持结构)应作为定期检查的一部分进行详细检查。在技术文件的基础上,应编制试验设施和场地的具体检查表,并包括评价标准。应规定反复试验的间隔时间。海上风电场应每年对25%的海上风电场进行定期检查,使所有的海上风力涡轮机都能每隔四年检查一次。变电站等核心结构应当每年检查一次,其他个别结构允许偏离年检。检验应由合适的专家进行。

13.5.2 了解海底风险

海底风险区域(RAS)定义为每个海上风电场组件存在故障风险的区域。以下提供了有关风险的更多信息。

13.5.3 基础:单桩和脚架结构

(1) 海洋生物生长阻碍了表面的目视检查,并可能耗尽阴极保护和/或增加结构阻力和载荷。

(2) 岩石表层的迁移和损耗。

(3) 海床侵蚀/冲刷。

(4) 保护涂层的损失使得钢基础裸露。

(5) 由于轴向和循环载荷,单桩和过渡件之间的注浆连接变弱或失效。

(6) 来自氧气进入/错误环境的内部生物腐蚀,导致点蚀和一般腐蚀,可能疲劳开裂和/或钢材损失。

(7) 由于错误的土壤条件假设或不准确的选址导致地基不稳定。

(8) 脚架节点上的固有应力集中点,可能会因广泛的循环加载和/或振动而失效。

13.5.4 基础:过度连接件

(1) 海洋生物生长阻碍了表面的视觉检查。

(2) 保护涂层的损失暴露了钢基础。

(3) 由于轴向和循环载荷,单极杆和过渡件之间的注浆连接变弱或失效。

(4) 振动和对三级钢结构的环境影响。

(5) 塔和过渡件之间的法兰连接弱化或有缺陷。

(6) 内部过渡件因氧气进入/错误环境引起的生物腐蚀,导致点蚀和一般腐蚀,可能出现疲劳开裂和/或钢材损失。

(7) 海床侵蚀/冲刷。

13.5.5 基础:J 管

1) 内部

入口点退化导致密封失效和海水渗入。

2) 外部

(1) J 管结构损坏,包括夹具和配件。

(2) 焊缝和应力点腐蚀。

(3) 柔性管错位或安装不规范。

(4) 海床侵蚀/冲刷。

(5) 电缆移动过度导致的 J 管材料侵蚀。

(6) 钟形口因侵蚀和腐蚀或结构损坏而退化,导致电缆磨损和故障。

13.5.6 海底电缆

(1) 电缆与以下物体和其他危险物的摩擦,如岩石、金属碎片、沉船残骸、管口、法兰。

(2) 悬空电缆。

(3) 安装不规范的影响。

(4) 第三方造成的电缆损坏,如自升式钻机或钓鱼钻机。

13.5.7 陆上电缆

(1) 由于风暴侵蚀或第三方造成的岸边电缆裸露。

(2) 海底电缆与陆上电缆连接不规范。

(3) 经过第三方的陆上电缆干扰。

13.5.8 海底电缆保护

保护因移位或安装不规范导致暴露的电缆。

13.5.9 阴极保护

(1) 由于侵蚀或海洋生物攻击而减少阳极表面积。

(2) 系统安装不规范或性能退化导致导电性降低。

(3) 阳极退化率增加。

(4) 第三方损害。

13.5.10 应对海底风险

除了了解海底风险是理解监测这些风险的解决方案的需求之外,还要求海上风电场的运维策略要包括海底检查(而不是调查)的主题。下面提供了海底检测行业用于监测海底结构的各种技术的信息。

1) 电缆埋设深度检测

埋设深度(DOB)检测相对来说是清晰的,即测量电缆的埋设深度。这是必需的,因为由于海床移位及运动,电缆具有通过振动迁移到地面的能力。此外,差的、不准确的、甚至缺失的构建数据都需要进行调查。

通常使用带有声呐设备的 ROV 检测电缆埋设深度。有时会使用履带式系统,使用履带式车辆在电缆上方的海床上爬行。

2) 一般目视检查或近距离目视检查

一般目视检查(GVI)也得益于 ROV 以及视频录制设备。在将结构的工程设计加载到软件系统后,ROV 能够越过结构,确保捕捉到 100%的表面区域信息记录。近距离目视检查(CVI)是更详细的 GVI。

3）浸水构件监测

浸水构件检测（FMD）也是基于 ROV 的，它可以检测确定是否有任何空心钢构件（例如脚架）出现缺陷并允许水进入其中。因此，这是一个结构完整性检查。使用各种 ROV 传感器和摄像机，包括基于射线或超声波技术的传感器和摄像机。

4）阴极保护测量检查

阴极保护测量检查将通过读取电导率来记录阴极保护系统的有效性。它还将评估阳极损耗的水平。由于检查也需要 ROV，它通常是更广泛的调查（如 GVI）的一部分。

5）多波束测量

多波束（MB）测量以地理坐标参考的方式检查海床。它利用水深来绘制海床的位置。发射机向海底发送一束波束，它的反射随后被捕获，并可转换为深度测量。然后，由于船舶和发射机是 GPS 在三维空间里模拟计算位置的，因此可以绘制海床。虽然 ROV 可以以类似的方式或方法使用，但调查通常是基于船舶进行的。例如，当这项技术正在绘制海底地图时，它将捕捉并关注风力涡轮机地基周围的冲刷等区域。

6）海洋生物生长测量调查

海洋环境中的所有结构都是根据其重量和对潮汐流和波浪的影响来设计的。海洋生物生长在这方面有重要影响，因此需要在海洋生物生长测量调查中进行测量。水下机器人通常在 GVI 期间使用。ROV 使用电路探针（CP）在结构上的各个点进行测量。

13.5.11 检验和检验船舶及费用

船舶费用通常是检验中最昂贵的部分，这与潜在低通达可用性和获得合适船舶的困难有关。因此，整个检查活动中应该一起考虑，不仅要在单个海上风电场内，还要与邻近的海上风电场和其他地方寻找成本协同效应。例如，DOB 检测可以与 MB 和反向散射调查一起进行,以帮助降低检查成本,因为每次调查所需的范围和设备高度依赖于地理位置。表 13.3 提供了实施检查活动的费用指南。这突出了船舶调动可以提供的潜在影响或救援。它还最终显示了联合调查具有更高的性价比。

表 13.3 典型海上海底调查要素成本 单位:欧元

调查类型	Mob	Demob	船舶差价日费率	报表等
DOB	120 000	60 000	25 000	15 000～20 000
结构的:GVI/CVI/CP/FMD	120 000	60 000	25 000	10 000～15 000
MB	60 000	30 000	15 000	10 000～15 000
结构检验和 MB 相结合	130 000	65 000	25 000	20 000～30 000

13.5.12 为海底风险提供解决方案

了解风险和可能的解决方案仍然不足以使解决方案或战略到位。表 13.4 提供了海底检测行业对适当程序方案的标准响应,主要基于石油和天然气行业的经验。

表 13.4 典型海底巡检策略

调查类型	第 1 年	第 2 年	第 3 年	第 4 年
一般目视检查	GVI	GVI	GVI	GVI
阴极保护	CP	CP	CP	CP
多波束	MB	MB	MB	MB
海洋附生物清除	减少的 MGR	全 MGR		
严密目视检查	CVI	CVI		
浸水构件监测		FMD		
埋设深度检测		DOB		

显然,这个时间表必须与涵盖海上风电场位置的各种指导或立法结合起来考

虑，例如 BSH 25%指南。然而，这引发了某些问题和潜在风险。例如，如果最佳实践建议 GVI 为 100%，而最近的海上风电场考虑建议为 25%。为此，建议采取一种更注重风险的解决办法，在个案基础上证明检查的合理性。

13.5.13 书面检验方案

书面检验方案(WSI)是石油和天然气行业熟悉的概念，本文作者花了大量时间将其作为基于风险的最佳方法和工具应用于海上风电行业。WSI 的基本价值在于其详细的风险分析过程，在提出合适的主动检查机制之前，确定每个水下组件的关键 RAS。

使用“高级 WSI”方法的基本原理是使其具有前瞻性和动态性，在整个生命周期的基础上运行。简单来说，标准 WSI 方法定义了适当的海底维护和检查制度，作者的方法进一步发展了这一点，以高度集中的方式进行维护和检查活动，这实际上是基于从以前的检查中收集到的证据，而不是遵循简化的指导文件或最佳实践。

此外，建议可以或应该完成两个风险评估，一个是基于技术设计标准，另一个是基于考虑到适用于设计的各种外部和/或环境因素的现有设计。

例如，WSI 可能会建议对一段长度的电缆进行电缆 DOB 检查，而高级 WSI 可能会指出，已知 50%的电缆已充分埋在坚硬的材料中，因此可以从调查中移除。类似地，如果调查显示了感兴趣的发现，则可以对所确定的位置和其他类似区域评估这些新信息，并将其添加到定义未来调查工作的逻辑或算法中。

这将带来实现最低成本、更长的资产寿命的最佳机会，并在合理可行的范围内尽可能降低技术和安全风险。此外，还优化了不受现有和未来立法保护的能力。

这种方法形成了海底检查、维护和维修(IMR)理念的基础。

13.6 运维：资源

管理资源始终是海上风电场成功管理的基础。图 13.10 和图 13.11 提供了海上风电场业主管理两种不同规模海上风电场所需资源的数量和类型的指南。图 13.10 是 500～1 000 兆瓦的海上风电场，其中包括一种观点，即一些风力涡轮机技术人员实际上应该来自所有者,以确保知识的获取。图 13.11 是规模较小的 250~500 兆瓦风电场。

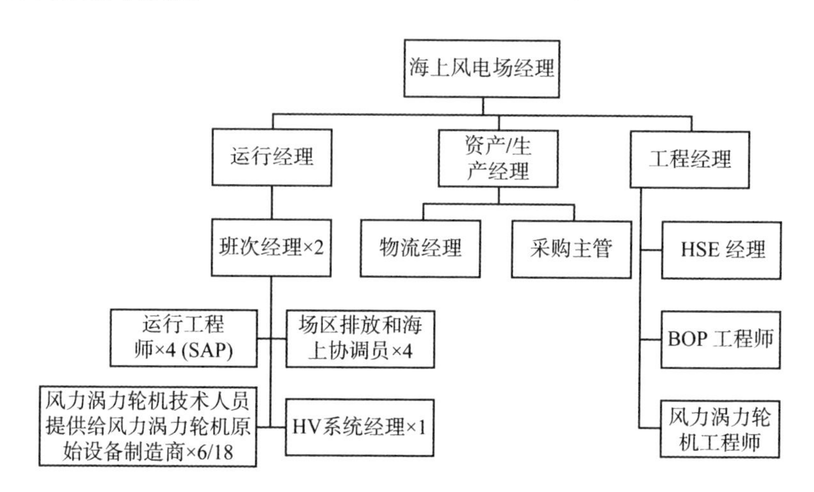

图 13.10　500~1 000 MW 某风电场管理架构

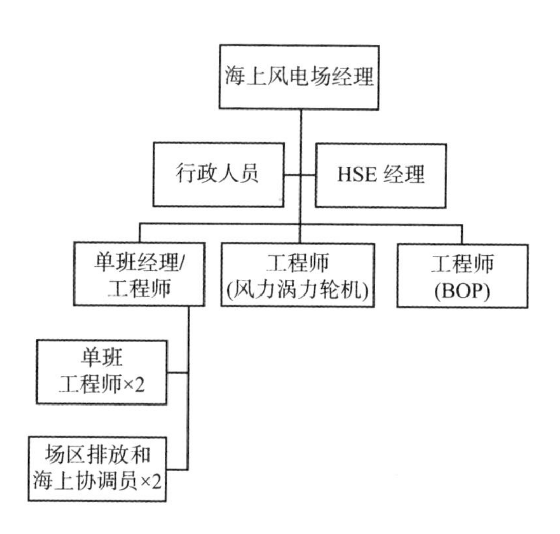

图 13.11　100~250 兆瓦某风电场管理架构

13.7　运维:未来

如前所述,通常海上风电场依靠船员转运船转运人员,在某些情况下由直升机

提供支持。然而，随着海上风电场越来越大，离岸越来越远，人们不禁要问，这真的是长期的解决方案吗？还是我们仍在寻找实际的解决方案？如果是，这应该引起业界的关注。为了证明这一点，让我们以英国第三轮风电场 Forewind Dogger Bank 为例，该项目离岸 125～290 千米，占地 8 600 平方千米，8 吉瓦的电力功率。这导致当前船员转运船的转运时间约为 3 小时（往返 6 小时）。很明显，由直升机支持的 24 米双体船舰队也不是解决方案。

此外，海上风电场的全面运维，包括海底维护，以及是否可以将其纳入任何船舶设计考虑因素，都是新发现的智慧。

13.7.1 生活平台

一段时间以来，业界为这个问题提供了一个简单的解决方案：借用海上油气行业生活平台解决方案，正如 DONG 在 Horns Rev Ⅱ 所追踪的那样。然而，当这种解决方案被用于未来的大型海上风电场时，人们很快就会得出结论，它并没有真正解决问题。毕竟，如果人员位于生活平台上，他们如何以安全的方式在风力涡轮机之间运输？直升机可以提供一个答案，正如讨论的那样，未来的风力涡轮机将支持更大的中型机身，具有更强的过境能力和承载能力。或者，像目前的例子一样，船员转运船可以每天从陆上基地运送乘客，并在生活平台接走技术人员。然而，这两种系统在实用性和建模上都不太理想，因为未来规模和距离会进一步增加。因此，我们认为海上风电行业一直在寻找错误的解决方案。

13.7.2 母船的解决方案

此外，这个问题的一种解决方案是在海上风电场内使用浮动基地（即运维母船）。这将减少转移时间，从而增加技术人员的工作时间，并优化使用可能的天气窗口。众所周知，大型单体船具有特殊的适航能力和舒适的住宿条件，更不用说相当大的甲板空间用于安置设备和维护车间或备件。事实上，这种拥有仓储和维护车间的能力是一种传统上只有在陆上才能实现的好处。

有了这样的解决方案，问题仍然是如何在需要时将技术人员转移到实际的风力涡轮机上。这种解决方案存在各种选项，如下文所述。

1）波浪补偿舷梯

提供具有波浪补偿功能的舷梯是提升海上风电场运维能力的一个重要话题，是船员转运船的通达增强手段，实际上是许多此类设计的起源。正如我们所知，当波列经过时，它释放的能量足以在暴露的水中使整个船在六个自由运动方向中的任何一个方向上移动一段很长的距离（这六个方向分别是起伏、俯仰、翻滚、摇摆、起伏和偏航）。因此，波浪补偿舷梯抵消或吸收这些运动。

所有市场系统（两个被认为是合适的）都要求船舶配备动力定位（DP）系统。DP系统包括推进器的作用，由控制器控制，与环境力相反，将船舶稳定在参考点附近。位置是从位置参考系统传输的数据接收的。

可以使用的两种系统是Ampelmann系统和海上接入系统（OAS）（在油气行业中已被证明是安全的）。

Ampelmann系统由飞行模拟器技术发展而来，通过单独驱动位于船体主平台下方的六个气缸，不断补偿所有六个自由度的船舶运动，主平台本身就支撑着舷梯的船端。该系统在其工作模式下是主动的，当人员转移到结构体时，系统通过推进器气缸位置动态补偿所有运动。

OAS使用一个重型补偿式伸缩舷梯，在其工作模式下是被动的。该系统连接到风力涡轮机（或其他结构）上的一个固定点上，然后由两个相互滑动的部分组成的舷梯本身吸收运动。

然而，这些系统也有弱点。首先，当DP系统在公海上使用时，需要相当长的时间（20～60分钟）来确保船舶安全停泊在一个位置，该时间需要增加到系统部署时间（15～20分钟）中。在某些情况下，在一个时间点和地点，10多人被转移和从一个海上涡轮风机转移出来，这个时间延迟是可以接受的。但是，如果应用在需要部署多台风力发电机的海上风电场，而且任何时候只需要2～5名技术人员，使用效率就会很低。

2）场内转移船

第二种转移解决方案是场内转运船（ITV），这是一个相对较新的概念。这是一艘专门设计用于大型单体船（因此使主船成为母船）上的船舶，并且设计用于快速部署，具有良好的风力涡轮机可达性。这是一个简单的设想，但现实中可实现吗？

在与领先的海军建筑师的初步讨论中，虽然这些未来ITV的设计提出了挑战，将受到许多因素的影响，但人们认为，使用上的微小变化，基本上是使用范围的缩小，可能为海军建筑师和最终设计提供机会。特别是，它必须是可回收的，而且它必须在一定程度上行驶更短的距离，而不必考虑海上风电场的运送问题，并且要比传统船员转运船的有效载荷更低，这将是至关重要的。人们认为这些因素将最有可能促成一种新的船型设计，从而生产出与当前船员转移船性能相当或具备更优性能的船舶。

14 项目准则

规划一个运行和维护(O&M)系统时,有几个因素必须考虑。其中,一些是风、波浪和海流。项目必须通过审查,以确定是否存在任何可能发生的阻碍、运输限制和恶劣天气,还应考虑到因船员无法接触风力涡轮机而可能导致的停工期影响。

非常重要的一点是,在运行和维护工作中的运输和传送系统必须在海上风电场的有效工作时间范围内运作。实际上,这意味着所选择的方案必须能在95%的风力涡轮机有效工作时间范围内使船员和设备传送到风力涡轮机的基础安装现场。该百分比或更高的百分比表示生产周期,客户一直用其测算投资预算。其至关重要的原因是,风力涡轮机制造商一旦达到这个目标,就可避免任何损失。

如果海上风电场在经济上可行,较高的有效工作时间还是必要的,但在计算运行和维护方案可应对的最坏天气状况时,多数海上风电场采纳2米的有义浪高(H_s)。当遭遇3.5米以上的浪高时(从波谷到波峰),根据波浪周期(一个波的全长度通过一个标定点所花费的时间),该波浪可能高达150米。

对于能在如此严酷环境中工作的船舶而言,其尺寸大小通常反映出成本的高低,因此尺寸显得尤为重要。而将海上风电场的整个运行和维护成本尽可能保持在低位也是十分重要的。为此,运输和传送系统变成整个运行和维护计划中最大的一项开支。

14.1 海上通道系统

必须确定的首要因素是你想接近什么?接近船舶和接近风力涡轮机是两回事。为何这是事实?原因在于,如果你使用船员运输船,假设你未使用安装船做运行和维护工作,你可以让船员直接接触到风力涡轮机或通过船员运输船接近维修船,再调度船员。

在先前情况下，系统要求是根据接近船舶还是接近风力涡轮机而不同。一种状况涉及垂直通道（从运输船通往风力涡轮机和维修船）；另一种状况涉及水平通道（如果从维修船或安装船通往风力涡轮机基础，那么这两者通常采用自升方式）。此外，自升式平台安装船可提供稳定的从船舶进入风力涡轮机的通道，在使用运输船的情况下，这取决于船舶或风力涡轮机是否在海上。对于后者，要求更高。

对于我们而言，我们只需着眼于从运输船通往风力涡轮机的一些限定因素。运输船须靠近基础上的通道梯、Browing 系统或其他设备把船员转移到基础上，随后，可利用梯子爬上平台。

使用的梯子需符合各国家的 HSE 法规。通道塔或通道梯在 6 米以上高度设置一个休息平台，随后每隔 6 米设置一个。这是很重要的一点，因为机组成员在攀升至海平面 25 米左右时需要休息。穿着救生服一次直达不单困难，而且，肯定是一次非常不舒服的经历。

H_s 一般在 0～2 米之间。该标准是由 HSE 当局制定的，必须加以遵循，以免船员或船舶受到伤害。HSE 所要求的最大通道标准为 2.0 米。然而，要实现是很难的，主要是因为交通船的动态变化。风电场业主希望采用 2.0 米 H_s 标准，因为，在多数情况下，他们能使风力涡轮机的有效生产时间范围保持在 95%至 97%左右。这也是海上风电场获得成本效益所需的。

一般来说，通道系统必须安全而易于操作，并能适应所调用的运输船。因此，不会在这样的条件下调用既不安全又难于操作的系统。虽然我们常说，在海上，重量和大小并不重要，但应指出的是，用于传送船员的海上船舶通常短于 24 米。

因此，使用大型的、复杂的海上通道体系可能是一个不正确的方式，单是重量就足以使船舶沉没。我们为什么这样说？原因非常简单，因为重量数不合理！如果需要 50 米的运输船运送通道系统，每天成本将达 10 000 欧元。这将影响海上风电场在财务方面的可行性，因为该船需常年在海上风电场操作 20 年，成本过高。

此外，该船能够携带 30 名或 40 名技术人员，但需要很长时间才能将他们以 2 人或 3 人一组分派到各台风力涡轮机上。实际上，这与我们想达到的目标，即海上风电场高的有效工作范围百分比，适得其反。

14.2 波浪

往返于海上风电场需要某种运输船。如果天气很平静,在任何时候,每趟运输仅要求船舶具有运载12~16名船员的能力。然而,风和潮流是造成波浪和海涌的两个因素。在运输过程中,船舶通常会受到海浪和海流的影响,在选择合适的交通工具时,必须考虑到这两项因素,尤其是在调动人员时更需注意,波浪会对船舶造成很大的破坏力,尤其是在风力涡轮机基础前方保持停泊状态时,特别明显。

下面就调动人员往返于海上风力涡轮机时所遇到的一些实际问题做简要介绍。正如前面提到的,在对海上风电场和陆上风电场做比较时,波浪也是一个问题。当然,在海上运载风力涡轮机时,海浪问题会反复出现。海上遇到的波浪非常大,可达10米。因此,无论是基础设计还是通道设计,必须考虑到要如何抵抗这种强大的破坏力。

首先,应澄清波浪和涌浪的定义。波浪较短,最长的波浪周期小于4.5秒。周期超过4.5秒的波浪被称为涌浪,因为海浪在通过基础时有更长的单向海流趋向。

波浪在通过时往往因为风和切变风会呈现出许多不同的方向。因此,它们是更不可预测的,对于短小的船舶,可能成为一个严重的问题。即使波浪不像涌浪一样具有相同的能量潜力,但是,它们会使船舶产生不可预知的运动,难以驾驭。

在某种程度上,这个问题也可解决,即使用更大的船舶。然而,这将显著增加CAPEX(基建费用)和OPEX(作业费用)的成本,因为购买较大的船舶将更昂贵,操作费用也高。

然而,相对于基础而言,较大的海涌对船舶运输有更明显的影响。当波群经过时,它释放的能量足以使船舶移动相当长的距离。因此,传送方式,无论是斜坡、舷梯或其他,必须是有很长的行程长度以及快速调节系统,以便能保持相对于基础的正确位置。

在开阔水域,船舶须有六个自由移动方向:

升沉、纵摇、纵荡、横摇、横荡和艏摇。

因此,至关重要的是需要能够抵消这些运动的传送方法。尤其重要的是,与船舶水平双方向的移动结合的垂直冲程长度可以被系统吸收。

在 2 米的 H_s 波中移动的船舶可以在一两秒钟内移动相当长的距离；整个体系必须能应付这类移动。因此，同样重要的是，在现有市场上，需将传送系统与所用船舶结合在一起看待。

在施工工地的海面上，海上风电场业主通常要设置一座测风塔，它能测量一些数据，并对数据进行评估。然而，测风塔也应该包括一个波浪浮标，从而能提供施工工地的特性波的资料。浮标可记录海上风电场整个适用期的波浪。

波浪资料应提供波高不大于 2 米 H_s 时的次数均值。通常情况下，每年夏天须对整个海上风电场做维护检查。此时的波浪浮标有利于实现此目的。

14.3 风

很明显，在海面上工作时，风是一个极其重要的因素，它也能确定是否有可能向风力涡轮机传送工作人员。

显然，风力涡轮机应定位在风力恒定、平均风速高且合理的地方。因此，在风力涡轮机外执行修理或更换工作时主要取决于风速，只要使船舶在海上稳定，能进行维修即可。但风力也会产生波浪。风速增加和波高增加之间的延迟时间在正常情况下约为 1 小时。实际上，这意味着，运行和维护工作系统必须能够灵活应对风力和海浪冲击力。

当为一台或多台风力涡轮机配备工作人员时，只要发现天气条件恶化，工作人员必须能够安全地重新返回运输船。随着风速加快，船员必须能够预测恢复前的剩余时间和预期波高，以便计划并实现人员和设备的安全运输。

因此，风作为一个决定性的因素，不仅是因为它会影响维修船的可操作性，而且也因为风浪经常出现在公海上。海涌通常由流经世界各处开阔水域的风暴引起。因此，产生于北海的海涌往往起因于大西洋的风暴。

14.4 海流

海流对运输特别是对传送方法也有很大的影响，因为在传送工作人员时，船舶必须处于固定的位置。这意味着，船舶在风力涡轮机周围工作的同时，还必须能够抵制海流。这些海流速度可以变得非常高，潮汐变化期间海流速度达到 5 节是常见现象。

船舶必须具有足够强的助推能力,即使施工工地出现强大的海流,船舶也能维持原位。在决定使用哪类船舶时,这是很重要的一点,因为双体船和SWATH拥有合适的艏助推能力。然而,在很大程度上,它们可以运用鱼雷中的反转螺旋桨原理来工作,制造可围绕中心轴旋转的船舶。

但是,保持船舶位置的最好方式是采用动态定位系统。在系统中利用了艏、艉推进器和主推进器。但是,这类系统需要巨大的功率容量,因此此类操作可能是不经济的。

北海测得的海流范围为0.5～2.5米/秒,它将影响到接近风力涡轮机的方式和使用的或使用的船舶类型。此外,还非常依赖于海上风电场在北海(或其他)区域的安设位置。因此,对于位于北海东部的船舶,可以较少关注因海流影响所致的船舶位置的保持能力。那里的海流较浅,涌浪较高;而在西侧的英国沿岸,则海流较高,涌浪明显较小。

无论如何,因为风、浪和海流相结合可能产生不利因素,所以我们必须始终考虑接近风力涡轮机基础的做法是否安全。

相关图片

有关海上风电场吊装机舱、拆除起重设备、安装船空间利用和准备海上风电场运行如图14.1～图14.4所示。

图 14.1 吊装“兔子耳朵”式配置的机舱

图 14.2 从已安装的机舱处拆除起重设备，要取得好一点的视角是一项很辛苦的工作

图 14.3　安装船上的每一寸空间都要利用

图 14.4　最终结果,海上风电场已一切齐备,准备运行

15 运输风力涡轮机

本章分析了将工作人员和风力涡轮机运输和传送到海上施工现场的不同方法,并强调说明最成功的操作实例。根据以往的经验,我们已经列出了几项应予考虑的标准,用于确定项目运行和维护策略的最佳解决方案。

自第一台商用风力涡轮机于 2001 年在米德尔格伦登的海面上安装以来,所用的人员运输方法已有很大变化,新方法不断应用于新的项目中。总的方案是利用一艘小 RIB,即最多可携带 4 人的充气船,或最多可容纳 12 人的一艘小船驶往风力涡轮机基础的登陆处。然后,工作人员爬上梯子到达平台。这种方法一般是成功的,到目前为止,没有任何有关问题或事故的报道。然而,在其他几个方面则出现了一些问题。

(1) Horns Rev 风电场的登陆处强度不够,无法支撑载有 12 名人员的船舶,在 2004 年不得不更换。

(2) 丹麦当局不批准在 H_s 达到 1.1 米以上时使用该方法,但并没有解决相关问题的可用方法。

(3) 离岸的距离相当短,这类短行程无法有效维持小型船舶的运行成本。而且,由于运输时间计为工作时间,对于每一个用于运输的小时,实际“在涡轮机工作”的小时数双倍减少(单程一小时意味着在风力涡轮机上的工作时间减少 2 小时)。

(4) 从载有超过 12 名人员的特殊用途船舶规则角度来看,大量人员留守在海上工作的成本是非常高的,这意味着运行和维护的整体成本实际上会超出预算。因此,与运行和维护策略相关的三个主要问题包括如下几方面。

(a) 在恶劣天气下,登上基础的灵活性有待加强。

(b) 需要更多经济适用的船舶。

(c) 运行和维护人员必须被安置在离海上风电场尽可能近的地方。

对于海上风电场而言,许多因素必须加以考虑,以便确定运行和维护基地的最佳位置。以下是其中的几个要点。

(1)运行和维护基地应尽量靠近海上风电场,以便能尽可能缩短从岸边到海上风电场的运送时间。用这种方式,人员一接到临时通知时,就可充分利用较短的最佳作业期即刻行动。

(2)海岸基地应该有一些良好的港口设施,以支持运行和维护船舶。

(3)看是否有可能获得欧盟地区性支持和对不发达地区工作的财政资助。

如果海岸基地远离海上施工工地,那么距离因素会影响海上施工工地周围天气情况预测的准确性,并可能产生大量长时间的停工期。

如果我们看一看德国的一些海上风电场,就会发现使用黑尔戈兰岛(Helgoland)作为整体运行和维护方案的基地的确是明智之举。除了可以获得可观的利益外,很明显的好处是该岛不但可以吸引游客,还可以提供许多工作机会。

15.1 运输船类型

目前,有许多不同类型的运输船可用于海上风电行业。一个共同特点是,它们都保证是最好的、最稳定的工作平台。然而,成为最好,最稳定的平台所采用的方法有很大的不同,在很大程度上取决于造船工程师、其他工程师和承包商的精巧设计。

对于长度小于40米的船舶而言,确定船舶性能的统计方法,如切片法等是无效的。基于这样的事实,为了使船舶保持稳定工作,克服相关物理学上的难题就变得更加复杂。因此,所有的设计必须根据以往的经验或比例模型试验来制订。

然而,测试方案非常昂贵,并且无法吸引能够提供此类服务船舶的主要公司。的确,在眼前没有明确合约的情况下,要在比例模型试验中投资约5万欧元似乎缺乏吸引力。因此,下述有关船舶类型及其特征的信息完全基于以往的经验,而不是真正的科学研究结论。然而,这类船的确可用,这就是为什么提到它们的原因。

这实际上意味着,与运输船供应商建立任何形式的关系之前,海上风电场业主应对考虑使用的船舶列出所有要求,以便对有能力提供且提供过这种类型船舶的投标者做一系列测试,确定谁可以提供这种类型船舶,而且,过去已这样做了。遗憾的是,选择新供应商唯一有效的方式只能是要么用推测方式,要么执行比例模

型试验。

一般情况下，有如下所述的四类船舶。

15.1.1　单体船

这是典型的远洋运输船。它的优点是稳定，可以应对恶劣的天气条件。即使是相对较小的船舶也在各个方向具有很好的航海特性。虽然在迎浪情况下它不如双体船和小水线面双体船那样舒适，但是，在出现横浪时，它们更具优越性。此外，它们还可以容纳较大的货物，因为它们往往配有防水舱口盖。

在欧洲有数家供应商能建造这类型船舶，而且许多船舶具有可以应对高海况的能力。此外，还有许多二手船舶可用。

15.1.2　双体船

两个平行设置的船体是其特点，双体船的甲板悬浮在它们之间。甲板含有船桥和居住舱。它的特点是在天气不是极端恶劣的情况下，具有良好的航海能力。它能高速行驶，并具有小的水线面面积，这是航行时的一个巨大优势。与单船体相比，它更稳定，并且能提供一种舒适的水平移动和短周期摇摆。然而，这意味着波浪幅度增大时，加速度也会增加。

它们的缺点是，当天气转坏并遇到横浪时，它们就变得很不舒适。此外，双体船不能承载较大的有效载荷，除非该船相当大。它们通常是用 GRP 或铝材制造，以降低它们的自重，因而，面对要执行的严峻任务，它们显得比较脆弱，特别是与风力涡轮机基础对接时。此外，无论是购买或运行，它们都是相当昂贵的。

有许多这类船舶的供应商，例如：德国的 Baltec 和英国的 Alnmaritec。

15.1.3　小水线面双体船

小水线面双体(SWATH)船是双体船的衍生物。两者的主要区别是，SWATH 船有两个鱼雷型的浮力船体，置于水面下 2～2.5 米的深度。这种设计能使船舶更加稳定，因为在浪溅区没有大的表面可以受到波浪的冲击。因此，大多数波浪作用力不会影响到船舶，由此可以更舒适地工作。

当波浪和海涌纵向通过船舶时，这类船舶也有能力在水中保持稳定。然而，这类船舶的承载能力比双体船更低，建造费用更昂贵。鉴于鱼雷船体的重量难于重新分配，因而安装船首推进器也变得困难。

两个主要供应商是德国的 Abeking & Rasmussen 和美国 Lockheed Martin 公司的海岸战斗舰艇部门。

15.1.4 自升式平台船

自升式平台船最初在美国研发，在那里的近海石油和天然气行业作为重负荷机器使用。它们是三腿式自航自升平台船舶，由 3～5 人的小组操作。船上最高可容纳 32 人，但可能会有点不舒适，因为这意味着每个船舱要住 8 人。

该船的设计是为了在 200 英尺的深水处工作。按照特种用途船(SPS)规则以及其他海船安全条例，尚无法得知欧洲海事管理当局对此类船舶如何认定。然而，这是一种非常好的、坚固耐用的船舶，在恶劣的天气下也能解决人员的运送问题。全部所需仅是在风力涡轮机的前方顶起船舶。但是，在自升后，一旦因任何理由超出升降标准，就可能需要放弃该平台。此外，只能在自升式平台作业区域前方的风力涡轮机上部署人员。如果有人被安排到其他风力涡轮机处，当天气恶化时，就无法用自升式平台船援救他们。

以下是所有四类船舶的一些实例。

1) 单体货船

这种小货船配备了装载吊臂(见图 15.1)。它有一个可折叠的舱口盖，适宜于装载备件等。海上工作时，吊臂可更换为大型折臂吊起重机(见图 15.2)。这类船舶的船员舱室都有生活基本设备(见图 15.3)。

请注意该船的船宽，与常规的长度相比，它要宽得多。在海面上操作时，它更稳定。较高的艏楼更安全，可与海浪和浪花保持间距。照片或船宽显示出背景中的一艘其他单体船，该船也具有高速性能，但是，在严峻的海上工作特性方面不如货船(见图 15.4)。

图 15.1 单体货船

图 15.2 单体货船装具有装载吊臂和折叠舱口盖

图 15.3　船员舱室

图 15.4　单体货船的船宽

2）双体船

请注意，双体船两个船体之间的船宽较大（见图 15.5）这有助于双体船在艏浪下保持稳定，但在横浪下，因为重量轻，吃水浅，横摇是非常严重的。

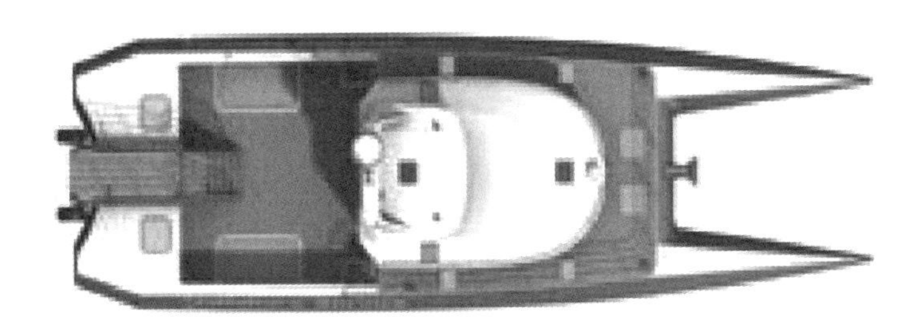

图 15.5 双体船的两幅照片

（资料来源：Fintry 1）

此外，一种类型的铝制双体船在英国很受欢迎（见图 15.6），它们十分适用于这类运输，在某些情况下，工作空间优于其他类型的双体船。这取决于安装地点的具体标准。

3）小水线面双体船

小水线面双体船能在高海况下保持船舶的稳定性，并在海上航行和燃料消耗方面获得良好的成本效益（见图 15.7）。因为鱼雷船体深入水下，船舶趋向于较深的吃水，因而 2.5～3.5 米的吃水不大常见。

图 15.6　在英国常用的一种双体船照片

图 15.7　小水线面双体船有一个非常苗条的吃水线突起

4) 自升式平台船

自升式平台船有一个很基本的设计,但它们具备必要的功能,如大型起重机、较大的载货空间,此外,舒适的居住舱也是必要的。它们是海洋作业必不可少的一种船舶(见图 15.8)。

图 15.8 任何时候海上风电场平台均需要自升式平台船

表 15.1 提供了每种船舶功能的摘要信息。

表 15.1 船舶类型

类型	调配人员和货物用的单体船舶引航类	货物类单体船	调配人员和货物用的双体船	调配人员和货物用的 SWATH 船	来自 245 等级自升式平台船的数据
制造厂	有数家	有数家	有数家	A&R, FBM	在美国有数家
速度/节	超过 15	最高 15	超过 20	超过 15	最高 8
最大离岸距离/海里	20	多种,可不受限制	按等级,多种	按等级,多种	按等级,多种
容许操作的最大 H_s/米	1.1	按尺寸 1.1~1.5	预期 1.0~1.25	3	顶升 1.1~1.5
船员人数/人	14 小时 2~3	不受限制保养需 4~9	按等级 2~9	按等级 3~6	按等级 4~6
最大乘客数/人	12	12	12	12	12
尺寸/米	10~20	该行业 30~70	根据用途和材料 10~70	最小 20,最大 100	按水深和等级为 33~100

(续表)

类型	调配人员和货物用的单体船舶引航类	货物类单体船	调配人员和货物用的双体船	调配人员和货物用的SWATH船	来自245等级自升式平台船的数据
最大载货量	约500千克	根据尺寸最高为200吨	根据尺寸为1～20吨	根据尺寸为1～20吨	245等级最高为334吨
成本	估计100万～300万欧元	估计100万～500万欧元	A200(见图15.5)为200万欧元	FBM为450万欧元	42米×29米顶升船为1800万美元
船员/人	3	1	2	2	3
等级1～5	2	1	2	2	3
24小时OPEX(作业费用)/欧元	约1 750	约1 210(DIS)	约2 700	约4 000	约5 000

15.2 传送系统

当然,船舶本身是运送维护人员往返于海上风电机组的重要组成部分。然而,传送系统与船舶的组合将确定整个系统的可用性。因此,至关重要的是,不仅要查看应用于具体施工工地的最好船舶,也要看船舶与合适的传输方法的结合状况。

对于不同的传送解决方案必须加以评估,以便确定哪种系统最合适。这种评估可通过创建一个矩阵来实现,不同的系统可在此矩阵中进行相互比较,这样就可以很容易地确定哪个系统最适合风电场的调配。

15.2.1 可用的系统

有人会认为,海上资源开发已有多年,为此,已涌现出大量不同的传送解决方案,而这些传送方法也应该可以应用于海上风电产业。不幸的是,情况不是这样的。由于海上石油和天然气工业依赖于能动态定位的、坚固耐用的大型船舶,其设计专用于深海作业,并随后形成非常稳定的平台,甚至大型直升机可在那里降落,无论是规模和成本,这些船舶将超过海上风电产业的运行和维护预算。

由于这类设备正常运行时,每日花费高达10万欧元或以上,因此丧失了吸引力。对于油气行业，这样的花费可以忽略。但是，对于海上风电行业却十分重要，因为这是根本无法负担的。

即使稳定性无问题，如要接触到海上的风力涡轮机，设备的尺寸仍不符合实际要求，其原因有两个：首先，如果风力涡轮机碰触到船舶，它将受到损坏；其次，无法接近海上风电场中水深最浅的发电机位置，因为船舶的吃水超过 6 米。因而，对此项目而言，实际情况不是这样的。因此，至今，除前面两种船舶外，仅有极少几个解决方案，他们仅试验了如下系统：

（1）海上接入系统；

（2）Ampelmann；

（3）Browing 系统，Lockheed Martin 公司的滨海战斗舰计划；

（4）泊船码头；

（5）Viking 的 Selstair 试验模型；

（6）运送起重机方案：PTS、Grumsen 和其他。

上述系统的共同点是，它们必须装在一艘船上或每个基础上，以便传送人员往返于海上风力涡轮机。因此，他们的成功在很大程度上取决于船舶的海上工作特征是否符合要求。此外，除泊船码头（boat landings）、Browing 系统和 Viking 的 Selstair 试验模型外，尚未使用其他三项。当然，这一点是很重要的，因为海上风电场业主可能对大型海上风电场应用试验模型方案不感兴趣，海上接入系统肯定是一种可靠的、经过测试的、明确合法的系统。

正如前面提到的，海上工作特性取决于船舶可以承受的浪高和持续时间。此外，传送系统必须用安全的方式与船舶相配，以便能安全转移人员。这意味着，系统本身必须坚固，能够应付较大的加速度和弯曲力矩，但实情常常并非如此。其他系统，如 Waterbridge 对此问题有丰富的解决经验。

此外，用起重机吊运人员的方案实际上是非法的。这在丹麦是真实的，在那里，健康和安全法规是由健康和安全机关管辖，而不受海洋、能源或离岸部委管辖。例如，在丹麦，无论起重机的大小和构造，禁止用其吊运人员。唯一的例外是在某个位置偶尔处理轻微工作又无法使用脚手架时，但肯定不得用于常规作业。将一个人悬挂在远程操作的海上起重机的钢丝绳上是危险的，不建议使用此类接入方法。可向错误发展的事件数量是无限的。最后，每个平台上安装此类设备也是不经济的，原因是需要大量的不必要的维护工作。

另一个系统是 Lockheed Martin 公司的 Browing 系统，它用于在海面上传送海员，英国皇家海军已使用多年。基本上该系统为一种两艘船舶之间连接通道，可以扩展和收缩，其扩展和收缩的速度与两艘船之间波浪引起的船体移动相同。然而，对于固定式近海结构，系统必须得到加强，以便能承受船舶与基础之间分离和合拢的强大力量。

如果此系统得到加强，并与小水线面双体船结合后，可能会成为一个很好的解决方案。与小水线面双体船配合，Browing 系统允许在 2 米的 H_s 情况下转移人员，如果操作得当，应该是一个适当的解决方案。

接入系统已通过测试，在近海水域日常运行已超 10 年。该系统是专供两艘在运动中的船舶使用的。它与固定结构不同，后者应用于已装有固定基础的海上风电场的运行和维护工作。因此，在此情况下，必须做精心的设计和改建。事实上，对于固定结构而言，该系统在工作时会增加所有活动部件的受力和弯曲力矩，所以加强是必须的。如能做到这一点，该系统将比其他解决方案更简单、更轻和更快。

近海石油和天然气行业早在多年前就已在开发泊船码头，因此，它一直是所有解决方案中运作时间最长的一个。这种方法以前也被选定为海上风电场的安装方法，并已成功用于人员的调动和部署，未出现任何问题。

然而，该系统仅核准用于 1.1 米 H_s 条件下的运行，因此，在当前配置中，其本身不适合于风力涡轮机的单独接触。这不能提供所需的接触机会，因为，要获得 95%的接触机会的话，H_s 就需达到 2 米。在某种程度上，可以通过所用的船舶类型，例如在高波状况下具有良好移动能力的 SWATH 来求得平衡。

Viking 将 Selstair 作为一种拯救生命的手段推向市场，因而，这种系统比较适用。然而，有一个系统问题使其对本行业缺乏吸引力。研究中显示，Selstair 装配到传送船上，并向上延伸到风力涡轮机平台。但是，没有说明如何做到这一点，它是如何工作的。这意味着，另一个唯一可能是，Selstair 需与每台风力涡轮机匹配，这当然是没有吸引力的。此外，事实上，由于该系统需要远程操控，维护成本将更高。

最后，OAS 和 Ampelmann 是两种试图减轻波浪影响的系统。想法是好的，但到目前为止还没有令人印象深刻的案例。这两种系统都非常昂贵，而且需要大量的技巧使其保持稳定。事实上，如将超过 10 米的舷梯悬挂在船尾或船中，其本身就是一个沉重的负担，在这种情况下，较小的船舶是很容易翻船的。

这意味着，对于海上接入系统而言，成本因素是重要的，将舷梯固定到风力涡轮机基础上就意味着它必须足够坚固。而对于基础而言，它必须非常高。这将导致另一方面的成本增加，这是大家所不希望的。

15.2.2 海上接入系统

海上接入系统(OAS)是一个悬浮在两个液压缸上的可伸展舷梯，通过获取相对于基础的船舶运动来稳定其自身的移动(见图 15.9)。

图 15.9 重型海上接入系统

(资料来源：Offshore Solutions)

1) Ampelmann

Ampelmann 是相同类型的解决方案(见图 15.10)。实际上，这是一组安装在船舶甲板上的液压缸，用于支撑悬空的平台，以便使安放到基础上的舷梯保持稳定。这样一来，Ampelmann 可吸收船舶运动，使舷梯和平台保持稳定，便于通向基础。

表 15.2 列出了每种系统的功能,以便对现成的各类信息有一个概要的了解。如需获得进一步细节,几个公司的网站可提供大量的资料,并附有正在进行中的一些项目的照片。

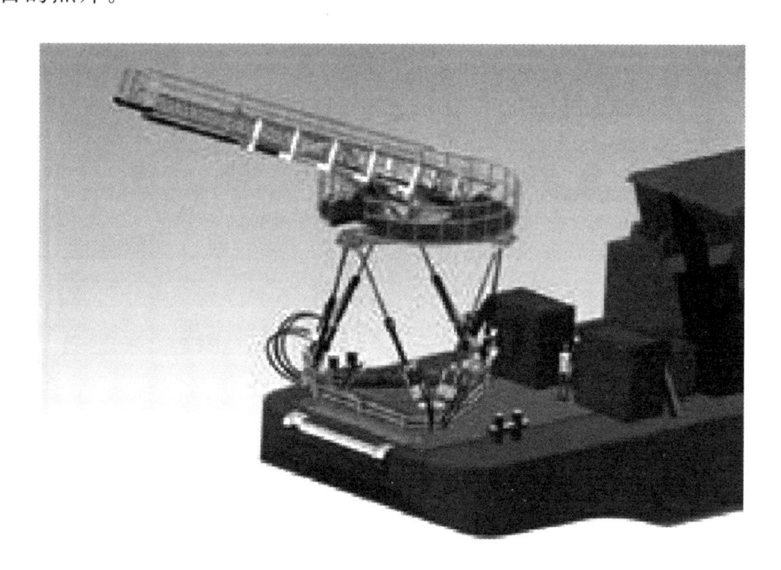

图 15.10 Ampelmann

(资料来源:Ampelmann Operations)

表 15.2 转移方案

名称	Ampelmann	泊船码头	Browing 系统	海上接入系统	Selstair	运送起重机
制造厂	TU Delft	各类	FBM Babcock	Fabricom	Viking	各类
说明	Gyrocompensated 平台	固定结构	Gyrocompensated 通道	液压操作通道	灵活的垂直安全楼梯	人员升降采用遥控起重机
最大H_s/米	预期 2	实际 1.1	最大 3,实际 1.5	预期 1.5	预期 2	预期 2
要求的船舶尺寸	30 米,鉴于系统重量	15 米,用于安全的海上工作	20 米,见 SWATH 船的说明	40 米,鉴于系统重量	未知	15 米,用于安全的海上工作
维护成本	高	低	中	高	低	中
估计成本(1~5 级)	5	5 鉴于要求数	3	5	5 鉴于要求数	5 鉴于要求数
等级 1~6	4	2	1	5	3	6

相关图片

Lillgrund 风电场用的第一批风力涡轮机已装载，并准备出发(见图 15.11)。从技术的角度来看，开展这项工作是非常简单的，只要你知道你在做什么，并有正确的项目计划。一旦开始，你只是在重复这个过程，直到最后的风力涡轮机已安装。其将开往安装的基础点(见图 15.12)。

Horns Rev 2002.天气：太阳，太阳和太阳。风力 3～4 米/秒，浪：0.5～1.0 米 H_s。埃斯比约港的人们向我们说，这是罕见的，“非常幸运的”(见图 15.13)。但是，根本的原因是有一个良好的规划加上一些好运气，在这种情况下，好运气似乎起得作用更大。

出海到现场，船上只有塔架。有时，陆上生产不能跟上，因此，为确保船舶不空和海上过程持续运行，只能采取此步骤。这也是一个图解暗示，从陆上工厂到海上基础的所有工作均需仔细规划(见图 15.14)。

图 15.11　Lillgrund 海上风电场的第一批风力涡轮机已装载上船准备出发

图 15.12　开往将底部安放到基础上的新的起点

图 15.13　无风晴朗的 Esbjerg 港

图 15.14 只有塔架的船出海到现场

16 调配策略

当回顾第15章中的数据时，很明显地发现，对操作和维护（O&M）部门的资源分配及其配套的硬件设施是值得我们注意的。此外，检验员全面开展工作的费用，工作衔接中等待期的费用，人员费用，以及管理费用在营运费用中占有相当大的比例。这是因为，事实上他们实行的法规要求，对待只拥有一艘海上运输船舶的小公司和一个大规模的船运公司是一视同仁的。

派遣人员出海，无论人数多少，安全、人员和技术三方面的问题均是相同的。实际上，为了安全的海洋航行，船舶所有人要求对海上风电场业主租用的船舶收取额外费用。因此，我们应该考虑其他的方案，而不是寄希望于一个完全成熟的、陈旧的、海上运营模式。

任何海上风电场业主的愿望是，一旦需要，应可立即获得设备和人员，最好没有延迟。因此，我们的目标是，拥有自己的设备，雇佣船员和能够开展运行维护修理工作的技术人员。然而，在以往与Vestas公司的维修部门合作期间，相关计算数据表明，每天的花费不会对项目产生任何不良的成本效益。

根据从Horns Rev获得的数据可得出以下结论，配备3名船员和12名技术人员的日花费可能需要约3 500～4 000欧元。然而，这非常接近于考虑到天气条件情况下的可操作性极限。因天气原因而产生的停工期是不少的，因此，技术人员数目应较高。

令人遗憾的是，船上乘载12人是最高极限，否则，你必须服从更高级别的特种用途船（SPS）规则。SPS规则是货船和客运船舶必须遵守的安全准则。该规则是国际通行的，其构成的增量分别为12人、50人、200人和1 000人。载客量越高，规则中的许多标准也须随之显著提高，其结果会使从事这类工作船舶的成本效益变得非常差。

因此，如果希望乘载18名或以上的技术人员时，在船上需要配备能够营救50人的救援设备。因此，这要求极大地提高船舶的技术性能，如破损稳性能力等。其

他问题,如船体太厚会导致无法用现有船舶进行更换。鉴于全球的市场情况,新船目前的成本非常之高。

16.1 海洋工程装备的共享权

拥有和经营包括船舶、船员和技术人员在内的整个运行和维护工作,还可以有另一种备用方案,即共享项目周边的海上风电场资源。当然,其优点是能够显著降低船员、技术人员和工厂设备的成本。其缺点是,当你需要它时,可能无法即时获得。因此,需要制订一套资源共享的方案,使所有风力涡轮机尽可能获得快速有效的服务。

下面我们将讨论海上风力涡轮机的维修工作。海上风力涡轮机主要部件的故障率不高,没有必要投资建造非常昂贵的修理船。因此,船舶所有人之间已存在建立框架协议之风,目的是以合理的成本迅速修复海上风力涡轮机。

我们认为,解决海上风力涡轮机经营和维护问题的唯一明智之举是执行以下相同的任务:设计一个框架协议,使两个或两个以上的海上风电场共享船员运输船,从而可显著降低电厂每度电的成本。其潜在意义还在于,就发生的频率而言,即使是微小的备用件,风力涡轮机需要用到的次数也是较低的。大型部件的交货时间即使不是数周,也需数天。因此,维护任务在规划时似乎并不困难,因为出航之初和重启风力涡轮机并不经常出现。此外,维护计划一般需安排在夏季。所以,最佳的运行和维护系统的关键是根据经验计算出所需风力涡轮机迄今为止的故障次数和类型,并将其与备件的交货时间做比较,然后计算出单次修理所需的响应时间。同样显而易见的是,单台风力涡轮机的发电量与运行和维护的成本相关。如果风力涡轮机每天满负荷运行时的产出为 2 000 欧元,选用小水线面双体船后,在设备成本低于发电损失前,就可让它停机闲置两天。

在这两天时间里,就可以调配船舶执行小修任务或必要的重新启动。因此,建议在市场上搜索是否可与相邻的海上风电场业主建立关系,并与其达成共享运行和维护的协议。此项合作并不一定在安装时就需启动,但是,如果相邻的海上风电场业主同意,海上风电场一旦建造完毕,并投入运行后,他们愿意购买此扩展业务时,这应该是十分有利的。这种方式可使设备的成本和空闲时间降至最小,从而可以降低每度电的成本。

另外一个优点是，技术人员将越来越适应海上的运输和工作，这将进一步降低因恶劣天气所导致的待工时间，因为恶劣天气对风力涡轮机的性能水平有极大的影响。技术人员也较少受累于各种因运输导致的疲劳因素，包括晕船等。最后的任务是确定运输工具和现场执行运行和维护任务所需的实际装备。

16.1.1 利用直升机

天气恶劣时，运输船无法使用，此时，为了增加安全性，使用直升机运送人员是否值得这个问题一直在争论之中。以往的经验当然还是相当有限的，因为只有 Horns Rev 和 Alpha Ventus 是唯一采用这类支援方式的海上风电场。因此，合乎逻辑的步骤应是，设法获得在这一领域已有经验的海上风电场业主的反馈意见，然后根据他们的反应作出报告。

基本上，与直升机供应商签署的合同应是一个备用服务协议，协议中的客户方可以要求在一定的时间范围内获得支援，即从风力涡轮机停机开始，直到直升机必须派遣技术人员到达出问题的风力涡轮机处的时间点。就 Horns Rev 而言，空运时间是 0.5 小时，而船员运输船的运输时间则为 1.5 小时。当然，距离是必须认真考虑的一个因素。

事实上，Esbjerg 机场有一架为丹麦海上部门服务的直升机，到 Horns Rev 的直线飞行距离只有几千米，因而，可将它纳入合理考虑范围之中。如果一份直升机长期使用协议在价格上有优势的话，那么直升机对海上风电场业主具有更大的吸引力。因此，与满负荷日产量约 2 000 欧元相比，直升机的成本应该是相当低的，是有吸引力的。不过，这项服务的花费将远远超过业主一台风力涡轮机一个月的产出，与 Horns Rev 的一台 2 兆瓦的 Vestas 风力涡轮机相同，这实际上意味着，你需要额外增加两台风力涡轮机，而且需全年运行来弥补此项成本。

可见，上述方案仅对你可以期望接近满负荷生产的月份有意义。例如，一月和二月。然而，在这种情况下，你可能会有好几天被禁止坐船到达风力涡轮机。在一年剩下的时间内，此方案在经济上根本是不可行的。

对于 Alpha Ventus 项目，所收到的信息是，直升机服务极其重要，缺少这类交通工具，海上风电场将无法获得有效的运行和维护服务。如果直升机的后备方案送达海上风电场时,必须非常仔细地加以检查。虽然满负荷生产的风力涡轮机有超过两倍的日产量,但是,还需评估到岸边的距离,以及直升机时常处于闲置状态时的合适位置。

由于 Horns Rev 提供的数字并未加上只有 30 分钟的运输时间,离岸距离和价格体系与要求正常运行的海上风电场截然不同。这是值得怀疑的,因为在北海地区,由于工作量和现有实际能力的关系,直升机的价格体系差别并不大。目前,还不能建议采用直升机服务来承担调配工作,除非过去已就先前已安装的海上风电场业已达成费率, 业主能通过谈判取得明显不同的差别优势。

这一点可以详论。如果直升机的服务如此之好,如此重要,人们会认为这将是海上风电场的一个标准配置,但事实并非如此。各类项目开发人员都对此问题持有不同的看法,可能会需要一点时间才可以推导出使用直升机的可行性主要在哪里。

16.1.2 额外的安全性

这就产生了一个问题:是否可以部署额外的安全措施,用来增加风力涡轮机的可达性? 由此看来是没有。您可以将原来的运行和维护方案的应用面扩展两倍,或你可以设计两种扩展范围同时执行完全不同的任务。例如,海上风电场业主可通过选择使用小水线面双体船或单体船和进行大型维修工作的自升式平台从中获益。

这可能不会在海上风电场中提供更好的操作范围了,但在需要更大型、更昂贵的船舶前,它可增加业主能完成的任务数。可是,这也会显著增加运输成本和维护成本,从而导致每度电的利润下降。

最后应该指出的是,本章前面提及的设备调配方案也可在两个或两个以上相邻的海上风电场之间共享该运行和维护方案。因为现在有两种扩展范围可供选择, 因而, 这也有利于增加船舶的有效工作时间,从而进行技术人员调配。

16.1.3 成本模型

正如表 15.1 所显示的,通过该表对不同类型服务船舶的比较,可以发现, 船舶使用花费的成本有很大的差异。即使是相同的操作,成本也可能有很大差异。

作为一个例子，同样来自 Lockheed Martin 公司的小水线面双体船，由于船舶驾驶时的速度不同，燃料和润滑油的消耗会体现数个不同的 OPEX，成本增加超过 30%～40%的是普遍的，因而，据此对船舶做比较，实际上是不可能的，除非发布的标书已说明船舶必须满足该特定准则。

可是，正如表 15.1 所示，可能的购买价格和 OPEX 成本已经列出，可从中选一个。如果海上风电场业主发出这样的招标项目，先进的海上解决方案肯定能提供成本最优、船舶质量最佳的服务。

16.2 服务船舶行业的未来发展趋势

即使刚刚努力描述了海上服务船舶行业和它的细节问题，还应指出的是，这一趋势须由各能源部委的市场开发所推动。为何如此说呢？

原因很简单，在英国，Round 2 和 Round 3 的风电场离岸更远。而在德国，最初的想法是要求不希望在海岸线看到它们，因此，几乎所有的海上风电场距离最近的海滩均超过 20 千米。

这意味着，对于高速往返于港口的小型维护人员运送船舶而言，维护技术人员的日常调配变得不切实际。距离最近的合适港口的航行时间经常达到 3 小时以上，运输时间已成为技术人员工作时间的一部分。因此，往返 3 小时的运输时间将意味着每名技术人员每日最多在 12 小时的工作时间内，有 6 小时损失在非生产性的运输途中。因此，新的业务在不断涌现。例如，技术人员可以住在海上风电场附近的海上酒店船中。有了这种模式，就可使用小型船员运输船作为海上风电场的操作人员运送和调配船，可整整一周接待技术人员。这大大提高了生产效率，而且安装工作中也有使用这种类型船舶的趋势。

然而，这会增加成本。因此，在今后几年中，小型船营运将会受到威胁，因为，已经对这类船舶的投资和运行做了资产平衡分析的大公司正在进入市场。与往常一样，一开始，仅可获得使用年限较长、较昂贵的船舶，但是，随着行业的发展，在未来几年中，将出现新一代的海上风电场专用的高标准和高效的酒店式船舶。

16.3 船员交通船选择标准

然而,对于船员运输船而言,可采用与安装船类似的处理方法。有关正确用途和特有特性的许多规范可以通过如表16.1所示的原理加以制订。该表对各种细节提供解释,使读者能够理解,为什么这些具体项目是很重要的。

表16.1 双体交通船规格表

分类	项目	说明
基本资料	海上接入系统类型	双船体船员运输船,载客12人
	海上接入系统业主	丹麦,Fintry船队;英国,Alnmaritec;荷兰,WindCat工作船
	国家	丹麦,英国,荷兰,德国
	离最近安全港的交易距离50海里	船舶须具备距离港口的最大交易距离
	燃料消耗量为250升/小时	由于高速,燃料消耗迅速
	用途或目的	将服务和安装人员从港口运送到风力涡轮机,通过常规通道进出
常规参数	宽度为10米	双船体离得很远,以便取得稳定性和浅的吃水
	长度为20米	小到15米,大到25米;通常双体船比单体船更小,以降低成本
	航速为25节	快速船舶
	风速(限制)为12米/秒	船舶将无法应付强风和大浪
	有义波高为1.3米	除非船舶明显大于25米,Ampelmann或海上接入系统不适合。那么接入方式是通过梯子,海浪极高时双体船无法做到,除非是迎浪,但并不总是这样的。然而,在性能方面,双体船一般好于单体船
	天气条件限制	同上
	锚具/系泊系统	无,船舶将推靠便梯

(续表)

分类	项目	说明
装载能力	最大负荷为 4 吨	装载能力可以更强，但一般载客量为 12 人，包括燃料和水；鉴于船体线型，双体船不会装运大量物资
操作/预订	供应商	较多，如 Alnmaritec、WindCat 工作船、Fintry 船队等
	建造者	较多船厂，如 Alnmaritec、Hvide Sande Skibssmedie、Damen 造船厂等
	租用成本为 2 500 欧元/天	船舶的建造，拥有和操作通常不贵
	最低租船期为 30 天	但是，如果可能的话，业主应寻求长期租用
	调动费用为 50 000 欧元	便于移动和供应充足
	购买成本为 2 500 万欧元	在此范围内，但可能更高
	可预见的有效工作时间/预订	欧洲各处有许多供应商
等待天气	有义波高为 1.3 米	
	最大波浪峰值周期为 6 秒	
	风速为 10 米/秒	按照部件供应商的设备容量
	流速为 2 节	施工工地的定位和离开
	所需视界为 200 米	更坏的天气要求更多的视界
	WOW 的最大波高为 1.5 米	
	WOW 的风速限制为 12 米/秒	
人员调动和膳宿	船舶的风力涡轮机接入系统	用于爬到接入设备的船首系泊设备
	通向船舶	用于爬到接入设备的船首系泊设备
	升沉补偿体系	无
	乘客 12 人	SPS 规则的正常标准是 12 人、60 人、250 人
	所需船员 3 人	按照载客人数

承租人准备的船员交通船所用的表 16.1 与表 15.1 相似，当然租船人或许想了解更多细节。

16.4 关于运输船的基本资料

应租用哪类船舶？项目最好选用单体船或双体船，还是选用小水线面双体船，这需要认真考虑。

16.4.1 海上接入系统类型

在项目中的实际用途和使用位置将确定船舶的类型。如果项目靠近海岸和在隐蔽水域，标准不需要那么高；如果位置在公海，天气又恶劣，小双体船和单体船将无法应付。

16.4.2 海上接入系统的业主

业主是谁？这可能无关，但合同必须与一个认真和受人尊重的合作伙伴签订；否则，你会有租错设备的风险，或者更糟糕，无论是供应商或船舶所有人均不会执行。租用一个单元，例如交通船的合同至少为五年，这是正常的情况，因此，错误的设备和错误的供应商所产生的后果是长期的。

16.4.3 国家

租用船舶的国家或公司不应距离施工工地太远。这样做的原因是要确保业务工作拥有一条安全、流畅和快速的交通线。如果业主太遥远，你需通过代理商或承担订约义务的人员；这会使事情变得更慢、更困难。最好的方法是，有一个供应商就在海上风电场对面。然而，实情这并不总是这样，因此应选择最近的可接受的供应商。

16.4.4 交易距离

离安全港口最近的交易距离是船员运输船非常重要的一项特色。由于它们是小船，通常不为海洋船员提供特定的膳宿，他们在外的时间不能超过 16～24 小时。

此外,救生筏和其他安全设备必须符合更严格的规章制度,以便使船舶能够到更远的海上工作。对于多数船员运输船来说,这一点并非如此。

16.4.5 燃料消耗

燃料是昂贵的。由于需要高速行驶,以便能迅速到达到海上施工工地,因此船舶要消耗大量的燃料。表16.1中的数字是随机的,但对较小的船舶仍相当精确。如果21～25米的双体船以25节的速度航行,油耗可以轻易达到每小时350～400升,因此,它成为租船人的一个重要成本参数。

如果船舶每年360天连续工作5年,每次往返于海上施工工地的行驶时间为6小时,成本将是,5年×360天×6小时行驶×350升＝3.8万升的柴油,或接近此数。以每公升1.40欧元计,大致可达5 300万欧元,等于是一艘船的价格。这是一项十分巨大的成本。

16.4.6 用途

为何要租船?它是仅用于人员运输呢?还是设备运输?海上风电场是否靠近海岸?水域和施工工地是敞开的或是隐蔽处的?人员是否要在海上过夜?对租船人而言,这些问题是至关重要的,当然,对业主也一样以便找到合适的船舶。船舶的成本在很大程度上将取决于这些问题。因此,应当十分细致地确定实际工作的具体说明,宁细不宁粗。否则,会因错用船舶而导致安装不顺利。从成本、安全性到可操作性等方面都不符合你想要的。

16.4.7 常规参数

对于船舶承租人(海上风电场业主或操作人员)在确定船舶是否适用于项目时,从船舶的长度、船舶的宽度和吃水,以及速度和耗油量均是着重要考虑的参数。因此,表16.2中给出了一些必要的参数。

16.4.8 船幅或宽度

船舶的船宽会告诉你一些关于海上航行资格要求。无论是细长轻快的单体船还是船身宽大、吃水深、行驶较慢但更稳定的多体船,这一点都很重要。

对于多体船，速度的快慢较少依赖于船宽，但此时，它在横浪时的稳定性更为重要。其原因是，多船体可以良好的应付迎浪，但它较难对付横浪。选择双体船时，应考虑到这一点，小水线面双体船的额外成本通常还是值得考虑的。

16.4.9　长度

船舶的长度是一个非常重要的参数。船舶越长，在波浪中的工作性能一般越好。船长和船宽结合来看，较长和较宽的船舶只要能保持稳定的速度，就能在汹涌的波涛中保持良好的表现。恶劣天气下高速行驶的船舶有可能导致灾难，如遇到较大的斜波，或迎浪航行时，有可能会损失整条船。因此，必须仔细配备与船舶相配的动力，并将其调整到能适宜进出港时的天气条件。同样，一艘船身较大的、有合理吃水深度的船舶可能速度较慢，但是在恶劣的天气下更加安全。

16.4.10　运输速度

运输航速似乎总被认为是最为重要的数据。到达现场越快，可做的工作越多。正如之前所说的，速度取决于天气，船舶的速度实际上可以非常高，但即使行程只有 20 海里或 30 海里，在最低气象条件下高速航行也是十分可怕的。因此，速度总是与航行状态有关。

有几个海上风电场的距离相当远，海上行驶甚至需要 2～3 个小时。由于技术人员需执行 11 个工作小时的规定(两段工作期间必须有 11 小时的休息时间)，花费在往返于施工工地的路途时间必须从实际工作时间中扣除。因此，对于 2×2 小时往返施工工地，每天留下的工作时间最多为 8 小时。但是，每天有 4 小时的路途时间，因此，载有 12 名技术人员 5 年损失的小时数计算可参阅下述公式：

5 年×360 天×4 小时行程×12 名技术人员＝86 400 小时，将它加上燃料成本，其结果如表 16.2 所列，当然，还包括船舶和船员的平均日花费。所以，由此可以看出，为服务性目的，花费在人员往返于海上风电场的成本与花费在船舶、消耗品和技术人员的成本一样。此表还比较粗略，应需进一步完善。但它作为一个例子，必须认真对待这个行业和服务成本，特别是计算超过 20 年的成本时，12 名技术人员日常工作需花费 8 500 欧元。

表 16.2 保养船和人员成本

项目	保养年限/年	实际作业天数/天	每天成本/欧元	每小时成本/欧元	每小时耗油量/升	总成本/欧元
船舶,包括船员	5	360	4 500			8 100 000
燃料消耗	5	360	2 940	490	350	5 292 000
12 名技术人员	5	360	4 200			7 560 000
总计						20 952 000

16.4.11 风速(限值)

船舶可予工作的最大风速或速度对于租船而言是有重大意义的。船舶运输时的风速是极其重要的。更关键的是，它关系到是否具有在基础前保持稳定就位的能力,是否具有将人员往返和运送到风力涡轮机上的能力。为此目的,需确定波候,并且如前面所提到的,波浪首先由风产生。

16.4.12 有义波高

再次强调,海浪对于船舶和所有海上工作是首要因素。前面已大量谈及波浪和波浪的有效高度,但是，它对船员运输船而言也是很重要的。其重要的原因是因为在这种情况下,浪高决定风力涡轮机的保养或者修理工作是否可行。对于安装工作,它涉及安装船是否要自升降问题。对于维修船而言,它涉及何时和如何将人员调配到风力涡轮机上。首先与安装的风力涡轮机的辅助设备成本相比毫无意义,但是，对于船员交通船而言,1.8 米和 2.0 米 H_s 之间的差异在 20 年的使用寿命期间的花费可能有数百万欧元的差异。

16.4.13 天气限制

天气限制已合并在先前的规范文档中了。因此,风力、波浪和海流是决定船舶工作参数的重要因素。然而,通常程序是向租船人提供一整套规范,包括船舶的天气限制。天气限制不一定会限制到船舶的操作,但会限制人员在海上的安全运送。

其重要性在于有些船舶的最大 H_s 标准为 1.2～1.5 米,但这适用于人员传送,而不是运输。试想一下,如果运输能力是如此之低！在这种情况下,如果只能

在这种天气条件下调配人员和执行维护工作,海上风电场将永远无法取得成本效益。然而,可以在更糟糕的天气条件下运输就意味着该船可以在波浪退潮和涨潮情况下分别能将人员往返运送到风力涡轮机上。换言之,这意味着,遇到 2.0 米 H_s 的退潮海浪时,可离岸运输,遇到 1.5 米 H_s 的涨潮海浪时,可返岸运输。

16.4.14 锚泊或系泊系统

在海上风电场锚泊通常是不可能的,所以风电行业需针对风力涡轮机基础的锚泊或系泊系统进行开发,因为基础有特定的要求。接入基础通常是通过装有两个或四个垂直管状钢护舷的便梯,船员交通船船头可以推压它或系泊在海上(见图 16.1)。

图 16.1　接入涡轮机用的船舶锚泊或系泊系统照片

16.4.15 装载能力

船员运输船的尺寸通常较小,因此它们的首要功能是运送人员往返于风力涡轮机。然而,通常预期要装载少量货物,因此任何承载能力可达 1～5 吨的范围均是可以接受的。货物尺寸和性质也有局限性,即船舶往往是铝制的,因此,不可装载粗重货物。因此,如油脂、小工具等货物可以通过此船舶运输,但大型部件不可。

16.4.16 操作/预订

如前所述,船员运输船通常是长期预订。通常情况下,海上风电场业主必须提供5年期的服务合同,因此,风力涡轮机供应商在保修期内执行的维修和维护工作通常也是5年。在此之后,海上风电场业主接管维护工作,而船舶供应商,在工作做得好的情况下,就将处于非常有利的位置获得额外15年的船舶包租期。

16.4.17 等待好天气

在计算因天气原因导致的停工期时,其方法与安装船相同。重要的是要明白,船员运输船的主要功能是将人员和小物品送往施工工地,但这通常只能在白天进行。然而,这项工作的标准与安装风力涡轮机相同。因此,如果扣除晚上的好天气,船员运输船的最佳工作时间将明显少于安装风力涡轮机的最佳作业期。因此,在计算天气原因的停工期时,应慎重考虑这部分难题。

16.4.18 人员调动和海上膳宿

交通船的主要功能当然是将人员送到施工工地。这就是为什么会用非常高的日租金租用它们20年,即等于海上风电场的寿命。因此,同样重要的是,该船舶需要日复一日地持续坚持高标准工作和保持良好的安全性。

因此,根据以往的一般描述,凡有服务和船员运输船市场的地方,应该明确的是,不仅船舶必须做到这一点,而且,将船员运送到基础上的方法也需贯彻这一点,反之亦然。一般来说,即使大浪高达1.5~2.0米 H_s 时,接入方式也须安全。这是一些新型的接入方式,即Ampelmann和OAS。但是,这种能力伴随着成本和重量因素,并且问题是使用这类方式在成本效益上是否可行。

不确定性的原因是,所述的接入系统必须适合船舶。因此,大型系统需要比正常船员运输船更大的船舶。这就是为什么到现在为止接入系统主要用于石油和天然气行业。虽然第一个海上风电场在安装时采用了这些系统,而且获得良好的效果。但是,问题总是出在成本方面。

未来的项目,如英国Round 3项目和德国的几个项目将要求安装和维修人员在海上住宿。这样做的原因是,运输将浪费维修人员大量可用工作时间。因此,唯一可行的方案是使用尺寸相称的提供膳宿的船舶。

直到现在，仍在使用陈旧的、由夜晚渡轮改造而成的船舶驶往海上风电场，技术人员就是通过这种“补给船”调派的。在未来的安装、运行和维护行业中，只要继续调派人员，还会使用这类船舶。不管如何，从补给船到各台风力涡轮机的运输仍需使用轻型摩托艇。无论是使用单体船、双体船或 SWATH 船，在这方面，均取决于各个海上风电场业主。

相关图片

等待是花费在海上作业的很大一部分时间。等待好天气，等待装配的部件，等待移动位置等。它需要良好的耐心来接受这一点，即，海上工作时，所有作业时间在不断变化之中。

无缝安装项目中，维护和所有操作的检查是至关重要的(见图 16.2)。

图 16.2　无缝安装项目的检查

17 修理海上风电场

运行和维护策略通常不包含海上风电场修理计划，这是由于两种工作的方法是不同的。通常，海上风电场的运行和维护用到的是无大型起重和装载能力的中小型船舶，因为运行和维护只需在服务已经结束时，将工作人员安全地带到风力涡轮机所在的位置。

而海上风力涡轮机的修理通常被认为是需要更换或修理主要的部件，如一片叶片、发电机、齿轮箱，等等。对于这类工作，需要一艘大吨位船舶，长时间(12～24小时连续)稳定地停留在海上，因为部件的重量大、尺寸大，要求使用起重机和其他起重设备进行更换和整修。因此，像丹麦的 A2SEA 这类公司已经开发了海上风电场业主和他们自己之间的合作模式，以实现两个目标：

(1) 降低大型设备和昂贵设备的价格。

(2) 依据成本、规划、人员配备和经营给客户带来最大满意度。

海上风电场业主和经营者需共同尝试降低修理的成本，但问题是执行部件置换必须要配备的起重船或自升式平台十分昂贵。

而且，这类设备数量不多，也不闲置在海上风电场附近的港口。因此，不管选择的是哪种类型，这类设备的日租金都极其昂贵。通常情况下，日租金为 30 000～40 000 欧元，导致各类修理都很昂贵。只有一个办法能降低这一价格，即尽可能多地使用该船，减少闲置的天数。这只有当海上风电场业主、供应商和经营者共同负担一艘船舶的费用时才能这么做。

一艘起重船在一年中可为 250～300 台风力涡轮机服务 (执行修理部件)。

可是，尚没有海上风电场是那样的规模，而且没有如此多数量的风力涡轮机会损坏。实际上，一年期间风力涡轮机的平均故障率估计在 4%～5%。

例如，在 Nysted 或 Horns Rev 每年只有 4 台风力涡轮机要修理，船舶所有人必须在任何给定时间内进行修理，为了使 Vattenfall 或 DONG 保持海上风电场 95%的设备在运转，每台修理成本将是天文数字，因为船舶或自升式平台必须靠近海上风电场，因此不能承担其他工作。这种想法会使几个海上风电场业主分享所需的修理船，同时也将分担全天候（24 小时/7 天/365 天）都可使用的修理船的成本。

本章中已对此事的其他可能性做了讨论，如海上风电场业主及经营者接受任何事情 1～14 天的宽限期，允许修理船做其他工作，并因此使业主能降低船舶的日租金。这是有道理的，因为风力涡轮机备件没有库存。

对单个海上风电场业主来说，这样就十分昂贵而且没有效率，因为部件备件的备运时间一般在 14 天左右甚至更长。所以，海上风电场业主及运营商和供应商加盟一架构性协议，以相当低的成本取得修理能力的体系，与刚才提到的宽限策略相结合，可能是一个十分明智的解决方案。为了做更进一步的说明，预测海上风电场的修理可行性与修理和维护船舶的相关有效性，意义不大，因为部件备件无论如何不可能轻易得到。这意味着，在 1～14 天内，部件可能到场或可能不到场时，可能没有进行修理的完美天气。所以完全以天气及波浪条件为依据预测确定风电场的修理可行性没有意义。

从事海上修理唯一可行的方法是尽可能做好充分准备，并一有机会就进行修理。一个在同一个区域的海上风电场业主与设备供应商加盟框架协议的体系，是在所有方案当中设计得最好的方案，也是成本效益最好的解决方案。

相关图片

当单桩打入海底时对它进行检查。单桩完全垂直进入地层很关键；否则，之后就不可能在上面安装风力涡轮机。因此，要经常检查单桩，特别是在打桩过程的开始时要 检查是否需要调整（见图 17.1）。

使用扇形拱进入风力涡轮机不再是很常见的事了（见图 17.2）。第二代和第三代海上风电场都更处于开敞水域，要求一种更严格的方法。

风力涡轮机内没有许多空间（见图 17.3）。注意边上的钢丝绳。它们是电梯用的，可吊运两个人和工具到塔架顶部。要想爬塔架，你需要处在很好的身体状态。

图 17.1　单桩打入海底时的检查

图 17.2　使用扇形拱进入风力涡轮机

图 17.3 风力涡轮机内的空间

一艘传送船舶靠着风力涡轮机基础停泊。这样,对工作人员进出风力涡轮机比较安全,不存在掉入水中的危险(见图 17.4)。

图 17.4 靠着风力涡轮机基础停泊的传送船

18 环境和其他问题

海上风电行业是绿色行业，是风电行业的一部分，其所创造的就业机会是绿色的就业机会，而且该行业正在努力保持把绿色环保落实到所有的工作中去。

18.1 保护环境

该行业中的公司决定在生产或安装其产品时不对环境造成任何的破坏。这是一个很重要的问题，因为这个行业的声誉是基于在利用取之不尽的自然资源（如风能和太阳能）的同时，对环境不造成破坏的理念。

因此，当申请建设许可证时，所有规划项目必须证明环境不会由于海上风电场的安装、运营和拆除受到破坏。这部分的许可工作程序相当严格，在过去（和现在）已经造成了很多尚未容易解决的挑战，因为有关当局在很多情况下已经提高了在这特殊领域中应该达到的门槛。

其中一个例子，是关于废物管理的详细规定。

原因很简单：在建造海上风电场期间或以后，施工方乃至整个社会不希望出现任何海洋环境污染。此外，还想要知道，在海上风电场已经度过海上使用年限后怎样将其拆除。我们希望有一个明确的从项目开始到结束的过程管理计划。目前为止，这一点也是海上风电行业相当独特之处。

需要知道在退役后海上风电场要去哪里的概念是既理智又合乎逻辑的。比如在日常生活中从宜家买了一张沙发椅，当时可能不会有许多想法（如何去处理包装），但毕竟很多的纸板箱要处理，所以在沙发椅放在客厅后必须处理这些纸板箱。很显然，可简单地将这些东西扔进垃圾箱，但是会产生大量垃圾。可以烧掉它，但是如果住在七楼的公寓中，这就不是一个很好的主意。那又怎么办呢？通常，最后会把这些东西带到回收中心，然而回收的规则在各州和各国不尽相同，所以你就会明白了，即使只是一件购买家具的事情，也提出了类似的问题。至于到底是谁，是

客户、商店还是制造商应负责处理这些垃圾的争论毫无意义，毕竟垃圾就在那里，而必须找到处理垃圾的方法。

海上产生的垃圾也是如此。不能将垃圾丢入海洋，因为这将不可避免地造成另一个问题，通过造成另一个问题来解决一个问题没有什么实际价值。那么，该怎么办呢？大多数批准海上风电场的有关当局已经解决了这个问题：他们要求开发商为整个海上风电场制订废物管理计划和退役计划。

退役计划相当简单，好比是反向安装过程。然而，利益相关者，如承包商、废弃的设施等，在 20 年中它们都发生了改变，所以该计划通常只能是最基本的。可是在现实生活中从现在起的 9 年后可以见到，那时第一家海上风电场预定下线。

有趣的是，基于对海上风电场安装的市场预测，安装设备的不足在未来的 10 年将继续显现，拆除海上风电场的船与安装同一个海上风电场的船舶往往可能是同一艘，这似乎也是合乎逻辑的。

作为一种对比，石油与天然气行业正面临这一问题，特别是在北海，那里大约现有 800 多处装机预定，尽管尚未发生。有人提出这些计划是否安装应受油价的影响，所以大量的问题仍然悬而未决。

对海上风电场，就不是这种情况，理由如下。

(1) 结构的疲劳寿命是 20～25 年，所以对它们进行翻新是不可行的。

(2) 施工工地的租赁一般是 20 年；但是到那时施工的新的使用权可能已被别人取得。

(3) 把更大的机舱和转子放到现有的塔架和基础上的可能性不存在，由于材料强度和疲劳寿命的问题。

总而言之，人们应该承认这预测是对的，20 年后它们必须退役。可是这并不意味着它们不能被替换。但是，替换只是增加了行业中船舶、承包商和普遍的利益相关者的数量。就就业和机会而言，这无疑是非常积极向上的事情。

18.2 废物管理

和退役计划一样，废物管理计划属于承包商和业主的工作范围。但是鉴于退役计划更多是一种对将来某时意向的声明，而可行的废物管理计划必须在岸上和海上开始工作前完成。废物管理计划基本上描述了往返于施工工地的物资流程：谁负责清理、谁负责通知别人、谁采集数据等。

图 18.1 显示了这个过程，这对无缝监控和废料处理是必要的，不管废料是液体、气体还是固体。这计划简要介绍了项目执行中的所有主要利益相关者。计划明确了他们的作用，换句话说，什么应该流向他们和在此基础上他们交付什么回来。因此可派生出四种行动。

(1) 信息，主要是告诉合适的利益相关者已经发生了什么。

(2) 数据收集，描述计算和控制所有的垃圾和正确的处理过程。

(3) 物资流程，通过从一个利益相关者传递到下一个利益相关者，直到在海上施工工地用完，当然对项目的陆上部分也一样。

(4) 废物流程，表示从建造材料到使用完毕，再到废物加工厂的路线。

这样，已经覆盖了所有的步骤和信息流，这样材料到处乱放而无负责业主的可能性就降低了。它不是消失了，因为已经制订了一个计划而且正在监控。所有产生的垃圾必须要回收，所以重要的是要开发一个可以保证所有垃圾正常回收的系统。通过对垃圾称重可以有效地解决这一问题，即计算部件和装运部件的集装箱之间的重量差(不管硬纸板、木头还是钢材)，相差的部分必须要交回废物加工厂并核算的。对液体也相当简单，只要记录交付的公升、加仑或吨数，剩余的要交回垃圾接收处理厂。当然气体比较困难。

排放到大气中的气体或烟雾，不管是故意或不是故意的，通常按估算评价的。当然可以计算 NO_x、SO_x、CO_2 排放物等。但是对非计划性的焊枪高温作业排放物或海上变电站发动机试运转排放物测量比较困难。

例如，风力涡轮机有时必须在没有电力电缆连接情况下进行安装；虽然这样做不太好，但也有发生。如果是这样，必须在基础上放一台发电机，以便对风力涡轮机供电。

这是必要的，因为必须为风力涡轮机内部提供稍微高一点的空气压力，以使潮湿的、含盐的空气排出，从而防止塔架内部材料的腐蚀。

而且，需要照明和某些加热，以保持风力涡轮机内部的配电盘和所有电子硬件的正常工作。

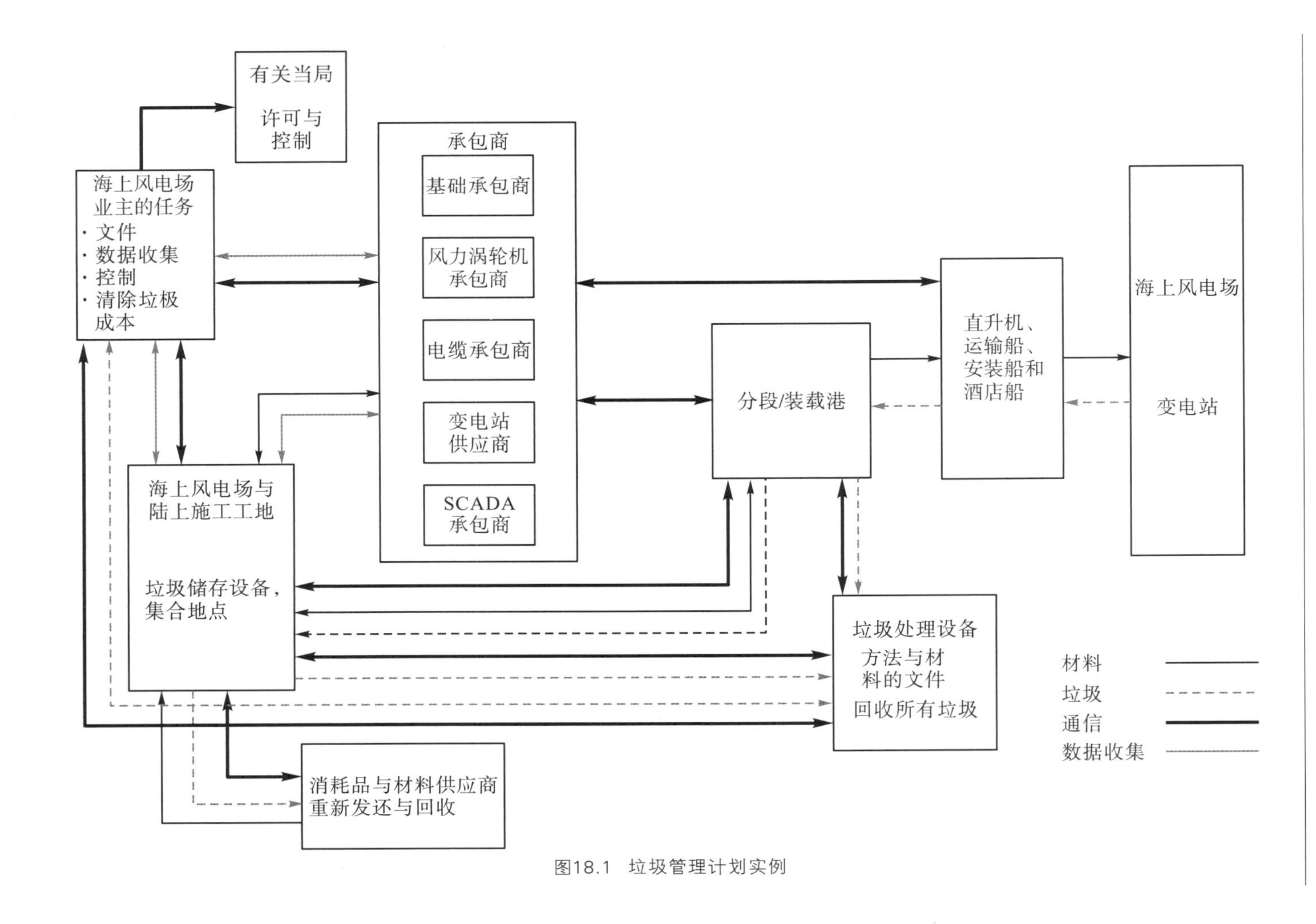

图18.1 垃圾管理计划实例

如果不能以另外方式供电，必须临时安装发电机直到电缆连接。可是，这是涉及许多垃圾管理的无计划行为的问题，如燃料消耗，发电机的增添燃料[这其实要求一个具体的程序，因为它属于近海污染法，如国际防止船舶污染公约(MARPOL)]、发电机排放和发电机的安放。

此外，排放问题也需考虑。因为不了解增加多少燃料和在配备期间实际上使用了多少，所以这一点有些复杂。但是必须尽力去确定它们，所以已经制订了一项计划，了解如何去测量它。现在，需要监控和收集数据，以可读形式提供给有关当局、废物处理厂、海上风电场业主和应该执行监控的工作人员。

应该对这类文档开发一种特别的模板，应该按废物最后到达国家的有关当局标准进行。废物管理文档比较复杂，例如，风力涡轮机和基础部件未必是来源于要安装的国家。一台西班牙风力涡轮机可在英国安装，而一座德国基础可在荷兰安装。

当然，这一点对文档开发过程提供了一些特殊的挑战，比方说，西班牙的风力涡轮机的包装在英国成为废物，所以进出两个国家的废物数量是不一样的。对此如何处理取决于个别项目，但是应该注意的是，这的确是一个问题。

18.3 污染问题

可是，海上风电场安装的环境问题不仅仅是垃圾管理问题。希望建立一个对周围环境毫无损害的海上风电行业，这涉及所开展工作的方方面面。应保证不发生漏油，应非常认真地执行 MARPOL，并保证所有部件的制造是以最有效和最环保的方式进行的。但是，有一种情况下，似乎不完全如此。当建造安装船时，为了试图寻找可能的最便宜的供应商，有时会忽略了一直高度重视的环境保护。

应该明确的是，在第三世界国家开展工作十分顺利，建设工作十分出色。但是在一些情况下，使用的 HSE 标准并不令人满意。当然，问题是在欧洲通过以安全、高效和对环境无害方式建造海上和陆上的风电场时，在亚洲施工的工地如同面临一场环境灾难。在图 18.2 中，注意对地面缺乏任何种类的防污染栅栏，工人们使用非常危险的通道。在这些地方，HSE 标准制订得太低，这肯定是不对的。

图 18.2 在亚洲起吊驳船的施工

如果人们冒着生命危险建造用于安装海上风电场用的自升式平台（见图 18.3），那么在欧洲 HSE 条例还有什么用呢？当然，这样做可以省钱，但是欧洲的客户不应该接受这类工作程序以削减成本。如果想要高举 HSE 的旗帜，应该自始至终这样做。在购买产品和服务时，要充分兼顾所有需求。

图 18.3 欧洲起吊驳船船队人字吊臂起重机的这种索具表明，人们工作时不关心安全

在泥土和雨水中使用价格离奇的绳索获得的结果却是不合标准的,绳索、线盘和滑轮瞬间损坏的风险极高。

在潮湿肮脏的混凝土施工工地上牵引绳索立即会造成锈蚀,起重机驾驶员和周围人员使用的保护绳索也不再起到保障作用(见图 18.4)。

图 18.4　虽然这是一种廉价的操作起重机的方式,但是它违背了我在 27 年中学到的关于起重机装索具与操作的一切东西

作为一个行业,极其重要的是在整个供应链中应用相同的规则和法规。否则,我们完全成了人们指责的不受尊敬的买主和供应商了。如图 18.5 所示,他们是在毁坏船呢还是在建造船? 当然照片引出了一个问题,海上风电场开发商是否已经对施工工地的分包商做过评估? 大概没有。如果由欧洲的开发商对该工作场所进行评估,这合同永远不会签订。

如图 8.2~图 8.5 所示,供应链目前在欧洲止步了。我们不能让时光倒回到建筑工地看来像在欧洲这样的日子。因此,为了防止与具有较低 HSE 标准的制造商之间产生矛盾,唯一方法是提前要求他们负担同样的义务,这不是没有道理的。在某些时候,对环境的污染和对健康与安全缺乏重视将会让我们陷入苦恼,无法提供一处较干净、较安全的场所。

图 18.5 这张照片显示欧洲风电行业一台自升塔吊在施工中

18.4 工作环境

这是一个有关环境保护的问题:海上工作对海洋生物和海洋是一种危害。正如之前所说的,在水中排放废物、液体或其他物质的风险必须得到缓解。例如,基础打桩发出震耳欲聋的噪声,敷设海底电缆对海底造成破坏。因此,全世界的有关当局为两者都已制定了条例。

海床毁坏是不被允许的,所以疏浚和挖埋电缆的许可受到严格审查,以确保不必要的损害发生。必须要用一种挖沟机挖 1～1.5 米深的沟,然后把电缆埋到海底。这对电缆埋设现场的海底生物具有严重的影响。因此,必须极为谨慎,保证鱼类,特别是贝类,不受水流中的悬浮物的伤害。

电缆埋设的方法需在不晚于设计阶段确定,以便解决可能出现的问题。此外,要确定疏浚和挖埋对海洋生物和海洋造成的短期和长期的影响,常常进行试捕以便确定海洋生物前后栖息情况。

然而,这也引发了关于所推荐的施工现场海洋环境究竟是什么样子的讨论。一个很好的例子就是丹麦的海上风电场,那里的海洋生物学家不得不确定动物群和当地的渔民遭受损失的程度,主要因为所推荐的施工现场往往是最好的渔场,所以总是出现纠纷。当然这就给了要求对该行业赔偿损失(或在渔业这一特殊情况下)的理由。

当地渔民声称渔场就在施工工地上。因此生物学家在相当长的一段时间内在该区域测试捕捞,但并未捕捉到任何重要的东西。就提供的调查结果,渔民声称生物学家使用了错误的捕鱼设备。生物学家回应他们不十分明白这个争论,因为他们仅使用了从当地渔民处征用的设备,后来他们没有提出索赔,没有判定任何损坏。

18.5 打桩噪声

打桩噪声是该行业最后必须面对的重大挑战。在一根桩打入海底时,不管是单桩还是锚桩,正规程序是要使用液压锤。此锤在敲击到桩顶面时,用 200～400 吨的力。由于锤的敲击而使桩振动,桩的振动传递给了水柱。在某些情况下,噪声强度超过 200 分贝。相比之下,一架喷气式飞机大约为 130 分贝,而每当噪声增加 3 分贝,噪声级别就加倍,这是因为测量噪声的刻度是对数。

那么,那意味着什么呢? 超过 160 分贝,噪声可以击穿海洋哺乳动物的耳膜。更高的噪声级别可意味着对哺乳动物的永久性损伤,如果哺乳动物没有离开该区域,将可能遭受严重伤害。因此,通常的程序是打桩前将声波发射器放入水中。声波发射器是专门的水下噪声发生器,发出较强的声脉冲,以阻止哺乳动物进入该区域。这很有效,而且在正常情况下,解决了此问题。

可是,作为一个尽责的行业,必须考虑另一个问题:海上风电场的安装过程不能造成在该地区海洋生物行为的任何改变。此外,哺乳动物也不应该受到肉体上的伤害,因为这将同样导致当地生态环境的变化。理论上谈论的是关于两种不同种类的变化:行为变化和类型学变化,两者都不可以接受。

欧盟对此已普遍同意,但是只有德国已经对海上打桩作业完全实施了规范。

令人遗憾的是,不论施工工地在哪,安装海上风电场的必要任务就是打桩作业。因此,应考虑以下情形。如果安设 80 台三脚桩基础,必须首先打 240 根锚桩。这是很关键的,因为在这个过程中可能导致海洋哺乳动物永远离开该区域。这不是我们想要的,因此在欧洲已经制定了规则,远离安置桩处 750 米测得的打桩噪声

不得超过 160 分贝，这种测量方法十分简单明了。在离开打桩处 750 米的水中放一水听器测量噪声。锤击的峰值不应该大于 160 分贝。

当然，坏消息是，水不是良好的声音绝缘体。相反，声音在水中能很好地传播。因此，问题是该怎样使声音衰减或完全隔离打桩在水流中所产生的噪声？

雪上加霜的是，声音从桩基向水中传播有三条途径。图 18.6 显示声音经过空气进入水中，这无关紧要；地面，这个很重要，因为这一途径实现穿透，噪声强度将随打桩所需力的不断增加而增大；水柱则经未滤波的噪声穿越桩墙。只有把注意力集中在噪声经过水柱的那一部分时，才能真正地确定噪声级别。

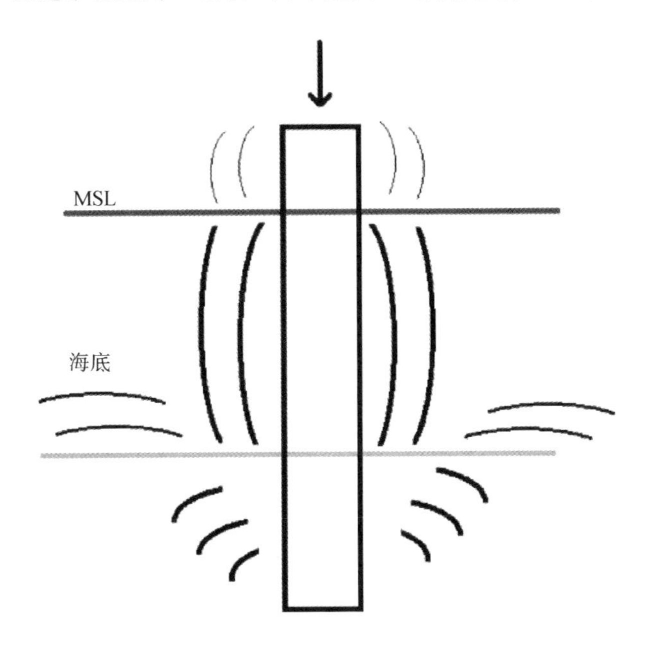

图 18.6　桩锤锤击桩顶时发出的声音向周围传播的路径

有好几种使声级衰减的有效方法。唯一的问题是，今天大部分方法不能给出必要的降到 160 分贝以下的衰减量。在大多数情况下能达到的衰减量是在 5～15 分贝之间。虽然，这听起来是很少的量，但已经是非常有意义的衰减量了。因此，一种非常专注的能够进一步降低噪声的努力此时正在进行。

现今通过四条主要途径降低对海洋生物的损害。一条途径是气泡幕，这本质上是一根很大的有孔的塑料管，压缩空气从管中流入水中形成气泡，从而降低噪声。这系统已经在许多场合经过测试，很有效。然而，剩下的问题是，目前，气泡幕很难有效地充分降低噪声级别。

首先,当气泡上升到表面时要膨胀;某些时候气泡分裂成两个或更多的气泡,从而降低效率。其次,最坏的情况是,气泡随水流流走。这意味着,气泡开始聚集在桩的周围,但是当它们上升到表面时,它们就渐渐地飘走了,往往桩与水之间就不存在任何气泡了。已经提出和测试了好几种方法,以提高气泡幕的总体效率。

研制最新的是在整条安装船周围制造一大型气泡幕,从而使它更有效。然而,产生气泡要求的空气压力是巨大且不易实现的,布置气泡管需要另一艘船。然后需要施加巨大的压力,以到达整艘船和桩的周围。因此,问题依然是必须防止产生160分贝及以上的噪声。因此,在本质上,该方法属于劳动密集型和设备密集型,工作速度缓慢,并且需要耗费大量燃料来长时间地驱动压缩机产生所需空气压力。当然,总体上来说,该方法将造成大量的环境污染,而且效率不佳。

应该提到的是,目前测试正在进行,以评估气泡幕的实际效率和其他几个减轻噪声的方法。水声阻尼器是降低打桩噪声的另一个方法。既然已经确定空气泡会降低噪声,那么不妨探究一下水声阻尼器的原理。理论上说,每一个频率都有一个理想的气泡尺寸,但在最佳条件下,会完全抵消掉该频率。气泡浮出水面时尺寸会增大,水声阻尼器是由橡胶球构成的,形似一张网。橡胶球在水面上保持自由浮动并始终保持在同一位置上。尚未对系统的使用和维护进行测试,而且在实际工作中不存在所谓的最佳条件。

不过,从理论上讲,如果与其他方法相结合,噪声衰减可能是显著的。与现有的系统相比,水声阻尼器或许是一种更令人期待的能够大幅降低噪声的方法。然而,该系统的发明者也承认该领域需要更多的研究工作。

在桩周围使用双重绝缘管道的方法目前也正在海上进行全面测试。其想法是一个装有绝缘系统的大型管子使声音衰减。这是事实,而且如果内部装有气泡幕,那么效果更好。然而系统的搬运似乎很困难,所以尚未考虑此系统的应用。

去水围堰是在所有方法当中最基本的。此系统允许把桩包在一管子中,与双重绝缘的管道系统十分相似,但是围堰是不透水的,因此水要完全被抽出。当然,现在来说,这比其他系统更彻底,周围的大气能形成一个大的气泡,以使噪声衰减。

在下文中将做更详细的说明。应当指出,围堰方法采用的是我已经获得的一项专利中的方法,所以对此不作任何评价或与其他系统的比较,以避免出现偏颇。

18.6 围堰

围堰是在海中建造的一个充满空气的密闭空间，工作人员可以在里面工作。因此围堰像安装在海底的盒子，而且在正常情况下水被抽出，海底暴露于空气中，有可能作业时不使用呼吸器。

图 18.7 中显示的围堰类型在桥梁和港口建筑工地常常可看到，要想在干燥的海底作业需要把水抽走。在打单桩情况下，围堰必须由单管建造。管子应能够快速、高效和安全地从一处移到下一处。

图 18.7　用板桩建造的围堰，再现了有历史意义的沉船

围堰必须在项目期间可重复使用，而且因为海上风电场的建造过程将安装 80 根或 100 根单桩，或更多，所以移动、安装和撤离围堰必须十分高效。因此，板桩围堰不合适。独立大直径的管子是正确的选择。但是鉴于水在噪声减轻系统内部，围堰内须抽干。

图 18.7 中的围堰被打到海底，这样做是要防止水从海底渗入。

对海上风电场基础安装需要 12～24 小时短时作业，钢板桩方法是不可能的，因为会产生比打桩更大的噪声，会花费太长的时间，不会很有效。

此外,海水会部分进入围堰,从而再次向外形成水柱。因此,要解决这个问题,围堰必须是管状设计,有一个底盖,单桩通过这个钢盖进入海底。单桩底部的密封很重要。

当水从围堰中抽出时,对海底的压力为 1 个标准大气压,或 1 巴,但是水深 35 米处周围水压为 3.5 巴。这个压差会导致周围水将海底反向压在围堰上。如果发生这种情况,地面会向上破裂并使海底顶部崩溃。这样处理的结果是,桩将不得不打得更深,从而产生的套筒摩擦力会让风力涡轮机稳稳地安装在桩上。因此开发了底盖(见图 18.8)。

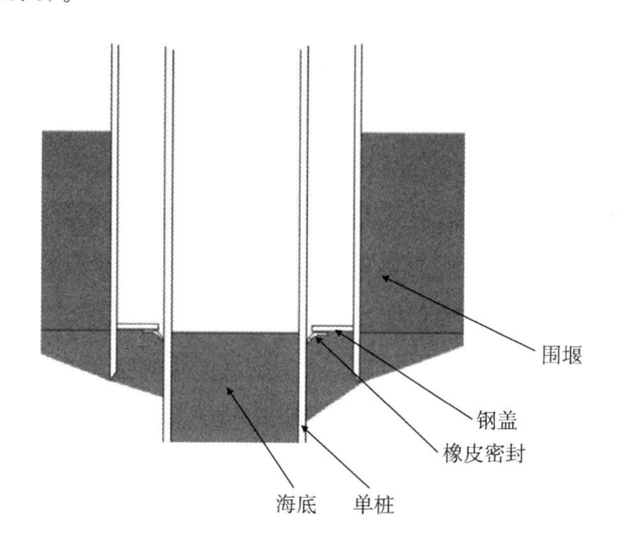

图 18.8　围堰的设计

单桩与底盖之间的间隔是用膜式密封垫进行密封的,此密封允许在打桩操作时桩体穿过(见图 18.9)。底部薄膜密封是来自真空吸尘器袋和潜水服的想法,要求灵活但紧配的密封。这是必要的,因为声音会不受阻碍地通过固体密封传播,因此降低声音的尝试将是徒劳的。薄膜密封的原理如图 18.10 所示。

最后,围堰被设计成伸缩体(见图 18.11),意味着可配置在浅的和深的两种海底,而无须改变管子的长度。围堰简单地延伸或缩进,以适合安装船和海底之间的距离无须考虑深度,直至最大延伸距离。

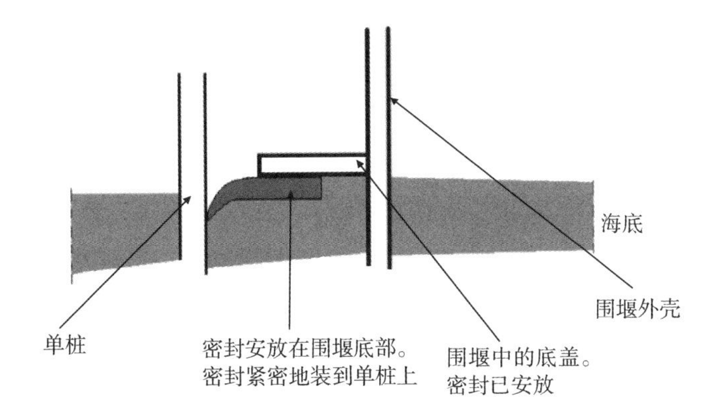

图 18.9　桩与围堰的密封

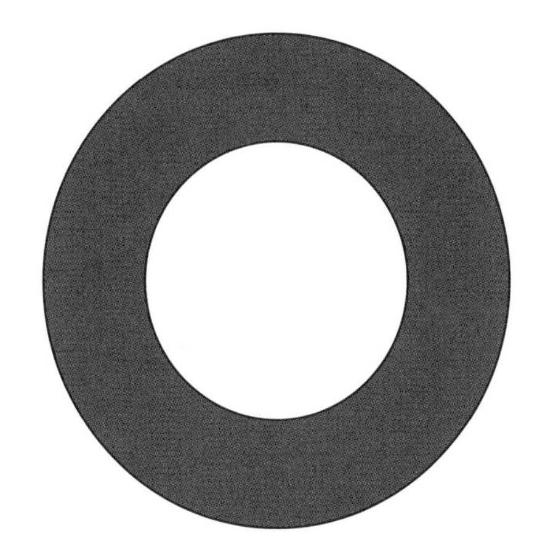

图 18.10　从上看的薄膜密封

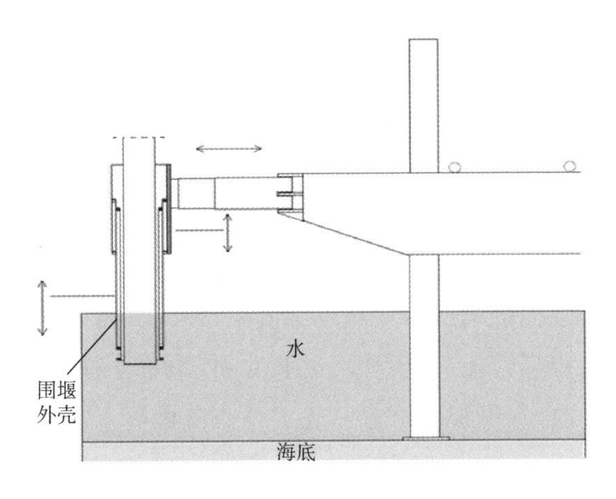

图 18.11　显示围堰正在向海底扩展

由此可见，只要在围堰长度的范围内，该方法可在任何水深处使用。与其他系统相比，此方法很独特。当然，气泡幕或水声法消声器也可以配置在水下多个深度。

18.6.1 安装围堰基础的推荐方法

那么，实际安装围堰的方法是什么呢？

想法是要使系统具有良好的成本效益和能够快速使用。这应该是安装任何系统的第一特征，即应该具有良好成本效益和可迅速地安装单桩或锚桩。

当安装单桩时，它们必须被用作如下几方面。

(1) 单桩基础。单桩本身直径大而且用作基础。到目前为止，这是安装桩基最普遍的做法。

(2) 锚桩。直径较小(2～2.5 米)，用来将使三脚桩或导管架基础固定到海底。

18.6.2 使用围堰安装单桩

当单桩又高又宽，并且到安装船的距离很近时，它可以作为一个整体基础使用。在这种情况下，单桩被水平地装入甲板上的围堰中，然后通过悬臂梁倾斜至垂直位置。该方法是从 MPI 公司的 Resolution 船舶方面，在 Resolution 船尾安置了一套可以竖立物件的工具。

这一工具通过船尾可以倾斜比起重机的最大承载量还要重的桩基。这的确是一个安装单桩或锚桩的好办法。不管怎么样，开发这一系统是为了便于在通过安装船露天甲板移动桩基时使桩基竖立并搬运它，如图 18.12 所示。

一旦桩基被装进围堰，桩基和围堰就被竖直放置并被定位在安装船船尾上。然后，它们一起降到海底，桩基被打入海床中，并检查确保桩基处于垂直位置。只有围堰保持桩基在垂直位置并打入海床中的事实能说明桩是笔直的。

此外，围堰可利用细微移动调整和保持桩基位置，所以使桩基垂直的调整过程是快速和简单的，这是要点。在图 18.13 中可知，当桩基插入水中时围堰里是空的，因为桩基在竖立前，在甲板上给它安装了膜式密封垫。这意味着当围堰放到海底时，围堰中没有水(由于桩基是中空的，因此中心会充满水)。最后的结果是，由于没有事先抽干桩中间的水或建造一个气泡幕，因此无法完成下降桩基的全过程

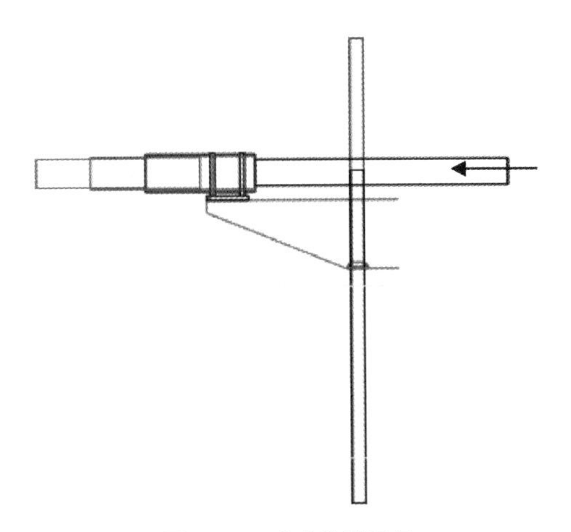

图 18.12 单桩装进围堰

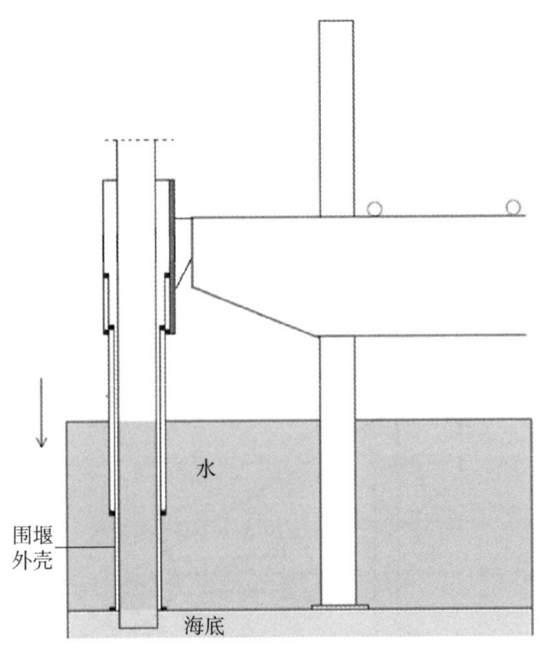

图 18.13 围堰压到海底,桩基插入

工作。一旦桩基插入海床,就可以安装铁锤,开始打桩。

由于桩基和围堰的底盖之间有密封垫,桩基围堰中间是空的。因此,只有在打桩操作时进入的水会被装在围堰里的三台潜水泵抽出。这样的话,通过在打桩前抽空围堰而不使程序延误。

总的说来，这种安装单桩的方法不应该被看成是使安装过程延长，而从效率方面来看，最后会有助于安装。

18.6.3　使用围堰安装锚桩

第二种方法是要打三根或四根锚桩，从而固定三脚桩（三桩）或者导管架（四桩）到海床上。在这种情况下，实际的方法是相同的。桩基被装进围堰，然后竖立并定位。然而，定位稍有不同，因为三脚桩在基础处是三角形，而导管架是四方形。这就产生了一个独特的问题。

三脚桩和导管架几何形状很特别；不能接受锚桩稍微偏离预定位置；如果锚桩偏离正确几何位置，就不能安装导管架或三脚桩。这就有必要对每一桩基精确调整围堰。围堰也要求移动很大的距离，来到达适当的位置。围堰必须能够覆盖625平方米（25米×25米）大的面积，以便安放桩基。

因此，较小围堰必须能够容纳625平方米（25米×25米）的面积，它必须能移动以满足锚桩的正确位置，如图18.14所示。因此，围堰必须能根据基础的几何形状进进出出移动。导管架会要求到达四个位置，而且边长很长，所以围堰和搁置在上面的臂的结构必须很大。然而，桩直径较小，所以一般重心可保持得相当低。

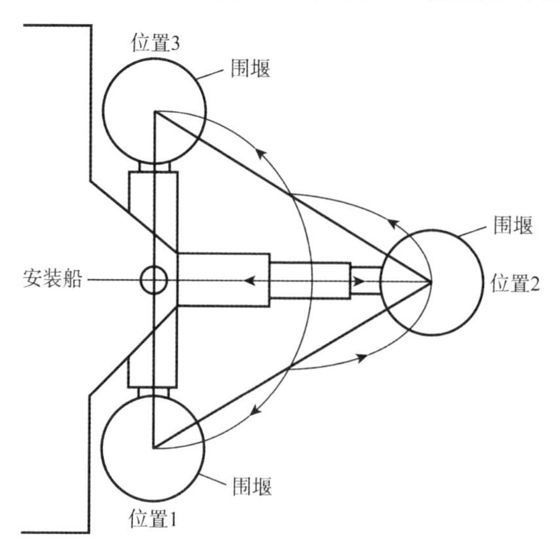

图18.14　为三脚桩基础打三根锚桩时的围堰的不同的位置

一旦桩被装到最终位置,可使用绞车装置使围堰再次恢复,这样,它就被放到海底;这是一个很重要的特征。这当然是合乎逻辑的,围堰必须能够完全释放桩基,不管是锚桩还是单桩。如果情况不是这样,或者如果工作人员错误判断需要的抬起高度,围堰将不能释放桩基。在这种情况下,自升式平台将被卡住不能离开,当然这是不合适的。所以,必须增加调整特性,这样围堰将在船舶的基线上方移动,始终能释放桩基。用这种方法,围堰可很容易地被快速拆卸,以便很快将安装船移动到下一位置(见图 18.15)。

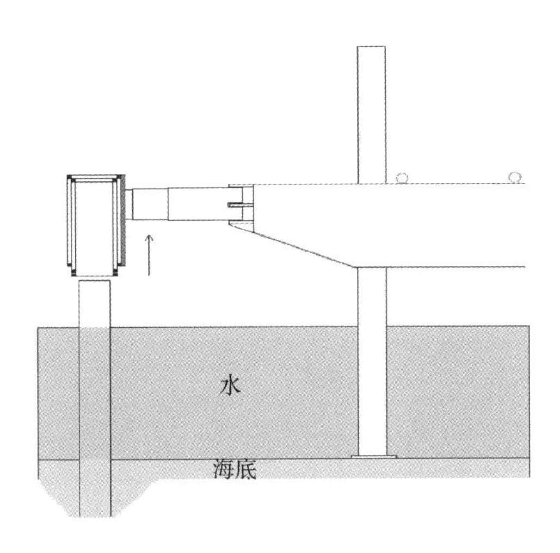

图 18.15 桩已经打到正确位置和深度后围堰恢复

从上图中可以看出,可用于单桩和锚桩的,围堰是一个可行的解决方案。但公平地说,这是一个必须要证明的概念,与本章中讨论的其他概念一样。我们希望鼓励用你的想象力去想出关于这个主题的意见并去对该领域做彻底的研究。

今天的问题是中肯的和存在的,而且如果没有找到解决方案,这行业将存在着影响和阻碍海上桩基的安装问题。这当然对一个行业来说不很理想,这个行业希望能被看作是一个发展的领域和一个在环境保护领域中的领先者。

相关图片

虽然常常谈论 WOW 停工时间,但时而也会享受好天气(见图 18.16)。

图 18.16　海上风力涡轮机组安装时的好天气

在港内的自升式平台驳船正在接受陆上移动起重机上的供给物品(见图 18.17)。

图 18.17　港内自升式平台驳船接受移动起重机上的供给物品

18.7 关于运行和维护运输系统的结论

设计一个能够提供给海上风力涡轮机组可能最高的利用率的运行和维护系统的任务是很艰难的。这主要是因为事情的目标是要将两种不同的利益结合到一个解决方案中。

愿望是要使风力涡轮机组始终运行，特别是当风以最大的平均速度吹过风电场的时候。但是，与岸上风力涡轮机组相反，在恶劣天气期间，达到风力涡轮机组海上运行标准的可能性大大降低。因此，风力涡轮机组的无计划停工的后果是很难处理的，而这仅仅是因为在最需要的时候无法登上风力涡轮机。

18.7.1 船舶

对这个难题的解决方案是要在某种程度上设计会使风力涡轮机组的利用率达到尽可能高的运输和传送系统。这可通过结合不同的系统来进行。

船舶是一半的方案，但是现在讨论的船舶不适合今天已有的建模软件。因此，只有两种确定船舶能力的方法。

(1) 昂贵的缩尺模型试验。

(2) 通晓有关船舶性能的全面、基于经验的知识，这是现在可利用的。

因此，为了某种用途，决定最佳船舶的唯一有效的方法是着眼于目前有关不同类型船舶的经验知识。

大多数的意见是，在实际应用中，最好的船舶是单体船型，因为这种船舶在各种天气情况下具有良好的移动性。可是，船舶必须大于船员运输船的标准尺寸，即15～20 米。然而在正常情况下，由于 30 米和 60 米船舶的经济性很差，它们几乎已经不存在了。此外，尺寸合适的海上补给船具有推进与定位系统，但是拥有和运行的费用十分昂贵。

小水线面双体船仅仅在纵波航向上具有很大优势性。但是由于在水线面面积中的特有的设计，传递波浪的影响显著降低。因此，当安装一个好的传送系统时，该船舶会运行得很好。此外，只有当船的长度超过 20 米时，使用小水线面双体船才有可能。这充分说明这种类型的船优于双体船，所以最好是考虑以下两种类型。

(1) 转换成大型单体货船，如前面所讨论的。同样，应该装有一个好的传送系统，以便船员在糟糕的天气情况下安全撤离。

(2) 一种新型小水线面双体船，这种船除了能在海浪横向冲击船体时可以正常航行外，它还可以在其他恶劣的海洋环境中进行良好的工作。同样应该装有一个好的传送系统，以便船员安全撤离。

18.7.2 传送系统

传送系统的困难首先在于抵抗波浪运动。然而，问题通常更复杂，因为波浪运动感应到船舶，从而极大地增大了力和弯矩。此外，波浪运动不限于影响传送系统而主要是对船舶航行产生影响。

重要的是，当波浪在几秒内移动船舶 2 米或更多时，传送系统仍然能正常工作。作者研究过的、目前可用的、会抵消这种作用的仅有如下的两个系统。

(1)泊船码头，在那里船舶会保持比波浪和潮流作用更大的向前推力。

(2)Browing 系统，此系统的目的是对波浪运动作出反应，并非是实际附着于基础，从而并不由于失去连接而受到损害。此外，Browing 系统目的是应付与基础失去连接的可能事件，这是一个主要的安全优点。

最后，可以很理性地说，到目前为止，这些传送系统还没有造成任何工作人员的伤亡。在本书中提到的其他传送系统，要么只是样机，要么必须安装到每一个基础上。当然，由于对于传送系统的市场需求量不是很大，而且原理样机还没有被证明是可操作的，因此，海上风电场业主不应该将自己放在这样一个位置上，即他们必须在未经试验的解决方案和不确定能否适用于大批量安装和维护的解决方案之间作出选择。

18.7.3 建议

上述内容是对运行和维护运输系统的一点建议。然而，它们不应该被认为是解决海上风电场部署中所遇到的问题的唯一方案。此外，这里的建议没有考虑到目前处于研制阶段的新系统，以及例如 Ampelmann 和海上接入系统等现今正在越来越多的项目中使用的系统。因此，它们可以被看作是安全传送的可行方案。

然而，这些系统价格不菲；换句话说，传送船舶不再只是一艘在岸边项目中使

用的小汽艇了。对英国的 Round 3 项目和德国的远洋项目，船员交通船必须要比目前使用的小型双体船和单体船大得多得多。因此，接入系统的尺寸可增大，通常，这可使更大、更重的系统更吸引人。

作者建议海上风电场业主与下列设备供应商进入架构性协议的讨论。

（1）长度大于 30 米，装有 Browing 系统的单体船。

（2）新型的装有 Browing 系统的小水线面双体船。

这里，建议业主与供应商建立联系，因为经济的规模具有重大意义。对于海上风电场业主而言，获得基于一艘船舶的财务可行性是微乎其微的。

供应商应该有一定数量的船舶在自己的管理之下。只有如此才能使作业费用（OPEX）成本最佳。全体船员管理费、保险和船舶运行费用要在更多船舶之间分摊，因此对客户收费尽可能低。

对此设置有好几个可能的供应商。建议海上风电场业公开发布一份有关服务船的设计、建造（转换）、拥有和运行的标书，此标书必须要同海上风电场安装的标书紧密相连。这样，服务船舶的建造和转换的时间要充足，并且不会给业主带来额外的费用。

当提到单体船时，是因为船舶在四周恶劣的海域中有良好的移动性。此外，这种尺寸的船舶有足够大的惯性，在天气很差时能在风力涡轮机基础前保持稳定的状态，这一点对于传送系统具有关键性作用。

在提出小水线面双体船时，是因为这是能在恶劣的天气情况下工作的第二种类型。此外，Browing 系统已经安装在英国海军的小水线面双体船上。两者结合已经表明有很好的工作记录。当提出 Browing 系统时，是因为它已经在英国海军中服役了 10 多年。

然而，关键是对系统进行重新计算和加固，以解决系泊在海上固定结构物上的船舶经历的巨大冲力和弯矩的问题。在这一步已经实施后，应认为这是本书中提到的六个系统中最灵活和最先进的系统。

相关图片

不工作时的海上风电场宁静，但看上去很可怕（见图 18.18）。这意味着要么当时没有风，要么风力涡轮机需要及时处理。

图 18.18 沉闷不工作的海上风电场

在 Horns Rev 的日落(见图 18.19)。在安装过程中的好天气是程序的一部分。一个摄影的好机会但不利于生意。

图 18.19 Horns Rev 的日落

18.8 风力涡轮机退役

这似乎是合乎逻辑的，当你安装了一个海上风电场，它必须在某个时候退役。这是真的。海上风电场的租期一般为 20～25 年。这是在你申请租赁时写在许可证里的。你有一段时间来规划和安装，有一段时间来运营海上风电场，最后，你必须再次拆除它，同样是在规定的时间内。

顺便说一下，这也适用于石油或天然气勘探领域。而且，有趣的是，海上风电场安装船的供应商在向投资者展示他们的商业案例时，经常提到这个细分市场。为什么这个说法有点不准确，我将在后面解释。

18.8.1 允许阶段要求

为了获得安装海上风电场的许可，你必须提交一份详细的计划，说明如何拆除整个海上风电场，并将其带回海岸，报废或回收组件，无论哪种情况都是你的商业案例。这是当局提出的要求，理由很清楚，他们不想在自己的领海出现一个没有人关心或负责的碍眼的东西。因此，当局要求海上风电场的所有者不仅要证明他将如何拆除和回收它，而且还要在预算中为此拨出一笔钱。现在它变得有趣了，因为投资海上风电场的人不会愿意花很多钱拆除它。基本上，这个成本只会削减项目的盈利能力，因此，它在需求和成本方面经常被低估轻视。你应该非常谨慎地避免这样做，即使它会降低你项目的盈利能力。主要原因如下所述。

18.8.2 经常提出的论点

如上所述，谈论退役并不"性感"，所以这里列举一些我遇到的常见陈述。

重新供电。人们经常争论说，当风力涡轮机达到预期寿命时，你只需换一个新的风力涡轮机。嗯，这听起来太棒了。在这种情况下，你只需要每 20 年更换一次涡轮机。但是，基础呢？它们的设计寿命周期是 40～50 年吗？如果是这样，那么这个论点是完美的，你会成为一个更快乐的人，因为在 40 年的时间里，你的基础成本将减少一半。不幸的是，事实并非如此。地基的设计寿命周期基本相同，否则一开始就建造它们是不经济的。想象一下，地基必须承受 40 年的振动和波浪荷载的影响。钢铁的用量将急剧增加，使基础(通常是单桩)变得非常昂贵、沉重，而且比目前的情况要大得多。因此，从这个角度来看，重新供电是不可取的。

此外，你的租约是20～25年，你需要新的租约。在这个过程中，你有20年左右的时间，你甚至可能得到新的租约。但20年后，唯一可以肯定的是，世界不会和今天一样。风力涡轮机要大得多；安装方法可能会完全改变，公众对海上风电场的看法将会不同，从盈利角度看海上风电场位置的气候变化可能已经改变了风向，波浪状态可能已经改变了等，然后海上风电场位置可能会被废弃。此外，当局将有一些非常可靠的数据作为他们的决策依据，这些数据可能会影响许可证的发放，我们将统计哺乳动物、底栖生物、鸟类迁徙，并监测海上风电场对所有野生动物的影响，这些将在你作为开发商获得的新许可证或延长许可证中体现出来。或者不是，这视情况而定。

把风力涡轮机换成更大型、较少量新的风力涡轮机，这也是讨论重新供电时需要考虑的问题。这是一个合理的观点。你可以这样做，只要你有新的租约，这当然是基于一份新的环境影响报告书和所有与获得许可证有关的工作。但这是可行的，然而，它留给你的事实是，你仍然需要丢弃旧的海上风电场，而这个问题正是主张更大型较少量风力涡轮机论点旨在避免的。但这是本章的核心和关键问题。此外，虽不是专家，我怀疑电缆将需要更改为更大型的电缆，当然其位置也会发生变化。

退役成本更低。你甚至可以在海上风电场的商业计划中看到这一说法。安装的预算通常非常详细，主要是因为我们现在有来自许多站点和公司的有效数据，而且操作有相当好的文档记录。退役则不是，所以分配的"总和"不会高得离谱，当然也不会接近安装的海上风电场成本。但为什么不呢？是否有任何理由证明拆除海上风电场的成本较低？

好吧，船将是一样的，我怀疑船舶所有人是否会给折扣，因为它是退役拆除，而不是安装。不管你怎么花费，这都是一个船日，所以没有什么节省。通常情况下，支持低成本的论点是，这些组件无论如何都要报废，因此对组件的关心较少。我对此表示强烈怀疑。这是因为该操作与组件安装的操作相同，只是相反而已。因此，不会减少任何安全法规，也不会为了验证成本而省略任何文件，特别是当组件卡住时，你会在海上花费额外的时间，这会产生额外的成本。天气造成的停机时间将一

如既往地进行讨论和记录。你必须建造海上紧固装置并安装它,我怀疑任何项目都不会有原来的海上紧固装置,而原来的安装船在 20 年后继续工作,所以这个成本等于原来的操作。当局会希望同样的工作船舶协调,保险公司会坚定地认为一切都是安全的、分类的,并由海洋保修测量师签字,所以他也会要求一份完整的方法声明。如果说我曾经见过什么节省的话,它们现在已经迅速消失了。

雪上加霜的是,移除海上风电场时,至少有如下三件事会让你付出额外代价。

(1) 将地基移至海床以下。这本身就很棘手。有数种方法可以做到这一点,其共同点是均不便宜。你可以通过控制炸药在桩内和桩外的爆炸来切断地基,从而将其剪切。但这会对哺乳动物和鱼类造成巨大的影响,你需要再次减小噪声,这在结构到位时是挺困难的。

你可以用电线切割地基,但这是一个漫长的过程,会给你增加很多天海上作业时间。基本上,你用钢丝锯穿桩子,通常配有金刚石切割机。这比较耗时,且需要一个大的设置配置。

你可以用磨料切割方法来切割地基。这是一个相当快的过程,但昂贵,我经历过故障,很难修复。但是,总而言之,这是一个好方法,只要你向当局解释清楚你在切割时要怎么处理用作磨料的铜渣。

你可以使用一个大尺寸的剪桩器,一种液压剪,在很多方面都是一个超大的防喷器。但我从没听说过它能一次剪完直径 5 米的钢管。这种方法较为昂贵,难以操作,而且不易找到。

(2) 拔出电缆。这能有多难?当电缆从地基中取出时,只需将一根钢索固定在电缆的末端并将其拔出。唯一的问题是,它需要潜水员找到电缆,并将钢索连接到电缆上;电缆从未被设计成从 1.5~2 米厚的覆盖层中拔出,这些覆盖层已经在电缆周围沉积了 20 多年。这很可能行不通。紧缩似乎是正确的解决方案,但这与最初一样昂贵,再加上 20 年的通货膨胀。这也带来了许多挑战,例如沿着原始的电缆路线或处理更多覆盖层形成的位置。

(3) 所有部件的回收。我承认报废的部件有很大的价值。但它们必须被送到废品厂,而能够以环保工艺处理废料的废品厂并不多。而且这些场地当然并不总是靠近海上风电场的位置。这意味着运输。这个“死”成本很可能不被考虑,既不作为成本,也不作为海上风电场碳足迹的一部分。

18.8.3 石油和天然气的角度

你会注意到本章中有几处提到了海上油气行业。当然,这是相关的,因为该行业也在大规模地退役海上设施。然而,像 Heerema 这样的公司已经建造了 5 万吨的"退役处理船",如 Pieter Schelde,可以在最大的单元中切割、提升和移除结构,从任何标准来看,这都不便宜,但它是可靠和快速的。据说,在海上风电安装行业暂不需要风力涡轮机安装船时,可以进入这一细分市场,这是一个公平的观点。然而,他们所能做的工作类型受限于船舶的起重能力,他们必须在工作地点停留更长时间。最近,风力涡轮机安装船成功地拆除了北海的石油钻井平台,但这并不便宜,因为他们必须遵守石油和天然气行业的所有规则和规定。因此,试图以较低的成本与风力涡轮机退役建立联系,就像海上石油和天然气行业一样,是行不通的。

18.9 结论

比我聪明的人可以提出更多的问题,阻止海上风电场业主实现一个廉价而有效的退役阶段过程。但我确信,以上的讨论已经表明,简单、容易、低成本的海上风电场运转是不现实的。毫无疑问,这将比最初的建造安装花费更多的钱。

我们开始研究这个话题是很重要的,因为距第一个商业海上风电场的退役只有 6~8 年的时间了。它将缓慢启动,但它将以与最初安装海上风电场相同的频率恢复。聪明的市场分析师、聪明的商业开发商或聪明的企业家很快就会开始关注这个非常有趣的经营领域。

就我自己而言,我可以肯定地说,我已经有了关闭停运海上风电场的经验。当我们安装了 Horn Rev 1 风电场,风力涡轮机制造商经历了许多涡轮机错误和故障。我们在海上工作了将近一年,试图解决所有的问题,但问题从未结束过。最后,风力涡轮制造商大胆地(且正确地)决定拆除所有的机舱,把它们带回丹麦的工厂,并纠正所有的错误。

整修完成后,将机舱放回海上并重新安装。在我看来,这次操作是正确执行退役计划的最好证明,之后,风力涡轮机运行得无可挑剔,现在依然正常运行。

所以我不仅安装了 Horns Rev 1 两次,我还让它退役了!

18.10 最后的想法

很显然这行业仍处于初期阶段。我们已经从事海上风电场商业安装 12 年，尚未建立一套标准和程序，但在各个层面进行着不断的工作。健康、安全与环境专业人员竭尽所能探测所有海上和岸上作业人员可能遇到的潜在可能和隐藏的危险。为使这行业安全可靠(与风能本身一样可靠)所倾注的心血对每个人都十分重要。

船舶设计人员和操作者在观察一个十分朦胧的水晶球，以确定理想的安装船舶应该像什么，他们的努力不是徒劳的。可是，他们必须理解一个具有某些明确标杆的健康的市场，这些标杆是必须交付设计和建造什么样的海上风电场安装、运行和维护所需的船舶。到目前为止，在市场上有许多解决方案，有众多设计人员、操作者、各种观念和概念。

风力涡轮机制造商正开放地接受各种优良的、可能出现在他们面前的理念。但是，听取观念的意愿可能适得其反，因为这有时可使事情偏离轨道和转移重点：安装海上风力涡轮机组。

因此，行业需要足够成熟，为如何安装海上风电场设定一个框架或标准。这样，设计人员、项目经理、业主、经营者和风力涡轮机与基础供应商都可以规定他们要什么，而经营者则可进行建造。不然的话，将为下列各种事情奋斗多年。

(1) 应该预装、运输和安装完整的风力涡轮机，因为这是最优的。

(2) 应该运输和安装预装的风力涡轮机和基础。

(3) 基础和风力涡轮机的运输和安装应该是完全独立的。

我相信最后的选择，但是读者必须形成他自己的意见去证实什么会对一种特殊的情况起作用。与那些对这个完整的题目做了某些透彻考虑的人一起讨论将会是一件很愉快的事。

致　谢

这是《海上风电:成功安装海上风电场的综合指南》第二版。自我两年半前开始参加这个项目第一版出版以来,我学到了很多东西。

我学到的一件事是运用同龄人的知识,在很多情况下,他们在我在书中讨论的领域具有专业知识。

在第一版中,雷切尔·帕赫特和保罗·昆兰提供了有关许可程序的信息,特别是在美国。保罗做了基础工作,描述了将海上风能作为重要市场的其他国家的许可制度。在这一版中,拉斯·弗罗内,一个年轻的、经验丰富的律师,用简单的语言解释了德国的风能工业和许可制度在过去几年里经历的变化。他为这些问题提供咨询,但仍认为这是一个活生生的东西,需要定期重新审视。

斯蒂芬·博尔顿重新设计了关于运维策略和设备的整个章节,因为这一领域正在经历一个激烈而快速的调整过程,以适应市场需求。原因很简单,我们正以惊人的速度将海上风电场推向更远的海域,将人员和组件带到那里的解决方案变化得如此之快,以至于昨天正确的东西却已不适应明天的需求。斯蒂芬已经密切关注这一领域 10 多年了。他在这一领域提供了一些非常有趣的见解。

我很感激所有这些朋友为这本书的问世做出的贡献。我希望它将改善阅读体验,并为你从阅读这些页面中获得的知识添加一个额外的层次。

我自己对这个版本的贡献是描述了一个真正令人震惊的经历——进入安装变电站和其他超大型结构的市场,在未来,它们将成为遥远的海上风电场的一个组成部分。我所描述的经验将有助于解释为什么这部分与海上风力涡轮机的"常规"安装非常不同。

因此,我相信专业人士已经对你想要探索的市场给出了他们的见解,加上我自己补充的更新,我希望你通过阅读这本书会有很好的体验和收获。

库尔特·E. 汤姆森

索　引[①]

① 页码后跟"f"表示图形,"b"表示注释,"t"表示表格。

译后记

近年来,我国海上风电场建设发展迅速,带动了整个海上风电行业全产业链。为践行国家海洋强国战略和新能源事业的持续健康发展,上海交通大学出版社和上海研途船舶海事技术有限公司合作引进国际海上风电科技著作《海上风电:成功安装海上风电场的综合指南(第二版)》[*Offshore Weind: A Comprehensive Guide to Successful Offshore Wind Farm Installation*(*Second Edition*)],将其译为中文,为国内海上风电科技人员提供借鉴和参考。

本书详细介绍了海上风电安装的路线图,为海上风电场建设项目管理者提供了参考,对海上风电项目开发商关心的与投资相关的关键问题提供了解决思路;对于海上风电场建设工程中存在的风险及问题进行了预先分析和评估,使海上风电场投资者得以及时调整计划,避免造成重大损失;海上风力涡轮机制造商将受益于工程项目的设计优化,节省安装和运输成本。本书阐明了如何解决特定的项目管理、海上安装、物流运输、运维管理、人员安全和环境保护等一系列关键性技术难题。

本书面向国内海上风电建设领域,旨在为业界人士提供切实有效的海上风电安装借鉴方案,推动我国海上风电技术的提高和发展。本书图文并茂,内容翔实,书中所有图片均实景拍摄于施工现场,多组技术数据为首次发布。目前,国内该领域尚无相关著作,本书对了解国际先进的海上风电技术有极高的参考价值。

本书的翻译出版受到了业内普遍关注和支持,本书编委会涵盖国内海上风电领域著名专家、学者、学术带头人和企业家代表。中国电建集团华东勘测设计研究院有限公司戚海峰副院长受邀担任编委会主任委员,海上风力发电装备与风能高效利用全国重点实验室黄守道主任担任主审,中交第三航务工程局有限公司、中电建海上风电工程有限公司、上海电力设计院有限公司、华能(上海)电力检修有限责任公司、江苏华西村海洋工程服务有限公司、江苏龙源振华海洋工程有限公司、广东省能源装备先进制造技术重点实验室、中国电建集团北京勘测设计院有限公司等单位工程技术人员对本书的技术内容及翻译工作做出了很大贡献;上海交通大学出版社和上海研途船舶海事技术有限公司的专职编辑团队的陈琳、张圣洁、刘燕三位同仁对本书认真审核、仔细校对,为图书的顺利出版付出了辛勤的汗水。在此向所有为本书翻译出版做出贡献的单位和个人一并表示衷心的感谢!

鉴于译者专业水平有限,书中疏漏之处敬请广大读者批评指正。我们将在后续再版图书中进行修正。

希望本书的出版能对海上风电领域的相关工程技术人员有所帮助。

最后,祝各位读者工作愉快,事业有成!

杜宇　王琮

2024 年 5 月 8 日

特 别 鸣 谢

（以下单位排名不分先后）

中国电建集团华东勘测设计研究院有限公司
海上风力发电装备与风能高效利用全国重点实验室
远景能源有限公司
中交第三航务工程局有限公司
中国铁建港航局集团有限公司
中国能源建设集团广东省电力设计研究院有限公司
中国电建集团贵州工程有限公司
中电建海上风电工程有限公司
上海电力设计院有限公司
巨力索具股份有限公司
金风科技股份有限公司
宁波海缆研究院工程有限公司
贵州钢绳股份有限公司
华能(上海)电力检修有限责任公司
江苏华西村海洋工程服务有限公司
江苏龙源振华海洋工程有限公司
广东省海洋能源装备先进制造技术重点实验室
中国电建集团北京勘测设计研究院有限公司
广东精铟海洋工程股份有限公司
海南利策新能科技有限公司
明阳智慧能源集团股份公司
广州打捞局
福建永福电力设计股份有限公司
中国地质大学(武汉)
南方海洋科学与工程广东省实验室(湛江)
远东海缆有限公司
上海市基础工程集团有限公司
正茂集团有限责任公司
上海起帆电缆股份有限公司
株洲时代新材料科技股份有限公司
浙江四兄绳业有限公司
江苏亨通高压海缆有限公司
中材科技风电叶片股份有限公司
宝胜(扬州)海洋工程电缆有限公司
长飞宝胜海洋工程有限公司
船海书局